谨以此书

向中华人民共和国成立 70 周年献礼！

中国数字油田20年回顾与展望

高志亮　孙少波　等编著

石油工业出版社

内 容 提 要

本书立足于中国油田数字化、智能化建设技术前沿,不但回顾了中国数字油田建设与发展的20年,还绘制了未来中国数字油田建设与发展的蓝图。本书是一部指导未来中国数字、智能油田和智慧油田建设的方略指南或教科书。

本书适合我国油气田企业领导、专家和从事这一工作的读者阅读,也适合于想了解中国数字油气田发展过程的行业、领域外的读者阅读,亦可作为油气田企业工作者和石油院校师生们的参考用书。

图书在版编目(CIP)数据

中国数字油田 20 年回顾与展望 / 高志亮等编著 . ——北京:石油工业出版社,2019.9
ISBN 978-7-5183-3485-8

Ⅰ. ①中… Ⅱ. ①高… Ⅲ. ①数字技术-应用-油田开发-研究-中国 Ⅳ. ①TE319

中国版本图书馆 CIP 数据核字(2019)第 134933 号

出版发行:石油工业出版社
　　　　　(北京安定门外安华里 2 区 1 号　100011)
　　　　　网　　址:www. petropub. com
　　　　　编辑部:(010)64523537
　　　　　图书营销中心:(010)64523633
经　　销:全国新华书店
印　　刷:北京中石油彩色印刷有限责任公司

2019 年 9 月第 1 版　2019 年 9 月第 1 次印刷
787×1092 毫米　开本:1/16　印张:18
字数:350 千字

定价:88.00 元
(如发现印装质量问题,我社图书营销中心负责调换)

作 者 简 介

数字油田在中国   P.003

孙少波，男，汉族，1976年生，西安文理学院副教授，长安大学数字油田研究所副所长，博士。主要研究方向为地学信息工程、油气田数字化、油气田智能化、地学大数据分析技术。主持研发的数据专家（Datist）软件系统在油田信息化、地震、环保、政务等领域取得了广泛应用。先后参与编写《数字油田在中国》4部系列专著。获得陕西省科学技术奖一项，主持西安市科技计划创新基金两项，参与科技部重大研发专项项目，获得10多项发明专利和软件著作权。

数字油田：回忆和梦想   P.026

李剑峰，男，汉族，1963年生，中国石化集团信息化管理部副主任，博士，教授级高级工程师。先后从事地震资料处理、解释方面的方法研究、软件研发、油田项目等生产和管理工作。1999年开始介入信息化工作，2006年调任中国石化集团信息化管理部副主任至今。先后获得国家科技攻关项目科技成果奖、中国石化集团科技进步一、二、三等奖等多项，出版《碎屑岩系储层地质建模及计算机模拟》《高性能计算机与石油工业》《数字油田》等专著多部。目前负责中国石化智能化建设及电子商务等新业态建设工作。

我的数字油田　我的梦
——油田信息化建设的大系统观

王权，男，汉族，1968 年生，教授级高级工程师，大庆油田生产运行与信息部副主任，数字油田概念的主要提出者、理论奠基人和积极践行者，长期从事数字油田、智能油田和智慧油田的研究与建设工作。1999 年从事油田信息化技术工作，主要研究方向是软件工程，兼顾互联网+、大数据、云计算、移动计算、人工智能等新兴信息技术，重点研究数字油田技术与建设策略和大系统理论。主持和参与中国石油和大庆油田 DQMDS、云数据中心，数字化仪表产业基地，A1、A2、A4、ERP 等大量信息化项目 20 多个，发表论文、报告等近百篇。近年来根据数字化需要研究系统科学，在此基础上首创"开源模式"，完成了系统论专著《大系统观》。

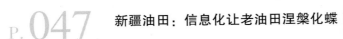

新疆油田：信息化让老油田涅槃化蝶

刘红艳，女，汉族，1977 年生，新疆克拉玛依日报社《新疆石油报》编辑部主任。2004 年 9 月从事新闻采编工作，至今已有 15 年，其间多次参与过克拉玛依市、新疆油田公司等组办的大型活动的采访、重点工作的报道以及重要特刊的统筹、编辑工作，是克拉玛依日报社开展的"天山南北行""鄂尔多斯行"等大型异地采访活动的主要参与者，并写出了大量的石油石化生产报道，以现场新闻、人物通讯见长，70 多篇作品获得过省部级好新闻奖。

新疆油田：信息化让老油田涅槃化蝶

李清辉，男，汉族，1963年生，中国石油新疆油田分公司数据公司经理，从事油田信息化工作25年。致力于数字油田、智能油田、数字城市等领域信息系统业务流程、技术架构、应用平台的研究。负责或参与"数字新疆油田""智能新疆油田"的建设及应用，中国石油A1、A2、A6、A8、A11等项目的可研论证、建设及运维工作。公开发表论文30多篇，出版专著4部，获得省部级科技进步一等奖1次，二等奖5次，三等奖7次。

大庆油田：智能庆新的独家记忆

刘维武，男，1965年生，汉族，中共党员。毕业于中国石油大学油气田开发工程专业，硕士研究生。长期工作于大庆外围油田，现任庆新油田开发有限责任公司总经理、党委书记。2010年，刘维武开始在庆新油田公司推行数字油田建设，至2012年，庆新油田公司成为首家在大庆油田完成整装化数字油田建设的单位，同时，数字油田开始向智能油田全面升级。2016年，庆新油田公司完成智能油田建设初步阶段，正向着全面智能进行探索和实践。2017年获得"中国能源企业信息化管理创新奖"荣誉。

P.062　长庆油田：上下求索不断奋进的 20 年

高玉龙，男，汉族，1961 年生，西安长庆科技工程有限责任公司高级工程师。1985 年进入石油领域从事地球物理勘探、地震资料处理、计算机系统运行维护工作，1999 年开始介入长庆油田互联网及信息化建设与应用工作，期间曾参加过中国石油天然气集团公司的信息化统建工作，2007 年起在长庆油田开展油气田数字化管理建设与应用工作。20 多年来一直从事信息化与工业化融合、油田数字化与智能化的建设与应用、信息安全管理等工作。先后负责组织开发油田公司、苏里格气田生产管理、陇东生产指挥平台、苏里格气田数字化应急指挥系统等，组织编写《油气田数字化培训教程》。目前从事智能油田建设的规划与设计工作。

P.069　大庆油田生产数字化建设历程与
建设方向

管尊友，男，汉族，1966 年生，中国石油大庆油田生产运行与信息部副主任。1987 年开始从事钻井工程应用软件开发和数据库建设工作；1991 年开始参加中国石油勘探开发数据库中钻井数据库建设和应用工作；1995 年在大庆石油管理局负责 IBM AIX、SunOS 和后续版本 Solaris、CDC EP/IX 等 UNIX 操作系统的 ORACLE 数据库管理系统运行维护；1999 年，同大庆油田领导和专家共同提出了"数字油田"概念和初步构想；2001 年主持编制了《大庆油田公司 2002—2005 年信息化建设总体规划》；2004 年以来先后主持和参加了中国石油 A1、A2、A3、A5、A8、ERP、A11、云计算等十几个集团公司和油田公司级重大项目以及系统研发、建设和应用管理工作。2009 年开始，具体负责组织大庆油田物联网建设。

青海油田油气生产物联网的建设
历程

P.076

何作峰，男，汉族，1967 年生，中国石油青海油田公司信息服务中心副总工程师。1987 年从
事地震资料处理，1990 年从事软件开发工作，1994 年开始从事勘探数据管理及软件开发工作，
2005 年从事勘探开发数据管理及系统运维管理工作，2013 年开始从事数字油田规划及建设工
作，2016 年任信息服务中心副总工程师至今。30 年来一直从事油田数字化、智能化研究与建
设工作。

基于 EPBP 的数据资源整合实践
——记中国石化西南油气分公司
数据建设之路

P.083

陈代军，男，汉族，1966 年生，中国石化西南油气分公司信息工程专家，高级工程师。1993
年进入石油领域从事油气勘探研究工作，2000 年开始专职从事信息化建设与管理，主持完成
过多个数据库建设及应用系统开发项目。近几年，主要致力于中国石化 EPBP 推广建设与深化
应用，推进企业信息资源整合集成，消除信息孤岛，主抓企业信息资源规划与数据资源中心
技术与管理工作。

P.096 　新疆数字油田：顶层设计　行稳致远

支志英，女，汉族，1966 年生，中国石油新疆油田公司企业技术专家，高级工程师。1987 年大学毕业开始从事油田信息化建设工作，在油藏数值模拟、引进软件改进、开发数据库建设、标准编制、规划研究等方面取得了多项省部级成果，担任"中国石油勘探与生产调度指挥系统建设"总设计师，主要承担智能新疆油田规划、新疆油田"十三五"信息化规划等重要方案编制，合著《开启智能油田》专著出版发行。目前主要推动大数据、云计算、物联网等技术在油田的应用实施。

P.105 　胜利油田勘探信息从数字化走向智能化

梁党卫，男，汉族，陕西杨凌人，1967 年生，中国石化胜利油田分公司物探研究院高级工程师，云计算与大数据首席专家。1989 年 7 月分配到胜利油田，自工作以来一直从事油田信息化建设工作。负责组织建立了油田勘探数据库，完整保存了各类勘探资料。这些系统包括源头数据采集系统、综合应用系统 EIS、勘探决策支持系统、地震数据管理系统、圈闭管理与评价系统、数字盆地系统、勘探开发集成服务云平台等系统。先后主持和参加国家级、省部级、局级科技攻关和重点信息化建设项目近 30 项，在国家级期刊发表论文 10 余篇。

中原油田企业级数据中心建设让
数字油田快速发展

郝宁，男，汉族，1971 年生。中国石化中原油田分公司信息工程首席专家，高级工程师。1993 年毕业于西安石油大学石油工程专业，同年进入石油天然气系统任职。曾从事油气田测试、煤层气开发、油田数据资源中心建设等方面的技术设计与研究。20 年来长期从事油气田勘探开发的数字化、信息化建设，取得多项科研成果。目前正在参与中国石化智能油气田建设工作。

延长油田：小小采油厂见证
中国数字油田建设 20 年

赵小波，男，汉族，1980 年生，延长油田股份有限公司信息中心主管，信息系统项目管理师。2002 年参加工作至今，长期致力于油田企业信息化建设管理与实践，主导完成了延长油田"十二五""十三五"信息化发展规划编制，作为主要完成人参与了数十项信息化应用体系建设。

P.137 深化物联网技术应用　助推老油田地面
系统提质增效

刘志忠，男，汉族，1970 年生，在中国石油大港油田信息中心工作。1991 年开始从事勘探开发信息化工作，先后在大港油田地质录井公司、勘探开发研究、信息中心从事专业信息化工作。长期从事数字油田建设工作，多次参与中国石油信息化项目建设，参与大港油田从"十五"至"十三五"的信息总体规划编制工作，主持和参与的信息化建设项目覆盖了勘探、开发及地面工程、生产运行等领域，主持过物联网、大数据等多个专项的研究工作。

P.149 油田企业信息化建设实践和未来思考

段鸿杰，男，汉族，1972 年生，中国石化胜利油田信息化管理中心副主任，教授级高级工程师，博士。2002 年博士后入站胜利油田，从事油田信息化应用技术研究及管理工作，先后组织完成科技部委托的"数字油气田关键技术研究"课题申报指南编写，承担过多项国家、中国石化信息化科技攻关项目与胜利油田五年规划等，发表相关论文 10 余篇。2008 年在承担中国石化勘探开发数据模型标准课题中，组织完成首次石油行业 POSC 国际标准数据模型的研究，2010 年胜利油田首次建成符合国际标准的勘探开发数据中心，改变了自会战以来传统的数据管理模式。2014 年于贵州省经信委挂职，参与贵州大数据规划设计，参与"云上贵州"体系建设。"十三五"以来重点组织完成胜利油田基础设施云建设和信息安全体系建设。目前正在从事油田企业信息新生态体系建设，基本完成了油田级勘探开发集成服务云平台。

数字油田：新的开始　新的征程

P. 163

孙旭东，男，汉族，1972年生，中国石化工程研究院高级工程师。1993年毕业于成都理工大学石油地质专业，中国海洋大学地质工程硕士，中国地质大学（武汉）地学信息博士，曾任胜利油田物探院"勘探信息化专家"与"数字油田专家"，现任中国石化石油工程研究院"石油工程软件平台"联合项目长。长期从事油气地质勘探信息化工作。承担过数字油田关键技术研究（国家863计划，课题长）、油气成藏数模技术研究（中国石化科研项目，首席）等十余项大型信息研发项目。近年来出版《油气勘探数据与应用集成》《数字油田在中国数据篇》（合著）《数字盆地》等多部学术专著。

夯实数字油田基础　助力油田企业发展

P. 170

刘喜荣，男，汉族，1962年生，中国石化江苏油田分公司副总工程师、信息化管理中心（中国石化EPBP支持中心）主任，教授级高级工程师，中国石化首批受聘的信息化管理专家。20世纪80年代中期开始从事计算机技术在油田的应用，长期从事油田信息化工作，致力于信息资源规划、信息系统集成、消除"信息孤岛"以及"数字油田"建设等实践与研究，主导研发的中国石化油田勘探开发业务协同平台（EPBP）获得国家版权局53项软件自主知识产权，被评为"全国石油和化工行业两化融合优秀项目"，个人先后获得中国石化"十一五"信息化突出贡献奖、全国石油石化行业两化融合先进个人、全国石油石化行业两化融合优秀推进奖、油田劳模、突出贡献科技工作者等荣誉称号和奖励。

石玉江，男，汉族，1971年生，中国石油长庆油田公司勘探开发研究院原常务副院长兼总工程师，现任长庆油田数字化与信息管理部主任，教授级高级工程师。1996年毕业于中国石油大学（华东）应用地球物理专业硕士并参加工作，2011年获西北大学矿产普查与勘探专业博士学位。长期致力于鄂尔多斯盆地低渗透致密油气等复杂油气储层测井解释理论、方法与新技术的研究和推广应用工作。2010年起历时8年成功组织研发了"长庆油田大型一体化油气藏研究与决策支持系统（RDMS）"。承担或组织完成国家级、中国石油集团公司级科研项目10余项，获国家科技进步二等奖1项，省部级科技成果奖10余项，发表论文40余篇，获授权发明专利7件，计算机软件著作权11件，合作出版专著2部。

刘展，1957年4月生，中国石油大学（华东）教授，博士生导师。主要从事地球物理处理与解释和数字油田及数字海洋技术研究。20世纪90年代年开始从事信息化方面的教学与研究工作，承担国家863重点项目"数字油气田关键技术研究"中的"多尺度三维地质体数字表征关键技术"研究，研发了多尺度三维地质可视化表征与分析技术与软件，通过承担国家地质调查局"数字海洋"工程相关研究任务，研发了海洋三维地质可视化技术与软件、海洋油气与水合物数据分析和数据挖掘技术与软件。通过多年的研究，形成了一套具有一定特色的以三维地质可视化为主的技术和软件。发表科技论文60余篇。

在中国石油勘探开发研究院见证
和亲历中国数字油田 20 年

P.208

李大伟，男，汉族，1969 年生，中国石油勘探开发研究院海外研究中心信息化研究人员。1996 年于中国地质大学（北京）能源系获工学博士学位，主要研究方向为油气运移和盆地模拟。1996—2001 年在石油物探局研究院北京地球软件公司工作，从事地震地质综合研究和软件设计开发工作。2001—2003 年在中国石油勘探开发研究院博士后入站，主要从事新构造运动及中国石油第三次油气资源评价研究。自 2004 年开始参与中国石油信息化工作，2011 年后转向中国石油海外信息化建设和应用，近年来主要从事油气行业数据挖掘研究和应用。共发表论文约 50 篇（其中信息工程类论文 30 余篇），出版中文专著 2 部、英文专著 1 部。2018 年获聘"一带一路智慧油气田建设智库组"首批专家。

数字化让长庆油田插上腾飞的翅膀

P.218

牛彩云，女，汉族，1970 年生，中国石油长庆油田油气工艺研究院采油高级工程师，一直从事科研工作，涉及采油工程方案编制、井下工具研发、新工艺新技术试验推广等工作。获省部级成果 2 项，局级 10 余项；发表论文近 20 篇。2010—2012 年，2014—2017 年两届聘为"油田公司三级技术专家"。

袁耀岚，男，汉族，1947 年生，大学文化，中国石油新疆油田公司高级工程师。1983 年从延安大学数学系招聘来克拉玛依进入石油行业。几十年来，先后在新疆石油管理局、勘探开发研究院、计算机推广应用管理办公室、信息中心及油田公司科技信息处从事信息化推广应用、计算机培训及管理工作。2008 年初正式退休后被返聘至数据中心工作至今。2010 年至 2016 年连续参与四届"克拉玛依信息化创新国际学术论坛"的筹备和组织管理工作。

任文博，男，汉，1981 年生，西北油田采油三厂厂长，2004 年进入石油领域从事油田勘探开发，实现了"四大首创""三大突破"等一系列创新成果。先后主持或参与完成技术、管理创新 30 余项，创造经济效益近 30 亿元。2013 年提出了建设"智能采油厂"的目标，制订了建设规划书和时间推进表。2016 年 7 月，采油三厂被确定为中国石化首批智能采油厂试点单位，聚焦建设"智能效益先锋采油厂"的目标。2017 年，建立了西北油田首个 10-6 井站一体化示范点，在油田树立了标杆，为企业转型发展、提质增效升级探索成功经验。15 年来一直从事油田勘探开发和智能油田建设工作，目前正在通过智能油田建设完成智能效益先锋采油厂建设目标。

数字油田学术会议历届合影

第四届全国数字油田高端论坛暨国际学术会议合影留念
2015.10.15 盘锦

第五届数字油田国际学术会议合影留念
2017.10.16 青岛

"一带一路"智慧油气田品牌技术国际交流会合影留念
Group Photo of Wisdom Oil and Gas Field Brand Technology International Project Exchange
2018.11.8 西安
November 8, 2018 Xi'an, China

序

由长安大学数字油田研究所高志亮教授策划，国内各油气田企业多位长期奋斗在油气田数字化、智能化建设一线的研究者、建设者撰写而成的《中国数字油田20年回顾与展望》一书，描述了数字油田建设的成就，畅想了数字油田的未来，作者们实属难能可贵，读后非常高兴，我对此表示敬意和对该书的出版表示衷心的祝贺。

中国数字油田建设，正如书中作者们共同表达的那样，从概念到实践，从数字化到智能化建设，一步步探索而来，建成了具有中国特色的数字油田，各大油公司在数字化油田建设方面都进行了广泛实践和关键技术攻关。中国石油按照"一个整体、两个层次"，大力推进数字化、可视化、自动化、智能化发展；中国石化完成了数字油气田理论体系和技术平台建设，全力推动全产业、全领域数字化、网络化、智能化，借助"一切系统皆上云、一切开发上平台"，助推公司转型升级高质量发展；中国海油开展了以数据集成共享为主要内容的应用体系建设，正在搭建"集成、统一、共享"的信息技术平台，努力推进公司的数字化转型和高质量发展。数字化油田建设在勘探开发、生产经营中发挥了重要作用。

随着"移、物、云、大、智""互联网+"等信息技术的快速发展，特别是大数据分析、人工智能的兴起，传统石油行业数字化转型、新业态快速发展。两化融合的深度决定企业发展的潜力，数字孪生、群智决策和新一代人工智能应用将会有更广阔的前景。

但是，从目前石油行业应用信息化的深度和广度上讲，勘探开发综合研究大型专业软件和国际同行业相比还有很大差距，自主专业软件的商业化程度偏低。油气生产物联网刚刚起步，基于生产前端的边缘计算、大数据应用和数据共享还有很大提升空间。实现勘探开发全域大数据分析、实物量与价值量的融合多维分析还有很大潜力和想象空间。当然，油田业务比较复杂，涉及的面比较广，实现全面的数字化、智能化仍有较长的路要走，希望我们以中国数字油田 20 年为契机，为未来全面建设数字化、智能化油气田动员一切力量，补齐"短板"而不懈努力。

最后，我衷心祝愿《中国数字油田 20 年回顾与展望》一书顺利出版发行，也祝愿我们中国的数字油田健康发展，为中国石油事业的发展做出更大的贡献。

中国工程院院士

2019 年 3 月 26 日

一

20 年前，人类即将进入一个崭新的时代，这就是 21 世纪。

当人们正在憧憬即将跨入 21 世纪的时候，世界却突然变了，变成了一个"地球村"。

由于互联网把人们的距离拉近了，人们惊奇地发现，你、我无论在世界的什么地方，都可以在很短的时间内交流、传递信息，从而人与人之间的距离在世界范围内不再遥远，"村民"们可以在网上"碰到"，说上几句话，已不是什么新鲜事了。

然而，更让人们没有想到的是，就在此时又一个震惊世界的概念被抛出，这就是"数字地球"。一石激起千层浪，一个热热闹闹的"地球村"再掀波浪。

"数字地球"，是 1998 年 1 月由时任美国副总统阿尔·戈尔在加利福尼亚科学中心开幕典礼上演讲时提出的。他以《数字地球：认识二十一世纪我们所居住的星球》为题做演讲，演讲一出，轰动全球。这让很多科学家、年轻人、科技工作者，尤其是奋战在互联网、计算机、数据库等先进领域的人们无比兴奋，未来人们将会把地球装在电脑里。

紧接着，1999 年在石油行业内也有一个振奋人心的概念被提出，这就是"数字油田"。

"数字油田"的提出，让工作在油气田领域的科技工作者、信息化建设者们兴奋不已：未来人们很快就会将油田全面数字化并装在电脑里。然而，高兴之余也带来了很多迷茫。

第一，"数字油田"是什么？尽管当时有"数字地球"的启示、注解，然而关于"数字油田"是什么，这成为当初人们争论的焦点。

第二，"数字油田"做什么？当初人们在努力探索，但实际上主要还是围绕计算机应用与普及、互联网建设与纸质档案数字化入库管理，其他都是畅想，如"无纸化办公""信息共享"等。那么，未来数字油田到底做什么？

第三，"数字油田"本质是什么？当初人们还是很难说清"数字油田"的本质内涵与外延。尽管有很多学者在探索，力求将这个问题说明白、讲透彻，然而十分困难。

"数字油田"从提出、建设到发展，已经20年了。这20年来，中国的油气田到底发生了哪些改变？油气田都做了什么？取得了哪些成效？"数字油田"从中透出的本质内涵是什么？现在应该给予一个明确的交代了。

于是，我们邀请了国内油气田学者型的领导、专家和高等院校及研究院所的教授们，将自己追随并亲历"数字油田"研究、建设的经历，或者自己亲眼目睹数字油气田建设与发展的过程，以及自己的感受和所思所想记录下来，集成一本《中国数字油田20年回顾与展望》，以此作为对中国数字油田20年的纪念。

在《中国数字油田20年回顾与展望》编写过程中，我们对作者不做任何的要求与限制，希望作者用自己的亲身经历真实地告诉人们，中国的"数字油田"在这20年中到底发生了什么，未来还会发生什么。这就是我们撰写这部书的基本思想和目的。

二

《中国数字油田20年回顾与展望》共收录了30余位学者、专家撰写的23篇回顾与展望。

这23篇回顾与展望，我们除了在统稿编排中做了统一格式以外，内容完全尊重作者所著，保持作者书写的风格和内容，形成了百花齐放的"数字油田""百花园"，要让读者尽情地领略中国数字油气田建设20年和专家、教授与建设者们的风采。

《中国数字油田20年回顾与展望》的作者，基本分为三类。第一类是来自于油气田企业一线的学者型领导和专家，他们久经风霜，是在"数字油田"建设一线摸爬攻打的"战士"或"战斗英雄"，他们所写就是真实地记录了自己20年的战斗历程。第二类是来自于院校和石油研究院所的学者、专家、教授们，这些作者都是多年来为数字油气田"鼓"与"呼"的研究者、参与者们，他们和一线的同志们为推动数字油气田建设与发展苦尽甘来做出了贡献，也写出了他们自己20年来对数字油田建设发展的感受。第三类人既是来自一线的"战斗英雄"，同时又是"数字油田"的学者，他们在很多关键研究时期提出观点，著书立说，进行重大技术研究与创新，这些作者既要承担日常中各种繁重的工作，同时还要坚持理论、技术的探索，他们是更需要尊敬的人，他们抒写了20年来的"数字油田"人生。

《中国数字油田20年回顾与展望》，大体上分为三大内容。

第一，数字油田之梦，作者抒写了20年来数字化的情怀。如孙少波的《数字油田在中国》、李剑峰的《数字油田：回忆和梦想》、王权的《我的数字油田我的梦——油田信息化建设的大系统观》、刘红艳和李清辉的《新疆油田：信息化让老油田涅槃化蝶》、高玉龙的《长庆油田：上下求索不断奋进的20年》，特别是刘维武的《大庆油田：智能庆新的独家记忆》，这是整个中国数字油田建设的一个缩影。他用"五个一"，即"一份坚持、一本好书、一口单井、一个信念、一个初心"，高度凝练、总结、概述了大庆油田庆新油田公司的油田数字化、智能化建设的奋斗历程。尤其是"一个初心"，不仅仅抒写了他们自己，而且也代表了很多为"数字油田"奋斗人们的心声。我们很多人就为"一个初心"坚持了20年。

第二，数字油田之魂，作者抒写了20年的油田企业建设的成就。如管尊友的《大庆油田生产数字化建设历程与建设方向》、何作峰的《青海油田油气生产物联网的建设历程》、陈代军等人的《基于EPBP的数据资源整合实践》、支志英的《新疆数字油田：顶层设计 行稳致远》、梁党卫的《胜利油田勘探信息从数字化走向智能化》、郝宁的《中原油田企业级数据中心建设让数字油田快速发展》、赵小波等人的《延长油田：小小采油厂见证中国数字油田建设20年》、刘志忠的《深化物联网技术应用 助推老油田地面系统提质增效》、段鸿杰的《油田企业信息化建设实践和未来思考》等。

本书作者分布在华夏大地的东西南北中，包含了油田和气田，在20年中，人们用"摸着石头过河"的精神一步一步探索着走过来。特别是延长油田吴起采油厂，他们至今在全国默默无闻，但是，他们用一种记事的方式逐年记录，一点一滴真实记录了一个基层油田采油厂数字化建设的经历，非常感人。窥一斑见豹，从中可以看到中国所有油气田数字化、智能化建设的艰难过程。

第三，数字油田之创新，作者抒写了20年来数字化探索的精神。如孙旭东的《数字油田：新的开始　新的征程》、刘喜荣的《夯实数字油田基础　助力油田企业发展》、石玉江的《长庆油田：数字智能油藏建设（RDMS）的历程》、刘展等人的《面向勘探的'智慧油田'的关键技术》、李大伟的《在中国石油勘探开发研究院见证和亲历中国数字油田20年》、牛彩云的《数字化让长庆油田插上腾飞的翅膀》、袁耀岚的《从数字油田到智能油田——新疆油田论坛助推数字油田发展作贡献》、任文博的《大漠戈壁腾起智能油田》等。其中，江苏油田在国内确实是一个小小的油田企业，但是，在小小的企业内却做出了大大的成就，他们在数据建设与业务协同上创建了EPBP模式，这是一个最好的创新，我们应该给予它应有的地位。

20年来，在中国的数字化、智能化油气田建设与发展中，高难度的勘探开发数字化化，油气藏数字化、智能化建设，始终处于难以突破瓶颈的境地，但是，石玉江的《长庆油田：数字智能油藏建设（RDMS）的历程》、刘展等人的《面向勘探的'智慧油田'的关键技术》等都做了很好的探索与创新。我们相信通过学者、专家们的不懈努力和探索，中国的数字油气田将会花开花更红。

三

不知不觉，21世纪即将走完其五分之一的路程，接近20年了。

而中国数字油田肯定没到终点，才刚刚起步；《中国数字油田20年回顾与展望》后，"数字油田"走向何方？这已成为20年来"后数字油田"时代又一个新的课题。

"数字化转型发展"，已经成为中国各大石油企业最强的声音和共识。

油气田企业"数字化转型发展"，有人会提出，为什么在"中国数字油田20年"后的今天还要提出这样的问题，难道说我们中国的数字油田没有做好吗？

是的，我们油气田数字化真的没有做到尽善尽美。20年来我们同数字油田一起成长，在技术、方法、模式上做了非常好的探索，已经取得了很好的成就，如长安大学数字油田研究所总结提出的油气田物联网建设"采、传、存、管、用"模式和长庆油田的"油田数字化管理"模式等。但是，我们在效率和效益上做得并不好。中国数字油气田建设 20 年后，就是要在数字、智能技术整合，业务与数字化融合上下功夫，创建"效率与效益价值"模式，这是中国油气田企业未来必须要走的路。

我们知道，中国数字经济还在路上。据 2018 年贵州"数博会"上全国人大常委会副委员长王晨报告所讲，中国数字经济已占中国 GDP 的 30%，但是还不够，我们预测未来在"互联网+""中国智能制造 2025"等战略的引导下，数字经济会更加强劲，到 2025 年后中国数字经济将会占到中国 GDP 的 45%~50%。

而"数字油田"，实践证明它已不是概念，它可以落地，可以创造价值，"数字化转型发展"，就是要用数字化技术将沉睡在地下亿万年的油气发现与开采得更多，更重要的是要将僵化的油气田开发生产管理运行模式打破，借助大数据和人工智能技术，在数字化转型发展中将已出现的效率和将要出现的效益价值化增值，创建石油行业的数字经济新模式。

根据"数字油田"建设 20 年的经验，"数字油田"仅仅是油气田智能与智慧建设的开元，属于基础设施建设。在数字油气田建设好之后，就会自然而然地升级，提升转型到智能油气田建设这一档。当数字化、智能化实现以后，一定还会自然而然地走向智慧油气田建设，这是一个基本规律，无人能改变。

以上是《中国数字油田 20 年回顾与展望》作者们所表达的共同心声，也是全体作者对未来"数字油田"共同的期盼。

全书由高志亮策划，孙少波设计、组织、编审，30 位作者撰写，孙阳进行了图件的清绘、校对。

最后，我们对所有的作者、参与者，以及参考的各种文献的作者表示最衷心的感谢。在此还要感谢王健、张文博博士和朱荣彬、许贤丰、邢芬等研究生在初稿编辑及绘图等方面的努力。由于时间仓促，撰写时间短，还有很多不足。书中如有不当之处，敬请批评指正。

高志亮

2019 年 3 月 1 日

目 录

数字油田之梦

数字油田之魂

数字油田之创新

数字油田之梦

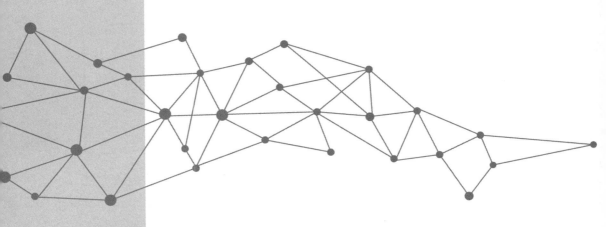

数字油田在中国

孙少波

西安文理学院　长安大学数字油田研究所

中国数字油田建设 20 年了，这是一个不同寻常的 20 年。

20 年，对于人类历史的长河而言，只是短暂的一瞬。对于一个人生来说，也仅仅是从朦胧少年走向还未涉世的青年，而对于参与中国数字油气田建设与艰苦卓绝推进数字油气田发展的人来说，却是漫长的 20 年。

中国数字油气田，对于中国油气田企业来说，是油气田技术历史上的一件大事，它标志着油气田企业由传统的油气田状态进入了一种数字化油气田的新业态，这是一个了不起的变化。

所以，在数字油田提出 20 年的今天，我们有责任将数字油气田给所有的人讲述清楚。

这里我首先要认真地说明一个问题：为什么一会儿说数字油田，一会儿又说数字油气田，到底哪一个是准确的？

一般来说，二者都对，但严格地讲，目前应统一为"数字油气田"。这是因为当初在提出"数字油田"时，还没有独立的天然气、页岩气、煤层气公司，但随着天然气、页岩气、煤层气的大开发，油气公司、页岩气公司等企业相继成立并独立存在，数字化也是其建设的主要内容之一。为此，目前应该准确地、完整地称之为"数字油气田"。但是，叙说历史，"数字油田"是客观存在的。为此，尊重历史，我们应该用"数字油田"，但可以用双引号表示，而一般叙述就用数字油气田，不必用双引号，意思是不同的历史阶段和不同的表述。

1 数字油田的起源与意义

1.1 数字油田的提出

世界上任何一个事物的出现，总是事出有因。"数字油田"的提出是互联网建设与发展的产物。那时正值世纪交替，初始蓬勃发展的互联网遇上了跨世纪，也遇上了很多问题与困惑，如"千年虫"❶。正是这样一些稀奇的事情，激发了人们的想象，尤其是"数字地球"的提出，让很多年轻人思想异常活跃。就在这个时候，"数字油田"概念诞生了。

1.1.1 "数字油田"的提出

数字油田是在1998年由时任美国副总统的阿尔·戈尔提出"数字地球"之后，于1999年由我国大庆油田提出的，这是人们的广泛共识。

当初，对于"数字油田"是谁提出没有什么争议，但是，"数字油田"到底是什么，对此有很多争论。随着数字油田建设的深入发展，到2008年长庆油田用"数字化管理建设"将"数字油田"概念落地，和2010年新疆油田对外正式宣布"全面建成数字油田，开启智能油田建设"之后，几乎再也没有为此而争论，这说明以下三点。

（1）"数字油田"已成事实，争论已没有意义。1999年是一个重要的节点，无论国际国内，在1999年之前确实没有类似的提法，也没有这样的专有名词。因此，1999年是"数字油田"的元年，对此大家没有争议的必要。

（2）"数字油田"归属大庆油田。"数字油田"由大庆油田提出，是归大庆油田企业所有，还是归提出者所有，一直以来有多种说法。但是，由王权在各种资讯上抛出，用《大庆油田公司2001年信息化规划》企业的名义正式发布，都应该给予肯定。

（3）建设要比概念更重要。一件事是在先搞清了概念、内涵后再做，还是基本上概念清楚了，在实践中再完善理念，不断推进建设、完善概念？在世界上，大多数事物都是后者。

在"数字油田"研究与建设的过程中，当时已经出现了很多成果，但还有人提出"红旗到底能打多久"的疑问，这说明什么？说明人们对"数字油田"的

---

❶ 在2000年时，某些使用计算机程序的智能系统（包括计算机、自动控制芯片等），由于其中的年份只使用两位十进制数来表示，因此当系统进行跨世纪的日期处理运算时，就会出现错误的结果，进而引发各种各样的系统功能紊乱甚至崩溃。——编者注

关心与关注。

在 20 年后的今天，对此我们应该有一个正式的交代：

第一，"数字油田"于 1999 年诞生；

第二，"数字油田"于 1999 年由大庆油田提出，王权等人通过各种媒介发布；

第三，"数字油田"不仅仅属于一个油田企业，它属于整个石油行业。"数字油田"在石油行业已成为一个伟大的事业，让整个油气田领域发生了前所未有的改变。

1.1.2 "数字油田"诞生的意义

"数字油田"属于油气田企业，更属于中国。为此，我们用"中国数字油田"做了很多的研究、推广，并介绍到国外。

"数字油田"提出的意义非同小可。经过 20 年的推进与推广、研究与实践、建设与发展，中国的油气田发生了翻天覆地的变化。也许有人说就算没有"数字油田"的提出，中国油气田企业用信息化也照样发展到现在这个样子。其实，不一定。

第一，信息化是一个很大的概念。传统意义上的信息，是指通过信道传播出来的结果，人们只需要知道结果即可。到了信息技术时代，也是采用大量的信息技术手段，实施信息的转化与获得。但"数字地球"与"数字油田"创造了一种数字化的新时代，只是我国一直沿用信息化建设，至今没有改变。

第二，油气田信息化建设充分利用了"数字油田"这个"抓手"，将信息化建设大大地推进了一步。当初人们所认识的信息化从一般意义来讲，就是互联网建设、计算机普及、信息系统管理、数据中心建设。然而，利用"数字油田"的理念，就是让油气田地上地下全面数字化，油气田出现了一种新业态。

第三，数字化在今天已经形成了数字经济模式，数字经济引领社会经济发展。在中国，数字经济已占到 GDP 的 30%，为中国经济发展作出了巨大的贡献。在数字化提出 20 年后的今天，"数字化转型发展"才刚刚开始。在油气田，数字化建设已经成为油气田智能化、智慧油气田建设重要的基础设施，是不可或缺的建设之一。

由此可以看出，"数字油田"的提出、建设与发展，不仅仅是油气田信息化建设，而是为油气田企业创建了一个新业态，其历史意义和现实意义巨大。

1.1.3 关于数字油田研究

对于"数字油田"的研究，在我国自提出以来就一直都没有停止过。最先在大庆油田除了王权将"数字油田"作为研究内容完成了硕士论文以外，还有《石油工程建设》杂志开辟了专栏刊登很多论文，大庆油田信息中心也建立了网络论坛等。另外还有胜利油田段鸿杰博士用"数字油田"研究做博士后出站报告，而大量的研究和深度研究使后来一些学者们著书立说，如图1所示。

图1　2001—2017年在国内出版的数字油田研究专著

　　尤其是李剑峰、张志檩用了"数字油田"做专著的书名。由此可见，在中国"数字油田"虽然没有成立学科，但对其的研究从来没有停止过。

　　目前，从"数字油田"研究到数字油气田研究还在进行中，特别是深度研究将会更加需要，为油气田企业"数字化转型发展"的数字经济作理论支持。

1.2　数字油田在中国

　　"数字油田在中国"，是长安大学数字油田研究所作为主题研究的一个方向，直至现在。今天，我们在这里回答大家的一些疑问。

1.2.1 为什么要用"数字油田在中国"?

（1）"数字油田"，是油田企业的，更是中国的。我们认为，"数字油田"是一项伟大的事业，将会成为一门学科。如果是一个单一的技术，就会昙花一现，"数字油田"作为一项事业，在其自身规律的推动下，将会创建永久性的发展过程，特别是为智慧油田创新油气田新业态带来无限的前景。

（2）"数字油田"是中国的，也是世界的。我们研究"数字油田"，首先要把中国"数字油田"的理念、理论说清楚，把中国数字油田建设与发展搞明白，然后我们还要对世界说，中国"数字油田"的内涵与外延及其建设成就。为此，我们一直走着双轨研究的道路，一面研究着中国的"数字油田"，另一面研究着世界的"数字油田"，并与国际油气田数字化、智能化建设做比较，时刻保持同世界接轨，也随时将中国的"数字油田"介绍给世界。这么多年来，我们一直以举办"数字油田"国际学术会议的方式推介中国的"数字油田"，我们做到了。

（3）"数字油田在中国"，是指研究在中国范围内的油气田数字化、智能化建设与发展问题，目的是将中国的"数字油田"作为研究对象，而随着深入地发展，为油气田创建新型业态，是我们研究中国"数字油田"的根本目的。

我们是一个小小的大学研究机构，当初我们认为还没有资格用中国冠名，所以只好变一种方式，用"数字油田在中国"。不过，"数字油田在中国"，其实就是"中国数字油田"，没有多大的区别。

1.2.2 "数字油田在中国"研究做了些什么?

回顾与总结，我们研究"中国数字油田"，主要做了三件事。

第一，追踪研究。十多年来，我们追踪研究了中国范围内的所有中国油气田数字化、智能化建设，先后完成了《数字油田在中国》系列丛书，已出版了4部，还有一部正在撰写。为此，对整个中国数字、智能油田建设与发展的追踪研究就算基本完成了。这些专著以理论、方法、建设、发展研究为主要内容，基本上客观地分析与论述了中国国内所有油气田企业的"数字油田"建设，构成了中国数字油田的理论体系。

第二，技术研发与标准建设。数字油田建设是一个新生事物，大家都不知道怎样做。因此，需要创新发展。但是，很多企业急功近利，从而就出现了技术、方法、建设良莠不齐。为此，我们一方面鼓与呼，做宣传，呼吁油气田企业做好建设，呼吁IT/DT企业出精品，同时，我们编制数字油田建设总图，设计和建立各种标准与路线图，在油气田承接各种规划、顶层设计等，还与油田企业建立合作关系，创建基地。十几年来我们先后在陕北吴起、大庆庆新、辽河泰利达等建立技术创新与实验基地，同全国各大油气田合作完成了数百个建设项目，走产学研之路，就是希望数字油田在中国成为一种先进的、标准化的建设典范。另外我们还以"专家"命名，研发了数据专家（Datist）、油气井专家（Wellist）、油气藏专家（Bsvist）、大数据分析专家（B-Datist）和油气田物联网等五大技术，构成技术体系，以理论与实践相结合来推动中国油气田数字化、智能化建设。

第三，搭建平台，强力推动中国数字、智能油气田建设与发展。我们自 2009 年起，每两年举办一届数字油田国际学术会议。前三届主要在全国范围内邀请业界学者、专家和建设者、技术研发者、产品生产者以及油气田的应用者们，齐聚一堂，在一个平台上进行思想融合、技术交流、产品推广，起到了很好的效果。2013 年起同世界接轨，邀请国际上的著名专家和大型石油企业以及 IT 公司参会，让全球的技术进行融合、交流。目前已举办了 5 届，规模和影响力越来越大，已经形成了国内的"数字油田"品牌会议。

"数字油田在中国"是一个伟大的事业，我们要动员更多的人参与，把我们中国的这件大事做好。

1.2.3 "数字油田在中国"研究的意义

"数字油田在中国"研究的意义是什么？我们认为，其重要的历史意义和现实意义，主要表现在这样几点上。

（1）"数字油田在中国"，是中国油气田人引入 21 世纪最先进的思想理念，让数字化、智能化在油气田领域生根开花，从而创建了油气田建设与发展的新模式。

进入 21 世纪以来，最先进的思想理念是什么？就是数字化。作为中国油气田企业，在新的世纪里同世界接轨不至于落后太多，就要将世界上最先进的思想、理念、技术与方法引进。因此，实施"数字油田"建设是非常必要的。

"数字油田"，在 2000 年左右是一个最先进的油气田理念和思想，在 20 年后的今天看仍然是最先进的思想和理念，我们油气田企业的"数字化转型发展"才刚刚开始，今后的路还很长。

为此，我们认为中国的油气田企业有责任将"数字油田"、数字化、智能化思想、理念落到实处，并必须先走一步，创出中国式的建设模式和新业态。

（2）"数字油田"作为先进理念，推进中国的油气田企业在 21 世纪不断进步。油气田企业从来都是先进技术与方法的"集散地"，很多先进技术与方法都源自油气田建设与发展。"数字油田"正是 21 世纪初先进理念与技术的代表，也是油气田企业的先进思想、先进理念、先进技术的总成，油气田内所有的技术、方法、管理、经营都要由数字化串起和集成，然后以数字油气田概念统领，完成 21 世纪现代化的油气田建设。如果一个油气田不能引入这样的先进理念、技术与方法，企业必将落后或被历史所淘汰。所以，我们是以研究"数字油田"为基点，实则推动整个油气田企业的建设与发展。

（3）"数字油田在中国"研究，期望形成中国油气田的创新模式。数字油田的核心，不仅仅是油气田的数字化、智能化，而是通过数字、智能技术与方法及手段，让油气田数据化，最终形成一种完全不同于今天油气田经验管理的新业态。

一个油气田的命脉掌握在地下是否具有丰富的油气储量，一个油气田最大的利润来自这个油气田巨大的产量。但是，所有丰富的油气储量的发现和所有的巨大产量都要源于数据的"采、传、存、管、用"。所以，数字油气田就是让数据极大地丰富，以发现更多的油气资源，采出更多的油气来，获得更大的利润，延长油气田的生命周期。但是，油气田企业是一个巨大的、复杂的系统，关键是做好协同管理，包括油气田管理、运营、发展等，我们正是通过数字化、智能化，以数据应用为核心创造油气田的新模式。为此，我们研究数字油田在中国，就是研究中国数字油田的创新模式。

这就是我们研究"数字油气田在中国"的基本思想和意义。

1.3　长安大学数字油田研究所的使命

十几年来，在中国油气田企业，包括油气田企业以外的人们都有很多疑问。第一，我国有五大石油院校❶，还有很多研究院所，为什么一个专一研究中国数字油田问题的专业机构出自长安大学？第二，2005 年数字油田刚刚提出不久，很多人认为就是一个概念，专业人员认为是"炒概念"，你们怎么就能想起将一个"虚无缥缈"的东西作为专门的研究领域并成立研究所，一干就是 14 年？第三，你们还要这样继续干下去吗？未来是个什么样子？等等，我们所遇到的人们总是在问。

这确实是个问题，在数字油田提出 20 年的今天，我们有必要给大家一个交代。

1.3.1　长安大学也是一个有油气专业的大学

长安大学是在 2000 年由三所学校（西安公路交通大学、西安工程学院、西北建筑工程学院）合并组建的 211 大学，现在是双一流建设大学。我们所在的学院，其前身就是西安地质学院。这个学院是以勘探为主找矿专业很强的西北唯一一所地质院校。为此，我们与石油的距离并不远，我们主要从事地球物理勘探找油，这与石油基本没有距离。所以，我们成立一个与油气田相关的机构在长安大学，这是自然而然的事了。

---

❶　分别为中国石油大学、西南石油大学、东北石油大学、长江大学、西安石油大学。——编者注

1.3.2 为石油数据找个"家"

数据，对于一个从事地球物理勘探的人来说，那就是"天职"，对数据进行采集、处理、解译是地球物理工作者的主要工作。所以，没有数据，一切都不存在。

20世纪末，我们主要从事非地震找油工作，当时的用户主要是陕北大开发的公司，往往催得很急，希望尽快提交成果，定井位打钻。于是为了赶进度，数据总是在急急忙忙中处理完成，因此，总感觉到对数据没有处理到位。于是，我们就希望找一种方法将数据存起来，等有机会再处理，一定会做得更好。这时我们发现了网上热烈讨论的"数字油田"。

然而，学习后发现人们对"数字油田"的认识和理解并不到位，我们认为"数字油田"就是"数据油田"，虽然没有参与讨论，但是总觉得他们讨论的问题不是我们想要的结果，就这样促使我们成立了一个与我们从事工作并不直接相干的专业研究机构——长安大学数字油田研究所，通过研究为数据找个"家"。

1.3.3 长安大学数字油田研究所的使命

当初对"数字油田"也是一个好奇。而本来是一个小小的好奇，竟然成了我们长期的事业，还将会一如既往地做下去。那么，这对于我们来说到底为了什么？

（1）"数字油田"是什么？

当初，我们的基本思想是一定要把这样一个新生事物说清楚——"数字油田"到底是什么。我们当时所看到的、听到的都不是我们想要的，我们认为"数字油田"一定不是将纸质资料电子化装在电脑里，建立一个信息中心，实施网络建设，购买一些计算机。冥冥之中我们就是觉得有责任将"数字油田"给大家说清楚。

在今天看来，"数字油田"就是利用信息技术、数字技术等手段让油气田"全面数据化"。油气田物联网建设就是让油气田数字化最好的办法，其内核就是完成数据的"采、传、存、管、用"。对于智能油气田和智慧油气田，数字油田就是其基础设施建设，万丈高楼平地起，数字油田就是为此打基础，不可或缺。

（2）"数字油田"建设怎么做？

"数字油田"建设是以油气田物联网建设落实的，为此，我们需要研究和实践，告诉人们"数字油田"应该怎么做。在这里包含很多的概念、方法、技术与标准等，通过研究后我们在《数字油田在中国——油田物联网技术与进展》一书中，系统地告诉了大家油气田物联网建设不是那么简单，在中国大地上的不同地域、不同的油田企业有不同的问题，不要一律、一味模仿移植。对于高寒、高温、高热、高湿以及沙漠、高山、海域等要严格地区别，选择不同质量、价位的设备和通信方式建设，才是最好的。

对于智能油气田建设，我们会慎重地告诉大家，一定要在完整的数字化建设基础上，实施"小型化，精准智能"，要将每一个生产运行环节智能化做好，要把每一台设备智能化做好，做到最优化、系统化，才可以完成整个油气田的智能化。

（3）数据是个纲，纲举目张。

现在，我们全力关注、研究和推动的就是数据问题，这就是我们最初的思想，"数字油田"，就是"数据的油田"。我们不忘初心，回归本真，狠狠抓住数据二字不能放。

"数据是个纲，纲举目张"，我们无论从事油气田的勘探开发，还是从事油气田的开发生产与经营管理，数据就是油气田的"命脉"，如果丢掉了这样一个本，我们什么也做不好。

目前，20年的数字化、智能化油气田建设最大的成就，就是通过油气田数字化建设丰富了数据，数据量巨大。但是，同时又出现了累积和堆积的海量数据、质量不高、鸿沟太深、孤岛太多等问题，怎么办？

我们在全力呼吁，必须提高对数据的认识，我们撰写了《数字油田在中国——油田数据学》，就是希望唤起人们的高度重视，必须从大学生教育做起，在大学二年级就开设数据学课程，培养数据科学家；必须从领导层做起，给数据正名，数据就是数据，数据不是"资料"；必须从科研院所做起，数据是一个大学问，数据科学研究就要像研究地质、油气藏那样来做；必须从油气田企业做起，数据必须治理，否则我们的数据将会成为油气田发展的"负担"和阻碍。

数据治理，实施云数据、云服务，是我们当前最重要的一个使命，我们需要动员一切力量来做。大家只要抓紧、抓好数据，我们的一切业务、研究、竞争就都做好了。

2 数字油田在中国建设阶段与成效

"数字油田"自1999年由大庆油田提出后，就在全国范围内掀起了数字油气田建设的高潮，近20年来具有长足的进步，取得了良好的效果。

2.1 中国数字油气田建设与发展历程

中国的数字油气田建设，有着明显的时间节点，我们简单地做一个图就可以看出"数字油田"20年的发展脉络和起承转合，如图2所示。

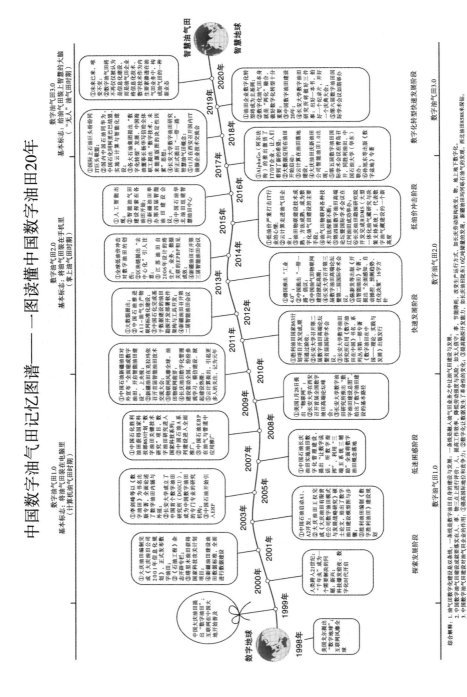

图 2 中国数字油气田 20 年的建设与发展历程（长安大学数字油田研究所 2019 年 1 月）

根据这样一个建设进程，我们大概划分了三个阶段。

第一阶段，以普及计算机、互联网建设为标志，纸质数据数字化实现共享建设为重点。这个阶段是从 1999—2008 年，这时数字油田的概念刚刚提出，在理论层面上，大家都围绕着"数字油田"是什么的问题展开了热烈的讨论和激烈的争论，这个时候人们用"盲人摸象"来形容，但百家争鸣使得"数字油田"在热烈的讨论中逐步有了一个清晰的概念。

在建设上，主要做了三件事：一是，以信息化建设为中心的计算机普及，那个时候会使用计算机的人很少，通过这样一种机会，大家都感到未来计算机对于工作非常重要，全民普及学习计算机操作；二是，以互联网为中心的数据共享建设，开建了很多机房重地，购买计算机联网，局域网、数据库等相应的设施建设快速发展，同时，加快推进了无纸化办公，组建了信息中心管理机构等；三是，纸质数据电子化入库建设，纸质数据数字化，这是最接近数字油田概念的一件重大事件，几乎所有的油气田企业经过 3~5 年的时间，将 80% 的档案盒里的文档电子化装进电脑里，取得了很大的进步，为数据共享做了基础性的工作。

第二阶段，以油气田数字化管理建设为标志，以油气田地面数字化为重点。这一阶段是从 2007—2015 年，这时人们的注意力不再在关心"数字油田"是什么的问题上，人们关心"数字油田"如何从概念落地，如何建成真正意义上的数字化的油气田。我国长庆油田在将"数字油田"概念落地方面做出了伟大的探索，具有非常重要的创新实践，他们是率先完成了全面的、规模化的油气田地面数字化建设的企业，他们用"油田数字化管理建设"诠释了"数字油田"最实际的意义，这一点我们无论什么时候都应该给予充分肯定。

"数字油田"建设的具体做法，是以传感器为节点，以通信技术构建网络，以油气联合站为中心，构建一个油气田物联网的生产运行管理的新模式，他们将这个建设系统分为前端、中端、后端。

前端，主要是数据的采集与网络建设，中端主要以指挥调动、生产管理为主，后端是数据管存与各种管理信息应用系统建设，包括油气藏数字化管理。长庆油田提出的口号是"让数字说话，听数字指挥"，这是一个完整的油气田数字化的系统，从此"数字油田"的概念被完全地落地了。

长庆油田是"数字油田"在中国建设的一个典型代表，由此出现了全国油气田企业学长庆的建设高潮，从而在全国范围成了典型示范和学习的榜样，也构建了中国式的油气田物联网建设模式。

第三阶段，以数字油气田转型升级构建智能油气田，以智能油气田建设为重点。这阶段是从 2010 年到 2020 年，尽管 2020 年还没有到，但是，我们预计需要这么长的时间才能完成。这个阶段主要是油气田数字化建设完善、规范与提升阶段。在油气田建设的热潮中，出现了一种大跃进式的建设热潮，这个时候出现了各种"跟不上"，就是前沿先进思想跟不上，技术跟不上，设备产品跟不上，建设队伍跟不上，油气田管理跟不上等。所以，当大家都冷静下来反思后，发现我们的建设在很大程度上都是"跟班"、仿照、粗制滥造，问题很多。为此，我们需要3~5年的时间拾遗补阙，不断完善，形成良好的机制，为基础建设"补课"。当然，对于建设比较好的企业大都开始转型升级，实施智能油气田建设了。

在智能油气田建设方面，从新疆油田2010年"开启智能油田"建设的提出和大庆油田庆新油田公司的实践来看，目前初步有一点端倪，人们称之为1.0，尤其大庆油田庆新油田公司的"五个一"过程，很具有典型性。

以上是一个大体上的时间段划分，但是，也基本说明了"数字油田"在中国的建设过程确实取得了很好的成果与效果。

2.2 中国数字油气田建设成效分析与评价

2.2.1 成效分析

中国的数字化、智能化油气田建设到底取得了哪些成效？这在很多人的心中都是问号。也有很多专家、专业工程技术人员很反感，认为大多是在炒概念。当然，这里有很多是因为宣传不够造成的误解，从而在"中国数字油田20年"的今天，我们应该给一个实事求是的交代。

简单地说，中国数字、智能油气田建设在效果上可分为三个成效。

第一个成效，就是"油气田全面数字化"了，这是"数字油田"最基本的功底和职能。20年来，人们利用了各种技术手段和方法，努力让油气田全面数据化，实现让油气田数据极大地丰富，这个基本做到了，这在"数字油田"建设以来是一个很大的成就，不能否认。

第二个成效，就是用油气田数字化建设解决了"效率型"油气田问题。实现了油气田数字化管理的企业基本都做到了，确实大大地提高了工作效率和业务管理水平。这个过程就是利用油气田物联网建设方式，实施数据的"采、传、存、管、用"，由此改变了传统的手工作业方式和人为管理模式，这个效果应该是明显的，也做到了，确实为油气田企业从手工操作与管理向数字化管理过程转型作出了很大的贡献。

第三个成效，就是数字、智能油气田建设主要是解决"效益型"油气田问题。只要将数字化、智能化融为一体，形成协同化，就会大大降低油气田企业的成本，大大提高油气田企业的效益。通过实践检验，在做得比较好的油气田企业确实可以做到。当然，很多人还没有切身的感受，原因是我们现在油气田企业实施的是一种人管、数字化管理的"混合"模式，更重要的是现在很难量化数字化、智能化建设的贡献率。所以，在很大程度上用专业技术、人力管理方式掩盖和弱化了数字化、智能化建设的成就。

油气田企业用数字化、智能化建设就要做到降低成本、提高效益，而且确实可以做到。但是，由于油气田企业的体制机制，导致这一功能和成效不明显，非常可惜。

2.2.2　成效评价

我们对数字油气田建设做评价，可以简单地确定为"三好"原则，就是建好、管好与用好。因为，数字油气田建设是一个巨大的系统工程，不是一个单一的技术或一个设备，它需要系统组成，协同运作，整体发挥效果，同时要和油气田的业务保持完好的对接与融合，所以建好是关键。

仅仅建好还不够，管好很重要。数字油气田管好，管什么？这是一个大学问。当一个油气田的数字化建设完成了，就要改变传统的油气田管理方式，构建油气田的新业态，这在我们中国都没有做到，也没有做好，从而让数字油气田效果非常不明显。

建好、管好了，还要用好。用好，首先是把数字化这个模式用起来。什么叫"模式用起来"？就是我们用数字化的手段创建的油气田新业态，必须改变传统的管理方式，建立起适应油气田数字化的管理方式。其次，就是将数据用起来，我们都不要成为数据的搬运工，而是数据价值和效率、效益增值的创建者。

"数字油田"建设最重要的一个问题，就是不知道谁来用，如何用，用什么，这是一个很可怕的事，最终使得一个很好的建设工程被毁掉。但是，归纳起来数字油气田在中国还是取得了很好的成就，大体上可以做这样几点评价。

（1）在思想认识上具有质的飞跃，创建了中国式的油气田数字化的新业态。对于数字油气田在中国，我们经历了从没有到提出，从理念到落地，从轰轰烈烈的建设运动到冷静下来的拾遗补阙和转型提升，在这短短的20年中，油气田人与服务于油气田数字化建设的人们，在思想认识上都是一点一点地在进步。尤其很多石油集团领导、油气田企业公司"一把手"们，都有了很高的思想认识提升，这都是难能可贵的。

不用说我们通过数字油气田建设为油气田寻找到多少油气资源；不用说我们通过数字化建设为油气田提高多少采收率；不用说通过油气田数字化建设解放了多少生产力，我们只说进入21世纪没有落伍，踏着21世纪的晨钟，带着先进理念走进了21世纪的今天，已经非常了不起。油气田企业的人们做到了，中国石油石化做到了，我们国家做到了，这是数字油田在中国最伟大的、跨世纪的胜利。

如今，中国油气田企业里的职工，不用宣传、解释数字油气田是什么，大家都明白。虽然，还有不同的声音存在，但是，人们更希望数字油气田建设与发展得更好，以此来解决油气田长期存在的复杂问题，实施油气田数字化管理基本达成了一致。

（2）在技术上，经过很多企业的努力研究、研发，创新技术产品不断出现。在我国数字化、智能化油气田建设中，我们不但具有完整的油气田数字化建设系统，还有中国式的建设方案与方法，构建油气田物联网建设的"采、传、存、管、用"完整体系，其中技术成熟、方法成熟、建设过程成熟，这已非常了不起了。同时我们在无线功图传感器、RTU/DTU、无线传输网构建、数据治理等单一技术上都有非常不俗的表现。

最近几年，我们又在困扰世界的一些单一技术上有了很大的突破，如单井在线智能含水分析装置、单井/多井在线智能计量装置、单井动液面在线智能测试分析装置等多个方面都有成熟产品。

所以，中国的很多企业围绕油气田数字化、智能化建设的需要，研发了很多先进的设备与产品，目前各种智能机器人已在气站、管道巡检等方面上岗工作，一个未来更加智能的油气田很快会呈现在我们的面前。

（3）在业态上，经过不断地摸索、实践，创建了中国式的数字化油气田新模式。传统油气田是一种以勘探开发生产为主营业务的模式，一般分为勘探、开发、生产、集输、经营管理等模块。实施油气田数字化、智能化建设后，这些构架慢慢被打破，特别是在智能化建设完成后，油气田这种按照专业归口划分的组织建制，将会严重地阻碍油气田企业的发展，这将是一个非常严峻的问题。

我国油气田企业经过2014—2017年低油价的冲击后，人们总结出一个沉痛的教训，就是不但要通过数字化、智能化的手段把效率提高，更重要的是将油气田企业的效益提高。为此，数字油气田在中国正在创建一种油气田的新模式，这个模式很快就会落实到"QHSE"的"零和机制"方面。

Q（Quality），质量。我们不要简单地认为这是一个设备、工程质量问题，在数字、智能油气田中，质量包含了整个油气田的业务和运行环节等各个方面。油气田数字化、智能化建设就是要通过数字、智能技术与智慧油气田建设，减少流程、智能协调、自动生成与智能控制，彻底改变传统油气田的机制与模式，创建全新的智能化模式。

H（Health），健康。人是宝贵财富，但是，油气田工作是一个非常艰苦的工作，风险高，强度大，过去我们通过数字化的手段来降低劳动强度和风险，这个基本做到了，或者能够做到。但是，这还不够，我们应该通过数字化、智能化建设不断提高油气田企业人们的幸福感，这点我们不敢提，也不敢讲，因为我们没有做到。在未来，还要做到"无人油气田"，就是很少的人员在岗位上工作，大部分操控都是由"智慧的大脑"完成，而人员主要有两部分人，就是：数据科学家和油气田科学家，蓝领变白领，是完全可以做到的。

S（Safety）。安全。上述两者都做到了，就是 Q、H 做到了，S 这一项自然也就做到了。未来油气田是非常安全的，整个生产过程、研究过程都是透明的，井场、站库都在透明和监控过程中完成作业，没有人敢偷盗和破坏，生产过程都是精准智能化的，基本无安全事故。

E（Environment），环境保护。不仅仅是环境问题，而是"美丽油气田"问题。中国正在实现中国梦和美丽中国，包含美丽城市、美丽乡村，当然也包含着美丽的油气田。未来的油气田，一定是美丽的油气田。

但是，整体上来说，我们"数字油田"做得还不够好。

2.2.3 中国"数字油田"的国际地位

我们的"数字油田"在国际上处于一个什么样的地位？这是一个很难回答的问题，我们需要一些评价指标，如贡献率、先进技术与设备占有率、油气生产与经济效益等。目前我们还很难获得更多的翔实资料与数据，所以，还做不到精准评价，权威定论，但是，我们可以做一些基本估计。

（1）在理念上，我们多年来都是跟着世界跑，国际上几乎天天有新的概念抛出，如"数字地球"、物联网、云计算、区块链、大数据、人工智能等，我们几乎总是跟着外国跑。为此，形成了一种"病态"：大凡立项、采购设备等都必须大段大篇地引入、叙述国外如何如何，否则通不过专家评审和最终审计。

结论是：在这 20 年中我们几乎都是跟着国外跑。

（2）在技术上，我们数字、智能油气田建设的技术与产品几乎全部来自国外，包括计算机、数据库、互联网、OA、SCADA、ERP、云计算等，据我们统计分析占到90%以上，而核心、关键技术完全依赖引进，我们自己基本没有。尤其在某些单一技术上我们和国外相差大约 15～20 年，主要是高端技术产品，如芯片和材料。我们目前在数字勘探，如随钻导航，还有数字油气藏，如深部传感器数据采集等，非常落后的原因，就是我们在高温、高压下的芯片技术、材料技术不过关。

结论是：我们现在一般的油气田物联网建设技术都具备，但是先进、高端技术与产品严重依赖国外。

（3）在油气田数字化模式上，中国"数字油田"仅仅 20 年，可以毫不夸张地说，我们有很多的创造，如"油气田物联网建设模式""油气田数字化管理模式"

"中国数字、智能油气田研究"等应该还走在前列。我们和国外比，在某些单项技术上比不上，国外依靠历史悠久和工匠精神，比我们做得好，如国外围绕一口井可以做到极致。但是，整体性、规模化建设与管理模式上，我们会做得更好。

总之，中国数字油气田经过20年的建设与发展，中国油气田的数字化、智能化建设在思想认识上、技术研发和建设上都取得了很大的成就。通过举办国际学术会议，在国际上已具有较大的影响力。

2.3 数字油气田在中国的价值分析

"数字油气田在中国"，是一个科学命题，我们还在深入地研究、挖掘之中，希望能更深刻地获得其内涵与作用价值。但是，由于我们会受到历史局限性和研究水平缺陷的限制，很多问题我们现在还看不透。因此，只能在这样的水平基点上看看"数字油气田在中国"。

（1）"数字油田"的创造，贯穿于油气田建设的全过程。衡量一个油气田的价值，主要是看其油气资源量和产量。那么，衡量一个数字油气田的价值是什么？这是一个难题。

我们也谋求通过数字化的贡献率来研究，但是，目前还不具备条件。国际上对于信息化的贡献率认为是国民生产总值的15%，中国政府认为数字经济的占比已经达到30%。如果我们以油气田信息化的作用来看，大家普遍认为它会让业务价值呈现"1+1>2"的叠加效应，由此我们给一个基本的估计，应在20%~25%。

国际知名咨询公司、国内外相关专家研究以及信息化领先实践都表明，信息化的发展一般要经历四个阶段：第一个阶段是各自建设分散信息，第二个阶段是统一建设全局性信息，第三个阶段是持续提升和集成应用信息系统，第四个阶段是共享服务及数据分析应用。随着阶段性递进，其价值就会越大。同理，数字、智能油气田也是如此。

我们以数字油田建设过程中系统开发为例，信息管理系统健全了，协同效应就出现了。如很多应用系统经常要配置组织机构在里边，当有了人力资源管理系统以后，搞其他系统建设的时候，就不需要重新进行组织机构梳理了，直接用人力资源系统已确定的组织、编码就行，这样开发其他信息系统的效率会大大提升。我们长期从事系统开发与建设的都会感到越建越快，越建越好。

油气田物联网的建设与完善，让油气田生产过程变得简单、高效了。因为路径变短了，人的因素减少，机构扁平化了，于是就改变了生产运行的过程，效率就提高了，人员减下来，成本降低了，效益就上去了。这就是油气田数字油田建设后的1+1>2的作用价值所在。

总体来讲，数字油气田在向更高的阶段发展，数字油气田建设从分散到集中、从集中到集成、从集成到共享。越向高阶段发展，其所创造的价值越高，数字油气田投资的收益率（ROI）也就倍增。

（2）让数据伟大，使数据产生秒级价值。数字油气田、智能油气田建设在本质上是数据问题。数字化，我们是依据数据的原理，将油气田全面数字化了，包括物质的、事物的，地上的、地下的，全面数字化后我们利用数据来工作。智能化，是在数字化的基础上进行数据分析，完成事前预测预警，事中趋势分析，科学决策，事后总结建立知识库、经验库，为大数据、人工智能分析做准备，实施大数据分析。因此，数据是核心，是关键。没有油气田数字化、智能化的过程，就不可能实现智慧油气田。

数据的伟大，就是让数据产生秒级价值。所谓的秒级，就是使数据快速发挥作用。我们不是数据的搬运工，我们要使数据产生价值。数据发挥作用速度越快，价值就越高。所以，数字油气田建设为数据生产与共享搭建了良好的基础设施建设和平台，油气田智能化建设为数据发挥作用提供了技术与方法，如小型化，精准智能，就是让数据产生秒级作用的最好办法。

所以，我们进行了长达20年的数字油气田建设，这也是进行艰苦卓绝的数据建设过程。表面上我们都在追求科技含量高、性价比好的设备或产品，追求发现一个高水平的团队，拥有良好的技术，建成一个完美的系统，实际上我们大家都在追求获得高质量的数据，拥有丰富的数据体，能够自如地对数据进行分享从而获得价值。这就是整个油气田数字化、智能化建设的最高境界。20年的追求，20年的追寻，全部心思都在数据上。因此，这是数据建设的过程，更是让数据伟大的过程。

（3）数字油气田建设创造了多种商业价值与油气田企业文化。数字油气田建设能够创造多种商业价值，主要体现在它是一种新型的技术范畴。之前或传统油气田就没有这样的一个业务需求，"数字油田"的出现创造了一个新的领域，于是，在建设过程中包括硬件、软件、系统集成、建设队伍、运维队伍、管理团队等，增加了近百万的就业机会和工作岗位，拉动了社会市场的繁荣与发展。

在中国近20年的建设过程中，估计整个中国境内的投资达百亿美元，所以，"数字油田"建设能够创造多种商业价值，包括提升企业效率、提升安全管理水平，提高国家数字、智能制造业水平，以及以人为本，形成新的商业模式等。

通俗地讲，企业文化就是在没有行政命令、没有制度安排的情况下，企业默认的做事风格，是一种"企业自身的个性"。油气田数字化、智能化建设给油气田企业提供了远程操控、远程监控、远程联系与管理，领导利用手机不受时空限制，远程进行交流与指挥及决策，这在数字化之前是从来没有过的，现在却在油气田形成了一种文化，形成了企业自有的"数字化员工"。由此，可以把员工用数字化、智能化紧紧地联系在一起，形成强大的数字化向心力，使员工万众一心、步调一致，为实现目标而努力奋斗。这是"数字油田"另外一种价值，正在形成中。

总之，大凡过去，皆为序曲。数字油气田在中国，虽然取得了不少的成就，但是，我们认为才刚刚开始，数字、智能油气田技术与作用潜力巨大。

3　数字油气田在中国的发展

数字油气田在中国，还在继续发展，这是一个必然的趋势，毋庸置疑。因为，整个油气行业还在发展，数字化时代突飞猛进，大数据、人工智能才刚刚走进油气田，未来的发展潜力巨大。

3.1　石油能源资源发展与展望

石油作为能源行业中的一支重要力量，近百年来，为工业现代化作出了巨大的贡献。但是，随着地球变暖，《巴黎协定》生效，新能源与可再生能源的崛起，加上 2014 年以来的低油价与价格波动对石油行业的冲击，人们突然觉得石油行业怎么从一个"朝阳产业"，慢慢却变成一个"夕阳产业"了。

大家在问：油气行业还能走多远？

其实，我们认为大家不必为石油行业与油气资源的未来担忧，尽管社会发展和可持续发展，确实使石油行业遇到了很大的挑战。但是，我们判断在今后 50 年到 100 年里，从全球的角度看，化石能源尤其是石油能源还需担当重任，理由至少有这样几点。

（1）油气销量持续增长。近年来，我国经济保持持续稳定增长，石油消费量稳步提升，据前瞻产业研究院数据统计，2008—2016 年期间，国家石油表观消费量从 2008 年的 3.65 亿吨增加至 5.78 亿吨，累计增长 58.34%。据统计 2018 年中国油气对外依存度达到 69%，中国石油消费量将于 2027 年增长至峰值 6.7 亿吨左右，且在 2027—2035 年石油消费量继续保持在高位。

（2）油气勘探开发投资稳步增加。我国对油气安全十分重视，在油气销量持续增长的情况下，据国家相关部委宣布，油气勘探开发在 2018 年稳步增加，预计在今后十多年中，为了国家的油气安全还要继续增加投资。据统计，全球有 25 个超级盆地，我国渤海湾和松辽盆地在列，2017 年超级盆地的石油产量占全球总产量的 35%，未来还要继续开发盆地产能。

（3）工业原材料使命担当。假设由于新能源快速发展，绿色环保的无人驾驶汽车替代了所有的燃油汽车，但是，原油作为工业原材料还必不可少，清洁的天然气、页岩气、煤层气还是需要大发展。

总之，当代人不用担心油气发展成一个"夕阳产业"的问题。

3.2 数字油气田建设发展与展望

对于数字、智能油气田事业来说，无论石油行业怎么样，油气田企业怎么发展，都需要油气田数字化、智能化技术作支持。假设石油能源发展遇到了困难，我们还有300万石油石化职工，需要持续地解决好归宿问题，只有实施油气田数字化、智能化技术，才能让油气田风险降到更低、成本降低、效益提高，然后慢慢地让油气田消亡；假设石油发展强劲，还有很长的历史，就更需要用油气田数字化、智能化的建设，来解决职工劳动强度大、效率低、成本高的问题，特别是未来"透明油气田"的实现，需利用数字化、智能化技术使油气资源的发现更加容易，剩余油气的发现更加快捷，智能化使油气生产过程更加简单，实现简约化。所以，更加需要这些技术与方法。

为此，在中国，数字油气田将会成为油气田发展的必然。

3.2.1 数字油气田建设发展的路径

数字油气田发展是按照数字油气田自身规律发展的，这个规律是以数据规律作为内核的自然规律。

2009年，我们在编制《数字油田建设总图》中就已提出，它是按照信号、数字、数据、信息、知识、智慧这样一个路径发展的，无论发生了什么，这一规律都不会改变。因为，任何一个领域只要实施数字化、智能化建设，都要依据这样的规律演化，即从信号开始采集，然后将信号做处理，转化成数字，对数字进行关联、处理转化成数据，然后数据再转化成为信息。例如，我们阅读各种图件，地质图、油气藏图都是通过数据转换后变成信息，看图就是读取信息。信息往后再转化成知识，如我们通过解读形成报告，并在实践中落实信息和应用，就会变成知识，提供给人们学习。论文、专著、报告等，最后都要转化成智慧，变成专家、科学家的智慧。基于这样一个事实和原理，中国数字油气田为阶梯式发展：从数字油气田走向智能化油气田，实现智慧油气田，如图3所示。

3.2.2 数字油气田的发展趋势

中国数字油气田的发展呈现阶梯状递进式发展，如图3所示，从传统的油气田开始，先是从简单的、一般意义的信息化建设，逐步地发展成为数字化、智能化，再往上就是智慧的油气田了。目前，数字油气田在中国，正在从油气田数字化向智能化上转型提升。

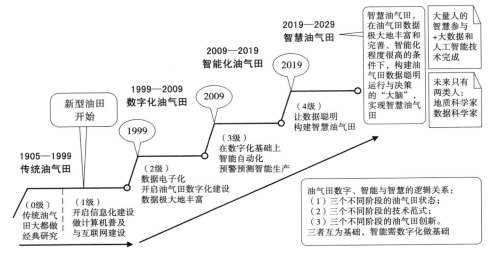

图 3 数字油气田建设发展逻辑关系和发展演化图

从数字化油气田、智能化油气田到智慧油气田，是现代油气田发展不同阶段的基本状态，由此构建了现代油气田的一种新业态。它们是按照一种逻辑关系精进发展，所以，一定是呈递进式、台阶状的发展，会越来越先进。而它们的逻辑关系是按照低阶段一定是高阶段的基础设施，一阶一阶地递进前行。所以，不能轮空和缺失，必须经过基础建设的过程，再连续上升。

3.2.3 智慧油气田不是梦

智慧，在地球上任何一个国家都有，在任何一个人身上都有，只是由于东西方文化差异，个人修炼不同，智慧的大小也不同。东方人的智慧，主要研究智慧与人，西方人主要研究智慧与自然。我们的智慧油气田就是基于东方智慧基础的油气田，主要是在油气田业务与数据智能化技术中融入人的智慧。这是一个难题，所以，智慧油气田是我们数字油气田发展的未来，是最高境界。我们给智慧油气田一个简单的画像，如图 4 所示。

图 4 像是一个智能机器人，是一个包含知识、经验、教训等构建的"软体机器人"，而数据处于中心地位，油气田所有的业务数据都要汇聚在这个人的"心脏"部位，然后由专业技术、专业学科做支撑，知识库、经验库协同互助，大数据与人工智能以及"大成智慧研讨厅"构建智慧的大脑，最后实现"全数据、全信息、全智慧"的油气田，这才是真正的智慧油气田。

所以，未来数字油气田建设与发展，一定要走向智慧的油气田。

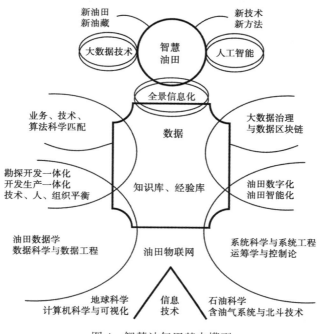

图 4　智慧油气田基本模型

3.3　数字、智能技术和模式发展与展望

数字油气田在中国，建设与发展过程中要考虑的因素很多，但归结起来主要有三点。

第一，数字油气田是个新生事物，所有的技术与方法都是在这个事物成长中发展，我们和这一新生事物一起成长，所以，探索的路很长。

第二，人们对于油气数字化的本质认识还不够深，或者还没有深刻地认识到其本质内涵，只是做了一些表象的研究和实践，如研发技术产品，组合集成系统，开发管理信息系统等。因此，导致发展得很不顺利。

第三，干扰太多，商业行为、热炒概念、形象工程等让我们的建设过程夹杂了很多的不和谐，导致建设很不完整。基于上述现象，中国人正在觉醒，大力倡导工匠精神，坚持要打造精品，杜绝粗制滥造。

为此，我们正在响应国家"一带一路"倡议，成立"一带一路"智慧油气田品牌技术与产品（中国）联盟。我们要利用这样一个联盟动员全国所有优良企业加盟，征集所有优良企业的所有优质技术与产品，建设产业园区的培育中心，对我们拥有自主知识产权的技术与产品实施培育，让其成长为品牌技术与产品。

然后构建"一带一路"智慧油气田示范模式，建造我国石油领域最优秀、最大的智慧油气田"航空母舰"，形成石油领域的"国之重器"：当一个智慧油气田建设项目确定后，进行全方位的工业化设计，然后系统化"组装"，在最短的时间内完成园区内成品构建，到油气田现场以最快的速度部署、运行、测试，形成"交钥匙"工程，最终提交的一定不是一个单一的项目工程，而是油气田的一个新业态。

为此，中国数字油气田未来是以"提供中国建设方案，奉献中国建设智慧"作为产品，为国家和"一带一路"沿线国家提供解决方案和油气田建设模式。我们所创造的是一种"无人油气田"的模式，就是油气田生产过程非常简单，不要很多人来操作，全部由数据智能化来完成，即给油气田装上"智慧的大脑"。

当然，油气田数字化、智能化建设还有很长的路要走，任务十分艰巨，但前途十分光明。

4　写在最后的一点话

数字油气田在中国，就是中国数字油气田，这只是一个研究命题。走到今天，我们通过数字油气田在中国，做了很多的努力。

对于国家而言，我们持之以恒地坚守了20年，总希望为国家守住这块阵地，我们做到了。

对于油气田企业而言，我们从最初的追踪研究到现在的引领研究，在十分困难的情况下进行实践检验，就是为了让我们油气田企业在建设过程中不要走太多的弯路，快速地完成建设，我们也努力地做到了。但是，我们的力量毕竟有限，总的来说我们也尽力了。

对于中国数字、智能油气田技术服务的企业，包括业界、学界来说，我们也做了大量的工作，我们的基本原则是不要否定任何一个企业、个人的技术与产品，尽管存在着缺陷。因为，他们也在为国家和油气田企业数字化、智能化作贡献。这个我们也做到了。

对于我们自己，现在有一句话，叫作："不忘初心，方得始终"，我们会永远牢记。记得我们在2005年成立研究所之时，几乎放弃了一切，凡有人写了一篇论文、一本书，我们都坚持寻找拜读、走访。曾为一个专著的作者我们先后四次登门求见，参加了无数次各种挂着数字油田招牌的会议，结果什么也没有获得。我们基本踏遍了中国境内的所有油气田企业，只要听到他们有一个技术、方法、建设做得不错，都要前往看看、学习。有人说我们就是一个"小蜜蜂"，的确是这样一种精神，现在我们总算对当初的自己有一个交代，让我们中国唯一的数字油气田专业研究机构，为中国的数字油气田建设事业作出了我们应有的贡献，还是无上的光荣。

但是，我们知道，后面的路还长，研究难度更大，技术要求更高，建设更加困难，我们会保持本色，坚持将中国数字油气田研究和建设进行到底。

"未来已来"，只要坚守，就会有收获。

数字油田：回忆和梦想

李剑峰

中国石化集团信息化管理部

时代在变、技术在变、需求在变，多方变局推动下的石油工业面临空前复杂的挑战。碳排放给这个星球带来多少压力，就给电动革命、绿色能源营造出多少发展空间，也就给石油工业设置了多少道发展的门槛。做好环境保护、降低运营成本、提高勘探开发效率、增加企业的市场竞争力，这些问题和需求都是数字油田持续发展的内生动力，而云计算、物联网、大数据、人工智能等技术的不断涌现，则给数字油田行稳致远提供了引擎、插上了翅膀。本文应邀回顾了记忆中有关数字油田的点滴往事，也对数字油田的发展谈了一些不成熟的看法，请同行批评指正。

1 回忆——长沟流月去无声

提笔抒写中国数字油田随想与回顾，不由让我想到宋人陈与义的一首词《临江仙·夜登小阁忆洛中旧游》：

忆昔午桥桥上饮，坐中多是豪英。

长沟流月去无声。杏花疏影里，吹笛到天明。

二十余年如一梦，此身虽在堪惊。

闲登小阁看新晴。古今多少事，渔唱起三更。

岁月如河水月影，流逝无声，二十年转眼过去恍如一梦。

"闲登小阁"，临窗静坐，认真地回想了一下我和数字油田的"那些事儿"。

我和数字油田的第一次结缘，大概在 1999 年下半年。当时中国石化石油勘探开发研究院刚刚成立，要求各部门申报一批科研项目，我申报的其中一个项目就是"数字地球和数字油田技术研究"。项目的研究成果得到了研究院的肯定和大力支持，到 2002 年，数字油田技术研究开发实验室，作为研究院十大重点实验室之一列入建设计划。虚拟现实系统作为实验室核心工程之一率先落地。2003 年年底，我主持筹建的一个大型沉浸式虚拟现实系统"Petro-One"正式投用，是中国石油工业历史上的第一个大型的虚拟现实系统，能够支持沉浸式多学科协同研究，研究团队"钻入地下"，用手（戴数字手套）拨动断层、圈闭、钻井等地下目标，开展更加精细的综合解释、建模等工作。该系统至今仍在发挥作用。这也算是数字油田建设的第一次实践了。在当时看来虚拟现实系统，应当是数字油田的一个重要组成部分。时至今日，VR/AR/MR（虚拟现实、增强现实、混合现实）等技术在数字油田中如何更好地发挥作用仍在持续的探索之中。

2004 年的时候我出版过一本书：《高性能计算机与石油工业》，其中有一章是："影响石油工业未来的几项重大技术"，斗胆对未来作了一些预测，当中共列出了六项技术：网格计算（GRID）、数据银行与数据仓库、标准化与开放、软件技术、协同决策与虚拟现实、数字地球与数字油田。数字油田技术赫然在列。细看起来我的这些预测似乎比当年球王贝利预测世界杯还要更靠谱一些。其中的网格计算发展成了现在的云计算，数据银行与数据仓库发展到了数据湖，虚拟现实也进一步发展出了增强现实和混合现实。数字油田和智能油田则依然是当前油气工业最前缘的技术。

也是在这本书中，我首次系统谈到数字油田的概念，"数字油田的概念源于数字地球，1998 年美国前副总统戈尔，提出了数字地球的概念，这引起了全球范围内的震动，数字地球从此成为世界科学技术界的发展热点之一，数字油田就是在数字地球这一概念的基础上产生的"。并参照数字地球的定义给出了数字油田的定义："数字油田是油田的虚拟表示，能够汇集油田的自然和人文信息，人们可以对该虚拟体进行探查和互动。"并进一步列出了数字油田的主要内容，包括数字油田的总体技术架构、地理信息系统（GIS）在油田的应用、多学科地质模型研究、勘探开发业务与信息一体化模式、海量数据存储方案、虚拟现实技术的应用、数据与应用系统的标准体系、企业的数字化概要模型、油田的发展战略等。

这些内容，现在看来虽显稚嫩，所幸大体方向并无偏差。

之后不久，无意中读到了天津大学的一篇数字油田方面的学位论文，是大庆油田王权撰写的，读后大为钦佩，对文中通透的思考和全面的设计非常赞赏，不久我就找到了王权的电话并取得了联系，冒昧但诚恳地表达了想邀请王先生到我们研究院工作的意向。此事虽未达成，但自此以后和王权成了好朋友。王先生豪爽大气、思路敏捷、表述清晰、言辞犀利，东北人特有的爽朗笑声极有感染力。彼此间联系不多，但总是一见如故。2017 年年中我组织中国石化油田企业及研究院所的专业人员到中国石油的各大油田参观学习，在大庆受到了王博士的热情接待，整个访问过程王博士全程陪同，去庆新油田现场时甚至亲自给我们讲解。同声相应，同气相求，共同的语言让整个参观过程始终其乐融融。王权现在早已是大庆油田信息中心的领导，近些年更是提出了大系统观、大信息观等创新性思维的方法论，不但指导了大庆油田的信息化建设，而且已经得到广泛传播并形成了巨大的影响力。

此后一段时间，我一直在油气勘探领域和信息化领域从事科研或者管理工作，2005年前后中国石化集团曹湘洪院士主持编写了一套石油石化丛书，其中作为上游业务唯一的一本，我编写出版的《数字油田》一书，算是自己此前一个时期工作和思考的一次汇集。

找出尘封已久的《数字油田》一书，细读起来，依然能够找到当初编写时自己对数字油田的理解思路。当初欣欣然若有所得的心情，现在看来几多惘然。技术发展太快，很多当时崭新的概念转眼已成往事，"二十余年如一梦，此身虽在堪惊"。

《数字油田》一书，是2006年出版的，只有十几年的时间，还能记得当时最热门的技术是什么吗？我找到了 Gartner 的 2006 新技术热度曲线（Hype Cycle for Emerging Technologies，2006）（图1）。可以看到，当时信息技术领域还在热炒 web2.0、IPv6、网格计算、RFID 等，云计算的概念还没有出现，网格计算只能

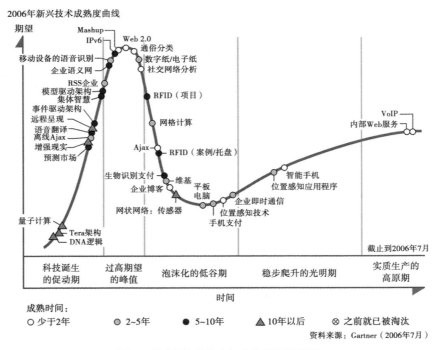

图1　当时的技术热点如今大都不见踪影

算是云计算的前身，而现在云计算已经发展成为基础设施了。大数据的概念还未兴起，人工智能技术还在其三起三落的发展历程中的第二个低谷中徘徊。不过十几年的时间，技术潮流已经变化，人们手中的资源和对未来的期许都已经物换星移。时间真的在飞！

特别值得回忆的是我和长安大学高志亮老师的交往和友谊。大概是 2007 年前后，我在办公室意外地接到了高老师的电话，是有关数字油田会议的事情。高老师畅谈了他对我国数字油田发展现状的思考，提出通过召开全国乃至全球性的学术会议，让来自不同单位的专家学者相互交流、碰撞思想，加速推进我国数字油田技术的发展。我对这一想法非常赞赏，大有一拍即合之感。此后，我就成了数字油田会议的常客，也开启了我和高老师漫长的友谊。同时我也把这个会议平台当作我推动中国石化油田信息化工作的一个有力的抓手。高老师言语朴实、为人诚恳、认真执着。这些年筚路蓝缕、开创性地树立起了中国数字油田会议的旗帜，这个过程中遭遇的各种艰辛，我都历历在目，而且感同身受。每次学术会议安排、组织各种评奖活动、策划出版《数字油田在中国》系列丛书等高老师都是亲力亲为，我也常常受到高老师的感召，力所能及地参与其中，为自己能在这一过程中奉献微薄之力沾沾自喜。其实，我的贡献相比于我从中得到的收获实在是微不足道，不但从每一次的交流中深化了我对油田信息化的认识，也开阔了视野，结识了很多志同道合的朋友，如庆新油田的刘维武总经理，长庆油田信息中心的马建军副主任、中国石油大学的李洪奇教授，还有陈新荣、段鸿杰、安丰永、肖波、肖莉、马平生等，名单还有很长。这个平台凝聚了一批关注、热心致力于数字油田事业的专家学者，有力地推动了中国乃至世界数字油田技术的深入发展。

《数字油田在中国》丛书是高老师策划并成功实施的一项重大工程，工作量巨大、意义重大、影响深远。在数字媒体当令的大背景下筹划出版这套丛书足见高老师对数字油田事业的执着。虽然我们曾就书中个别观点交换过意见，但高老师把我列入编委名单还是让我汗颜！我认真阅读并收藏了这套丛书，也买了几套赠送朋友。我相信这套丛书的价值和影响力会日益显现。

哲学家说：人不能两次踏入同一条河流，是说人在变、河流也在变。在油气信息化领域工作了将近二十年的时间，我不断地在数字油田的河流里徜徉，进进出出数字油田之河有多少次了？我能够清晰地感受到这条河流已经发生巨大的变化，无论是我们手中掌握的技术，还是我们面临的研究对象，都已经不同往日。中国石化早在 2012 年就开始了智能油田的调研和设计，大庆油田的庆新油田的智能化建设已经见到成效，中国石油最近发布了勘探开发梦想云平台，称"标志着中国石油的上游业务将实现在数字化方面的转型升级；预示着石油数字化产业将在中国迎来规模化扩张时期"。中国石油的新疆油田和中国石化的普光气田已经被国家工业和信息化部认定为"智能制造试点示范"。这些进展都标志着数字油田的发展已经进入数字化转型的新阶段，数字油田2.0时代已经来临。

2 发展(数字油田2.0版)——走向广义数字油田与数字化转型

狭义的数字油田是指油气田勘探开发业务的数字化，主要是技术层面的东西，而广义的数字油田则包含利用数字化手段提升整个油田的经营管理。发展到高级阶段就是油田企业的全面数字化。事实上，推动油田企业的数字化转型已经越来越成为新的潮流。

近年，我们能看到各种信息技术如云计算、移动互联、大数据、人工智能等技术在电商、金融服务、政府监管等方面得到突飞猛进的发展，数字化的社会认知度趋高。调研机构IDC去年的一份报告预测，2018年数字化转型将成为所有企业应对挑战的主要战略之一，全球1000强企业中的67%、中国1000强企业中的50%都将把数字化转型作为企业的战略核心。2017年世界著名的信息咨询公司高德纳（Gartner）开展了一项大规模的咨询调查，调查收集了来自98个国家和主要行业的3160名受访CIO（首席信息官）的数据，这代表了13万亿美元的收入和公共部门预算，以及2770亿美元的IT支出。受访者来自多个行业，包括制造业、政府、专业服务行业、银行业、能源/公用事业、教育、保险业、零售业、医疗、交通运输业、通信业和媒体行业。

高德纳公司分析人员将其中86位石油和天然气公司受访CIO的答案与总样本进行了比较。在赢得市场的顶级技术（表1）和进行新投资的技术领域（表2）两项调查中，数字技术及相关分析应用领域成为首屈一指的热点方向。

表1 全球石油和天然气数字技术分析（资料来源：高德纳）

排行	石油和天然气（$n=80$）	受访者百分比	排行	总样本（$n=2834$）	受访者百分比
1	BI/分析	43%	1	BI/分析	26%
2	数字化/数字营销	10%	2	数字化/数字营销	14%
3	自动化	9%	3	云服务/解决方案	10%
4	物联网	8%	4	移动性/移动应用	6%
5	云服务/解决方案	4%	5	物联网	6%
6	移动性/移动应用	4%	6	客户关系管理	5%
7	客户关系管理	4%	7	人工智能	5%
8	企业资源规划	4%	8	企业资源规划	5%
9	基础设施/数据中心	4%	9	基础设施/数据中心	5%
10	集成/互操作	4%	10	自动化	4%
目标群体：所有受访者的答案，不包括"不知道"的答案在内。n根据细分市场不同而不同。					
问题：您认为哪个技术领域对贵组织实现差异化和赢得胜利（实现目标）来说至关重要？					

这些数据显示石油和天然气行业的数字化成熟度正在日益提高。如今战略重点主要侧重于提高增长和盈利能力的卓越运营，企业相信可以通过部署数字技术获得成功。尽管与跨行业平均水平相比，石油和天然气行业的成熟度仍然不高，但是成熟度模式非常相似，并且差距正在不断缩小。"这证实了该行业对创新领导力的态度发生了重大转变，在这个过去一直不属于数字创新领导者的行业中数字创新已经越来越明显。"对 BI/分析的大量投资标志着人们认识到数据管理和分析的巨大价值。这使得石油和天然气公司走上了成为数据科学公司的道路。石油和天然气公司由数据驱动的时代似乎即将到来，至少对于行业领袖来说是这样。

对卓越运营的追求表明，油气田的资产绩效是大多数公司业务优化工作的核心。石油和天然气行业的 CIO 应致力于支持和实现数字化，通过将数字化与业务相结合来开发运营技术（OT）和物联网架构，从而实现资产绩效优化。

表 2　全球石油和天然气数字领域投资分析（资料来源：高德纳）

排行	石油和天然气（$n=78$）	受访者百分比	排行	总样本（$n=2834$）	受访者百分比
1	BI/分析	32%	1	BI/分析	19%
2	云服务/解决方案	15%	2	云服务/解决方案	13%
3	企业资源规划	10%	3	企业资源规划	12%
4	数字化/数字营销	10%	4	数字化/数字营销	12%
5	移动性/移动应用	10%	5	移动性/移动应用	10%
6	网络/信息安全	9%	6	网络/信息安全	8%
7	数据管理	8%	7	数据管理	6%
8	基础设施/数据中心	6%	8	基础设施/数据中心	6%
9	系统/流程自动化	5%	9	系统/流程自动化	5%
10	物联网	5%	10	物联网	4%

目标群体：所有受访者的答案，不包括"不知道"的答案在内。n 根据细分市场不同而不同。
问题：2018 年贵组织将在哪个技术领域支出最多的新增或追加资金？

从国家政策层面来看，自 2016 年以来，国家先后出台"十三五"规划下的大数据产业、物联网产业、人工智能产业等发展规划，机构研究报告层出不穷，各地政府纷纷在区域规划中加重数字化内容，中国产业数字化转型显然已成预期热点。

从石油公司层面来看，近年来国际石油价格长期在低位徘徊，环保的压力和电能风能等清洁能源的快速发展，给石油公司的经营带来空前的压力。各大石油公司纷纷寻求降本增效的新途径，而日新月异的数字技术无疑是最佳选项。数字化转型日渐进入人们的视野。从数字化转型的内容和发展路径来看，恰好契合了广义数字油田的发展思路，成了数字油田的升级版。从发展阶段的宏观趋势来看，数字油田发展的头十年是数字技术应用、探索和储备阶段，可以算作是数字油田1.0版。常见的图景是：许多油田企业，尤其是中大型国资集团，在网络硬件、系统平台、ERP、CRM、SRM、BI等方面有很大投入，在生产层面各类应用软件基本普及，注采、集输、地面运营管理都有相应的系统支撑，决策上也有成堆应用系统以及大屏幕曲线、图表、驾驶舱等。但如果深入研究就会发现，这些传统的企业信息化发展已经遭遇瓶颈：预算连年超支、系统艰难上线、数据失真、信息孤岛甚多、业务流程再造困难等。这些挑战要求油田企业必须开展全方位的数字化转型，开启数字油田2.0版。"数字化转型"既是信息技术的全方位升级，也是生产方式的彻底革命。生产方式革命意味着全新的技术体系利用、全新的生产组织和运行方式、全新的用户和生产关系、全新的价值实现方式。其中非技术要素至关重要，包括行业再定位、业务流程再造、管控与IT治理配套、人员结构与激励方式创新等，这些要素与技术融合才能实现成功的数字化转型，才能真正升级到数字油田2.0版。

数字化转型是传统的油气产业生存发展的必由之路，数字化时代"转型新机遇"与"死亡通知书"同步而来。面对"要么彻底改变、要么就不复存在"的警告，传统产业的数字化转型被迫走上了快车道。

数字化转型的最终目标是实现油田的"数字孪生（Digital Twin）"。这是一个可以逐步实现的目标，可以先有"油藏孪生""井筒孪生"等局部的数字化转型，再演进到容纳从地下到地上、从生产到经营的完整的"油田数字孪生"，从而建成"掌上油田"。人们可以在"数字孪生"上开展各项生产经营活动的优化，优选最佳方案，再实施于现实油田。这不仅是效率的提高，更重要的是能够实现很多靠传统方法无法实现的操作。随着技术发展，对"数字孪生"的运营必将越来越多地增加智能化手段，推动数字油田升级到3.0版，逐步走向"智能油田"。

数字油田3.0版就是"智能油田"。从石油工业的整个发展历史来看，传统的石油工业就是工业1.0，加入了数字油田就是石油工业2.0，实现数字化转型就是石油工业3.0，到智能油田就是石油工业4.0，这和德国工业4.0的概念相一致。

3 将临（数字油田3.0版）——智能油田开启新征程

如果说以往发展进步的节奏是马蹄声、车轮声，现在已经是秒表的滴答声。2014年的云计算、2015的大数据、2016年的物联网、2017年被称为人工智能元年，神经网络、区块链街谈巷议，2018年的5G之争、量子计算之争，已经不仅仅是工业企业巨头的竞争，更是上升到国家层面的竞争。大数据、机器人、人工智能已经成为引导时代的风向标，谁占得先机，谁将主导未来！

人工智能无疑是众多热词中最亮眼的"皇冠"，所有的事物都想拿过来戴到自己头上，大到智慧地球、智慧城市，小到智能门锁、智能手环，不管原本是什么货色，戴上"智能"的皇冠确实显得高大上不少。

抛开"乱花渐欲迷人眼"的热炒，这一波人工智能热潮的本质是在大数据基础上实现算法的突破，从应用实效来看也仅仅是在计算机视觉、自然语言处理等有限的几个领域有所突破，也只能算是"浅草才能没马蹄"。但这丝毫不影响人们对人工智能的热情，让机器具备人的智能一直以来就是人类共同的梦想。各种机器的使用极大地减轻了人类的体力劳苦，能不能进一步减轻体力甚至是完全解放我们的身体？在一些复杂的工作上，能不能让机器代替我们思考和工作？看着波士顿动力公司的机器人像人一样地奔跑跳跃、拿起重物、穿越障碍，立刻觉得人类完全解放的美好日子就在前面不远处。

"几处早莺争暖树，谁家新燕啄春泥。"油田企业自然不甘人后。国际上各大油气公司都在智能化方面开展了不少的探索。如壳牌、雪佛龙、道达尔等石油公司，都在生产层面开展了智能化工作并取得了明显效果。沙特阿美公司制订了四个层面的智能油田开发框架（图2），从底层的数据采集开始，经过集成和优化，提出最佳的决策和创新的建议，实现对业务流程的闭环管理。

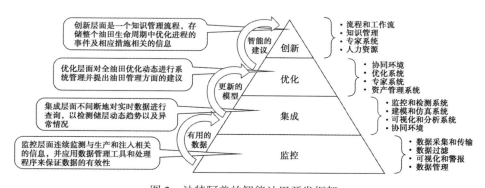

图2 沙特阿美的智能油田开发框架

国内三大石油公司也都有很多智能化的尝试。2016—2017年间我组织了一个跨部门的专家团队，调研了中国石油的长庆油田、大庆油田、新疆油田，中国石化的胜利油田、塔河油田、普光气田、涪陵页岩气田，欣喜地看到了很多成功的案例。收获巨大，也结识了很多朋友。他们的成功之处无法在此一一详述，只谈一点自己对智能化的理解。

从本质上，智能的发展过程，就是人类努力从不确定的世界中寻求确定性答案的过程。人类社会早期，想知道一场战争的胜负，唯有求助于占卜（《左传》："国之大事，在祀与戎"）。一直到牛顿力学体系的建立，给人类构建了一个确定的知识体系和可认知的世界观，人们相信只要找到规律，世界上的所有事情都是可以计算出来的。但很快量子力学的发展打破了牛顿力学体系，明确了不确定性才是这个世界的本质，让人类知道原来上帝也玩掷骰子。在日常工作和生活中，如何消除或者减少不确定性，就是人类智力的练兵场。从出门穿什么衣服、晚餐吃什么，到选择职业、挑选生意伙伴，再到石油工业中在哪里打井、在哪个层位射孔，所有的不确定性都是对人类智力的考量。但关于不确定的认知一直缺少指导性的理论体系。

一直到 1948 年，数学家香农（C. E. Shannon，1916—2001）创立信息论，才解决了如何度量不确定性、如何减少不确定的问题。他不但确立了用 bit 作为信息的单位，用熵衡量信息的不确定，更进一步论证了要想消除不确定，就要引入更多的信息，引入信息的多少则要看系统的不确定性有多大。大数据的概念符合信息论降低不确定性的论断，用数据的全体而不是抽样能够更好地解决问题，基于大数据的人工智能则提供了一系列的算法工具，让我们能够更好地使用更多的数据，"数据训练得越多，人工智能就越准确"，系统就显得越智能。

要减少油藏的不确定性需要多少信息？要优化集输注水系统需要多少信息？一个智能的油田就是要在油田业务的所有环节上，无论是定井位还是开发方案，帮助人类减少决策的不确定性。因此，构建智能油田的首要工作就是信息采集，就是要让油田像人一样有感知能力，并收集感知到的所有信息（这些都是在数字油田阶段的工作），然后据此开展预测、进行优化，为油田业务的决策提供服务（图3）。个人认为智能油田是在数字油田的基础上，围绕上游的油藏、井、管

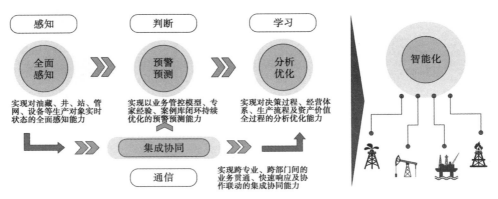

图 3 智能油田的基本能力

网、设备设施等核心资产和经营管理业务，借助信息化手段实现资产管理和经营效益的优化，建立全面感知、集成协同、预警预测、分析优化、辅助决策、自主操控六项能力，助力高效勘探、效益开发和优化运营，实现资产价值最大化。

智能化技术还处于快速发展时期，智能油田在感知能力、建模能力、算法优化等诸多重要方面还处于起步阶段，亟待提升。数据治理的问题尤其突出，一方面是海量的数据汹涌而至，给存储和管理带来巨大困惑：这些数据哪些有用？哪些不需要长期存储？另一方面是数据挖掘和分析能力不足，花巨资采集和存储的数据被分析利用的不足30%。有戏言给大数据的定义是：垃圾多的数据就是大数据。5G的商用就在眼前，新一轮数据爆炸劈面而来，人类即将走入超越大数据的超数据时代。

4 展望——走向超数据时代

数字是人类文明源头中最活跃的潜流。在人类的蒙昧时期，在原始人的采集、狩猎活动中，通过比较收获的多少、猎物的大小，逐渐抽象出不同物体间共同的在"数量上"的抽象性质，逐渐产生了数的概念。远古时代，生活在中美洲的玛雅人创造了玛雅数字；公元前四千多年，尼罗河流域的古埃及人就创造了十进制的象形文数字；生活在黄河流域的中华民族的先民在公元前8000年的上古时代就已经有了计数活动，《易经·系辞》中记载："上古结绳而治，后世圣人易之以书契"，商代先民创造了甲骨文数字。有了数才有了对收获的数量、氏族成员的人数、四季运行的周期等的计量，才有了比较和交换，可以说，从古人结绳记事起，人类数十万年依靠数量的概念和随后发展起来的数量科学，推动着社会经济和人类自身的进化和发展。

应该说，从人类发明数字开始一直到计算机的发明，人类对数据的采集和应用能力一直处于很低的层次。在此期间尽管人类已经掌握了完备的数学知识，出现了各种计算方法，但并没有有意识地收集和使用数据，最大的数据活动是国家主导的人口普查，相传最早在公元前2000年左右的夏禹时代就做过人口统计。西周以后的历代封建王朝都设立"户部"主管人口、赋税等，甚至有专门管理人口统计的官员"司民"。除此之外，就是日常的计量和交换，很少有专门对数据的统计分析和利用，数据的作用只是停留在"数"的状态，这一时期可以称为微数据时代（至1946年）。这种状况直到计算机的发明才得以彻底改变，因为计算机是专门处理数据的机器，人们开始意识到数据的重要性，计算机"garbage in, garbage out"（垃圾进垃圾出）的特性促使人们重视数据收集的质量，开始系统地研究数据的采集、分类、存储、管理和使用，数据作为一种独立的力量通过与计算机的结合开始发挥作用。人们并没有完整的全部的数据集，但主张通过统计和抽样的方法对数据整体进行分析和预测。这一阶段大概到 2000 年前后，可以称为小数据时代（1946—2000 年）。之后万维网大行其道、社交网络兴起，云计算、物联网逐渐走进人们的视野，数据的采集手段大增，每个人都成为数据的生产者和消费者，数据挖掘和分析能力得到云计算的有效支撑，大数据的概念日渐流行，这一阶段的发展为迎接大数据时代的到来在人们的认识、计算能力、软件能力以及数据量等多方面进行了准备，是大数据时代的奠基阶段，可以称为前大数据时代（2000—2010 年）。2010 年之后人类真正地进入了大数据时代。据国际数据公司 IDC 的研究，全球的数据量 2008 年和 2009 年分别为 0.49ZB 和 0.8ZB，2010 年的数据量为 1.2ZB，人类社会迈入 ZB 时代，这是大数据时代最好的注脚。从个人数据、生产数据、设备数据到经营管理数据，从结构化数据到非结构化数据、图像数据、音视频数据，从静态数据到动态数据，数据的种类更加齐全、数据标准更完善、规则更成熟，数据存储和处理能力更强大、更普及。科学方法也从实验归纳、理论推演、仿真模拟的范式，正式迈入第四范式"数据密集"范式。如果说第三范式仿真模拟是"人脑+电脑"，人脑是主角，而第四范式则是"电脑+人脑"，电脑是主角，或者说数据是主角。因为大数据时代，人类依靠的是所有的数据而不再是一小部分数据，因而允许数据不确定性存在，研究的目标也"不再渴求数据的因果关系，而去关注数据的相关关系，不需要知道为什么，只需要知道是什么"。范式的转变颠覆了人类千百年的思维习惯，也将彻底改变人类的认知方式以及与世界交流的方式。

但历史的发展不会止步，反而越来越快。IPv6 即将普及，"地球上每一粒沙子都可以有自己的 IP 地址"；5G 就在眼前，随时随地的宽带传输很快将成为可能，这两项技术的落地将极大地拓展物联网技术的应用领域，将原来"没有 IP 地址或者无法联网"的物体全面激活，"IOT+IPv6+5G"必将彻底引爆全球的数据采集和传输能力；量子计算机的脚步声已经清晰可闻，超越摩尔定律的超级计算能力和汹涌而来的数据大潮的碰撞必将产生无法估量的爆炸性能量。人工智能的发展已经在狭义人工智能的范畴内取得长足进步，在此基础上借助这一爆炸性能量的推动，人工智能终将迈向通用人工智能（AGI），人类将正式迈入超数据时代。这是一个数据决定一切的时代，你想知道的和不想知道的，你该知道的和不该知道的，都已经存在于数据之中，从大数据中探索"不知道自己不知道"的现象和规律，成为科学研究中必不可少的部分。所有的问题，人工智能都会从数据中找到答案。

毕达哥拉斯学派说：万物皆数！

我的数字油田　我的梦

——油田信息化建设的大系统观

王　权

大庆油田生产运行与信息部

数字油田建设的 20 年，并且持续地专注于一件事 20 年，已经成为很多领导、专家和学者工作经历的重要组成部分，实属难能可贵。对我而言，加上之前做准备的差不多 10 年，再加上可能还要继续干的未来 10 年，这将近 40 年的时光几乎就是我职业生涯的全部了，有这样经历的人可能并不多。

数字油田与我，互相陪伴，共同成长。从她 20 年前诞生的那一时刻，我从没有离开过她，与她一起喜怒哀乐，与她一起悲欢离合，与她一起同舟共济，与她一起渐入佳境。

有人对我说，数字油田是你的孩子。我说，不，我们是朋友，好朋友。人生得如此知己，足矣！

1　不忘初心，梦想从这里起航

上一个千年的最后几天，我们正在与"千年虫"搏斗，这是 1999 年。酣战之余，畅想未来，"数字油田"四个字就不经意地来到了我们新一代信息人的世界，慢慢地入心入脑，入口入行。

但在那时，还没有人能为这个"新生儿"给个恰当的描述，也不知她前程几何。第一个尝试描述数字油田的正式文档是《大庆油田公司 2001 年信息化规划》（图 1）。这个规划是 2000 年之初开始起草的，恰在数字油田理念提出之后不久。

图1 《大庆油田公司2001年
信息化规划》封皮

让我们一起回顾一下这个规划中的一段文字：

"所谓'数字油田'是企业网应用的高级阶段，包括完善的数字网络、丰富的信息数据中心、全面的网上应用软件和熟练掌握网络应用的员工等内容，'数字油田'不存在地域限制，跨国经营的油田公司也变得近在咫尺，成为油田的一部分，从而对油田公司'高水平、高效益、可持续发展'形成全方位的有力支持。'数字油田'核心思想有三点，一是用数字化手段全面处理油田问题；二是最大限度地利用信息资源；三是拥有相应的数字员工。因此，'数字油田'包括数字神经网络、数字员工、数字企业文化、数字石油业务和信息资源中心等内容。"

在这一段文字中，透出了这样几点信息：

第一，一个新的名词得到了官方确认，她就是"数字油田"；

第二，给出了"数字油田"最早期的基本定位，她要高于互联网在油田中的作用；

第三，给出了对"数字油田"的预期，她将走得更远。

没想到，梦想的种子就此埋下、发芽，一种就是20年。

2 砥砺前行，道路并不平坦

2.1 从对数字油田的质疑到规划的诞生

2000年6月，半岁的数字油田宝宝的第一次亮相就立即引起了巨大轰动，在大庆油田内轰动，在国内石油行业轰动，很快也引起了国际上的关注。数字油田变成了香饽饽，炙手可热，在大庆油田内外各种有关会议和活动中几乎每次必谈。这时候我才认识到，数字油田不仅仅是我们信息人的，也是大庆油田的，是全行业的、全国的，乃至全世界的。我，我们已经左右不了了，只能站在不远处静静地观望，默默地祝福。

数字油田在鲜花和掌声的追捧中快乐地成长了大约两周岁。然后，风头逆转，舆论大变，数字油田遭到广泛诟病，各种批判铺天盖地而来。数字油田一下子从"香饽饽"变成了"臭狗屎"，从每会必谈到避之唯恐不及。今天来看，这种局面是不是似曾相识？是的！这就是跟前段时间的 3D 打印、云计算，当前的大数据、区块链、人工智能一样的境遇。这也许是一种规律。

　　不久，开始有人发现，原来始作俑者是我。此后，我们因她而备受煎熬和艰难，这让我和我的同伴们郁闷、懊恼、惋惜，还有些痛。数字油田建设的势头和业界同仁们的情绪都陷入了低潮。

　　就是在这种情况下，我开始反思——为什么会这样？恰在此时，大庆油田公司派我到加拿大滑铁卢大学学习一年多。在这段较长的时间里，我一面承受着背井离乡的孤独，一面观察体会着西方发达国家的文化，一面学习着先进的信息技术，一面思考和讨论着油田信息化，一种"大"的系统工程思维逐渐萌生。

　　回国之后不久，我组织编制了大庆油田信息化建设总体规划。这个规划对数字油田建设的目标、策略、路线和项目都进行了较为合理的设置和安排。

　　2003 年，在数字油田最低潮的时候，我在系统论思想的指导下，结合大庆油田实际，完成了我的硕士研究生论文《大庆油田有限责任公司数字油田模式与发展战略研究》，它标志着我的数字油田系统观初步形成。这篇论文似乎为迷茫中的数字油田建设者们带来了一丝光亮。"数字油田是一项系统工程"，此时已经达成共识。

　　那么，如何建设数字油田这个系统工程？我们的梦想隐约有了一张蓝图。虽然这张蓝图还有很多问题，但总算有了一个可参考的架构（图 2）。这给我自己和同仁们带来了新的希望。

　　后来，看到长安大学数字油田研究所高志亮教授这样评价：

　　"这个风靡全国乃至全球的模型，给迷茫的数字油田人一个清晰的建设思路，其主要贡献在于：

　　第一，比较全面地给出了油田信息化建设的层级与关联关系；

　　第二，对争议比较大的概念，用狭义和广义区分，尽量引导大家不要陷入概念的争论而延误建设时间；

　　第三，基本结束了广泛的概念性争论，开启了数字油田的实质性建设阶段。"

　　高老师的这个评价是中肯的，也给数字油田学界、业界争论一个终结。

2.2　从数字油田走向智能油田、智慧油田

　　我们继续憧憬，我们继续前行。

　　陆陆续续，喜报传来，各油田在信息化建设上不断取得新进展、新成就，数

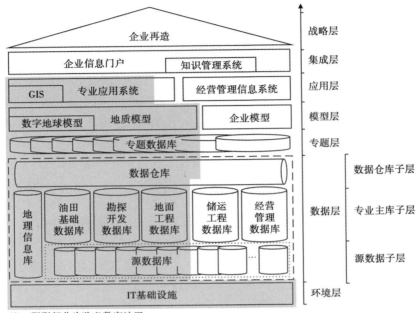

注：阴影部分为狭义数字油田

图 2　数字油田早期的建设模型

字油田建设的成功案例开始涌现。后来，又有了智能油田和智慧油田的提法。虽然在学术上有些争论，但方向是正确的。

2010 年之后，随着以中国石油 A1/A2 系列信息系统、中国石化 ERP 系统等项目的成功实施，以及物联网、云计算、移动应用、大数据、人工智能等新兴技术的逐步成熟和应用，数字油田、智能油田、智慧油田建设进入了快车道。

随着数字化时代的快速发展，相继地两化融合、互联网+、大数据、人工智能等已成为国家战略，油田信息化建设也随之走进了一个新时代，从数字油田向智能油田、智慧油田大发展的奇点已经到来。在这个大转折的时刻，让我们再一次反思走过的路，描绘一下我们的愿景吧。

数字油田（Digital Oil Field，DOF）：以仿真模拟、人机互动、高效管控等为目的，利用数据信息建立的油田实体数字化模型系统。

智能油田（Smart Oil Field，SOF）：以油田生产科研自动运行和稳定控制为目的，利用"反馈信息驱动系统体做出客观反应的机制"而建立的自动系统。

智慧油田（Intelligent Oil Field，IOF）：以油田业务迭代完善和转型升级为目的，能通过吸引子耗散高维度大数据全息做出正确决策，能与人的思维融合，具有自主意识的全息有机系统。

从数字油田到智能油田，再到智慧油田，是系统迭代升级的过程，是系统的信息从片面到全面的过程、从机械到有机的过程、从低维度到高维度的过程、从次要到主要的过程、从辅助性到决定性的过程。三个阶段不是截然分开的，而是逐步接替的。

3　大信息观，须大系统观指导

数字油田、智能油田、智慧油田建设与发展走向深入，必须要有更好的思想、理论做指导，我认为大系统观是一种宏大的"大信息观"，必须引入。

3.1　大系统观背景

20 世纪以来，量子物理等科学的发展动摇了由牛顿建立的"简单""完美""确定"的机械世界观，以"量子态""不确定性""复杂性""多样性""并行性""有机""冗余""全息"等为思想基础的新世界观正在逐步建立。人们的目光和思维从关注"实体本身"逐步转向关注"各实体间的关系"，而反应实体关系的就是"信息"。顺应这种发展，现代系统论以"一般系统论""信息论""控制论"（老三论）为基础得以建立，又经过"耗散论""协同论""突变论"（新三论）的提升得到快速发展。时至今日，系统论已经成为与量子物理一样对人类最近 100 年影响最大的科学。

在系统论的指导下，系统工程理论大行其道，并取得了前所未有的巨大成就。放眼全球，几乎所有成功的现代工程，特别是那些超级工程，包括"两论起家"的大庆油田的开发建设，这些伟大的成就中无不放射着系统论的光辉。其实，《矛盾论》《实践论》都是系统论。马克思主义哲学蕴含着系统论的萌芽，一般系统论的创立者贝塔朗菲（Bertalanffy）也高度赞扬马克思主义哲学，并声称从中吸取了营养。而中国共产党，在带领中国人民推翻三座大山、建设社会主义和追寻伟大复兴中国梦的过程中，积极吸收古今中外的先进思想，特别是以系统工程的思想和理论，全面推进科学、技术、经济、社会、文化、政治等各方面蓬勃发展，取得了前所未有的伟大成就，创造了人类的奇迹。同时，也将系统论和系统科学发展成为马克思主义哲学和基本原理的重要组成部分。数字油田建设也在系统工程理论的指导下取得了一项项了不起的成就。

然而，今天，随着互联网等以信息为重点的系统工程的建成和爆炸式发展，人类所面临的复杂性或不确定性也在同步增长，甚至更加迅猛。老三论、新三论都已经表现出难以满足人们在思考世界本源和人类本身时对系统哲学、思维模式、认识论和方法论的新要求了。更有甚者，一些曾经因其科学性而大受追捧的系统工程技术、方法和理论也在人类新的实践中遇到了新的问题，屡屡失效。这不仅仅发生在自然科学和工程技术领域（比如生产事故、环境污染等人为灾害），还更多地发生在政治经济领域（比如经济危机、英国脱欧、难民问题、恐怖袭击等）。最常见的失败案例就是超级计算机基于精美数学模型得出的错误结果（例如，引起本轮经济危机的美国次贷危机），这些臭名昭著的案例几乎断送了一些系统工程学科的未来。

3.2 大系统观理论模型建立

我们不得不反思：为什么会这样？我们的系统出了什么问题？

回答和解决这些新问题，需要我们继续发扬大庆油田"两论起家"的传统，在《矛盾论》《实践论》这两部充满着系统论光辉的伟大著作的思想指导下，在学习掌握系统论基础及其最新理论的基础上，深刻领会钱学森同志的系统科学体系（图3），并结合油田信息化建设实际，紧盯问题，努力推陈出新，更新思想和理论，在根上把问题解决掉，把数字油田—智能油田—智慧油田建设不断向前推进。同时，新问题反过来也促进系统论的丰富和发展。

图3 大系统观的科学基础——钱学森系统科学体系

钱学森将现代系统论引入中国，在马列主义毛泽东思想的指导下，集成创立了"中西合璧"的系统科学体系，开创了系统工程理论在中国的伟大实践，指导了"两弹一星"的研制，不仅为中华民族伟大复兴作出了不可磨灭的贡献，也因其创立的系统科学体系而为全人类贡献了中国人的智慧。他把系统论视为科学技术通向马克思主义哲学的桥梁。他划分的简单系统、复杂系统、巨系统、开放的复杂巨系统等，对数字油田—智能油田—智慧油田建设具有重大指导意义。

3.3　大庆油田三步走战略

2016 年大庆油田明确提出的"数字油田—智能油田—智慧油田"三步走信息化发展战略目标在大庆油田内外引起了强烈反响。围绕数字油田、智能油田和智慧油田的精确内涵、建设意义与策略等，油田内外众多信息工作者、专家学者和有关领导展开了广泛而深入的研讨，贡献了大量的、各种各样的意见、建议和智慧，形成的结论和成果虽然千差万别，但两个基本观点是普遍一致的：

（1）从数字油田到智能油田，再到智慧油田，是信息和信息技术应用的不断深化；

（2）定义、描述、设计和建设数字油田—智能油田—智慧油田需要系统工程思维。

结合大庆油田的实际情况，我们认为：准确理解和把握三步走战略需要大系统观和大信息观。

所谓大系统观是指超越一般的系统工程理论和独立系统方法的大系统思维。毫无疑问，大庆油田信息化建设是一项庞大的系统工程，已经庞大到难以用个别的、普通的系统工程方法去解决问题。如果没有更高层面的、更大的系统思维，某些具体的系统工程方法有时不仅不能解决问题，甚至会阻碍大局。例如，过度的组织力扼杀了基层的自组织力，造成"两层皮"现象，也阻碍了创新。

数字油田的大系统观是指，首先要把大庆油田的信息化建设本身作为一项系统工程对待，还要在更长远、更广阔的时空，以运动的眼光，思考从数字油田到智能油田再到智慧油田的发展步骤，把握系统的客观演化规律，站在大庆油田和中国石油集团公司大局的角度，开阔视野，关注当前，着眼未来，以系统论为理论指导，按照钱学森的系统科学体系建设复杂巨系统的要求，结合油田实际，以"大系统"思维开展油田信息化建设（图 4）。

大信息观是指充分认识信息在大系统中的主导作用，突破以计算机和通信为主的传统信息化思维，涵盖自动化、工业控制、人机联作等传统上一般不纳入信息化范畴的业务，以及大数据、物联网、云计算、人工智能等新兴的信息与相关领域结合的新技术，建立以信息为统领的、信息化工业化融合的新一代系统。从领导到基层，从核心业务人员到信息化建设人员，每个层面、每个环节、每个人都要建立大信息观。没有大信息观，很难理解公司决策层高屋建瓴的三步走战略意图和目标，更无法落实执行领导的战略部署。甚至可以说，没有大系统观和大信息观，大庆油田的转型升级和振兴发展将会受到一定程度的影响。

大信息观就是要认识到信息的普遍性、泛在性，亦即全息性，及其在人类社会进入 21 世纪、中国社会主义进入新时代、大庆油田进入振兴发展新时期中所

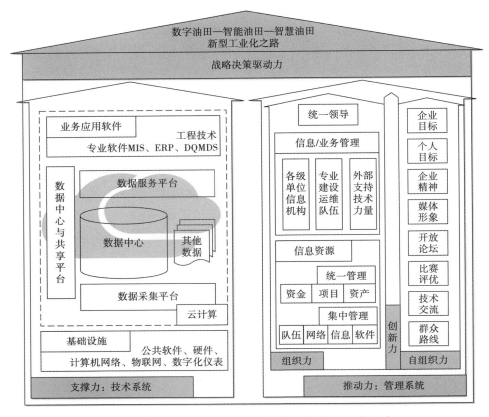

图 4　数字油田—智能油田—智慧油田新型工业化之路

具有的独特而重要的关键作用，要跳出传统信息工作者局部狭隘的思维框架，站在国家和企业大系统的全局角度，相信信息化可以全面改造升级产业结构的能力，充分发挥信息技术的潜力，脚踏实地，切实搞好油田核心业务，走出一条两化有机融合的具有中国特色的新型工业化之路，竖起比以往更加鲜明的旗帜。

4　新的征程，两化"高"度融合，打造"油田大脑"

"十三五"以来，大庆油田大力开展云数据中心、油气生产物联网、专业软件优化集成和数字化生产指挥中心等建设工作，为我们的梦想打造腾飞的翅膀。

2017 年，按照国家"互联网+"精神和中国石油"共享中石油"战略，大庆油田率先采用租赁方式迅速建立了"大庆油田云数据中心"一期工程，一年多的实际运行证明：这是一种科学、高效、经济效益和社会效益巨大的信息化建设模式。在"十三五"内，大庆油田将取消二级单位机房，建成"两地三中心"的大庆油田云数据中心。同时，以"庆新模式"为代表的智能油田建设正在依靠物联网技术快速推进，这也带动了顶层专业软件的集成整合和集中云化，包括软硬件基础设施、数据信息、人才梯队在内的全信息资源，以及油田生产与经营管理人员和最高决策层正在以大庆油田生产智能指挥中心为系统吸引子而聚集、融合，其最终目标就是实现智慧油田。

2018年9月25日，大庆油田生产运行与信息部正式成立，该部门由原生产运行部和原信息中心合并组成。这标志着大庆油田信息化进入了一个全新的阶段，充分体现了大庆油田决策层领导的远见卓识和使命担当。

未来大庆油田信息化建设的发展方向：贯彻落实党的十九大和习近平总书记关于信息化的指示精神和战略部署，按照中国石油信息化建设总体规划和大庆油田公司"数字油田—智能油田—智慧油田"三步走路线，推动两化"高"度融合，建立大庆油田生产智能指挥中心，打造"油田大脑"，依靠信息技术全面提升油田生产管理水平，推动动力变革，加快油田产业结构升级转型和企业智能化再造，探索中国特色新型工业化之路，实现新时代油田振兴新发展（图5）。

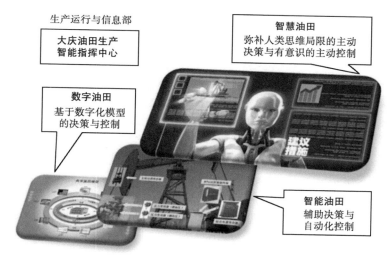

图5　大庆油田数字油田、智能油田与智慧油田建设前景

新的智能化生产指挥中心将有利于构建油田大脑和神经中枢。该中心集成了油气、水电讯、道路、信息等各种生产和管理数据，是油田信息资源的集大成者，生产指令的下达和基层情况的反馈将有全面精准的数据和信息支撑，使指挥中心的职能强于石油会战时期的总调度室，能够为统计、分析、预警和领导决策

提供全面、统一、精准、及时、直观的数据，真正成为油田生产指挥的司令部。

这项整合有利于加快实施"数字油田—智能油田—智慧油田"三步走战略。信息专业从后台走向了前台，从支持走向了引领，从边缘走向了核心，从底层走向了高层，这将从根本上解决信息中心与专业结合不紧密的问题，通过联通信息孤岛、拓展业务领域、整合信息资源、打造信息大陆等一系列先进技术手段，缩短管理链条，促进组织扁平化，提升生产和管理效率，为各级决策提供了客观依据和更强、更准、更实的服务能力，使大数据、人工智能等先进信息技术支撑的各项业务从服务逐步走向主导，成为油田主营业务之一，在实现油田信息化大发展的同时，实现新时代油田振兴新发展（图6）。

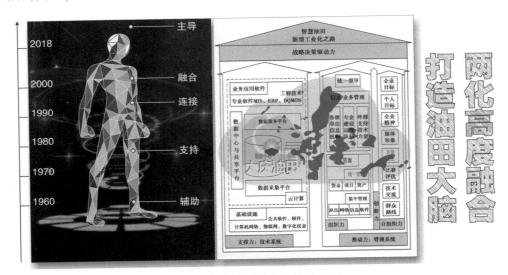

图6   大庆油田信息化建设方向

5   走向未来

我的数字油田，我的梦。

对于我个人来说这辈子已经离不开这样一个事业了，我会从数字油田开始，用数字油田结束我这一生的追求。但是，我相信数字油田只是起点，智慧油田才是终点。

智慧油田一定会在大系统观指导下，走得更好，走得更远。

新疆油田：信息化让老油田涅槃化蝶

刘红艳[1]   李清辉[2]

1. 新疆克拉玛依日报社   2. 中国石油新疆油田分公司数据公司

1 背景

中国数字油田20年，这20年里，在中国新疆大地准噶尔盆地的克拉玛依油田，人们通常称之为新疆油田，数字油田花开红艳。今天回顾起来，还是让人兴奋不已。

1955年10月29日，克拉玛依一号井喷出工业油流，不仅宣告了中华人民共和国第一个大油田的诞生，而且使克拉玛依油田注定成为中国最年长的油田。如图1所示。

图1 新疆油田掠影

60 多年过去了，今天的克拉玛依油田依然意气风发，油气产量节节攀升。是什么使她青春永驻？原因自然不止一个，其中最重要的一个原因，就是克拉玛依油田自觉地进行了一场"数字革命"。

2　新疆油田的数字化之路

2.1　计算机里管理油田

在古尔班通古特沙漠腹地，井架巍巍，钻机隆隆，钻杆正向 5000 多米的地层深处挺进。钻进速度、压力、钻井液相对密度、钻井液温度……点击键盘，仅几秒钟后，这些工程参数便通过卫星传输系统被传到了百十千米外的新疆油田公司总部……

在准噶尔盆地广阔无垠的戈壁上，埋在地下的输油管道的某处发生了泄漏，位于昌吉市的油气储运公司调度室立即就会通过计算机网络获取这个信息。随即，巡线人员迅速动身前往该泄漏点抢修……

陆梁油田某井区的一口重点井出油了。这口井压力多大？温度多少？油气比和含水率分别是多少？不需要发传真，不需要打电话，作业区或公司领导只需坐在办公室里，点击鼠标便可以知道这些实时数据……

以上所举的，只是部分实例。现在，在准噶尔盆地 13 万平方千米的主要油气勘探开发区域里，每一座油田、每一块井区、每一口油井、每一个井口、每一条管道……所有的油田地面设施，无论是实物图形，还是具体参数，或者是历史资料，都可以通过电脑里的应用系统逼真而完整地呈现出来。

甚至，你还可以像剥洋葱一样，对油田某一设备进行层层解剖。选定一条管线，它的管壁多厚、直径多大、哪一年建成投运、输送能力是多少……只要进入相应的计算机操作系统界面，输入授权密码，这些信息就可以轻松获得。通俗地讲，也就是把油田"装"进了计算机里。

当然，这还只是新疆油田公司"数字油田"建设的部分成果。

曾任新疆油田公司数据中心主任曾颖说："仅仅通过数字呈现还不够，还要使油田各专业人员可以在计算机里对油田进行分析、研究、管理。"

因此，通俗地讲，数字油田就是现实中的油田在计算机里的反映和再现，就是在计算机上通过"再现的油田"对现实中的油田进行研究和管理。这是新疆油田对数字油田的理解和实践。

通过"数字油田—智能油田—智慧油田"三步走工程的持续实施，早在 2005 年，克拉玛依油田就已初步建成了数字油田。2008 年全面建成数字油田，实现了油田业务的全覆盖，大踏步地走在了全国同类油田的前列，这在国外油田也很少见。

"十二五"以来，新疆油田公司连续八年获得了中国石油天然气集团公司信息化工作先进单位称号，2016年被评为全国首批智能制造试点示范单位，2017—2018年连续两年获得全国石油石化企业优秀示范单位，为油田信息化建设探索了一条艰苦创业和持续发展的道路。

那么，克拉玛依油田是如何建成数字油田，又是如何让信息化架起油田高效发展之路的呢？让我们踩着克拉玛依油田信息化建设的脚印，在那段不平凡的发展历程中找到答案。

2.2 迈出艰难的第一步

克拉玛依油田的信息化建设工作最早可以追溯到20世纪80年代中后期。那时，克拉玛依油田开始建立一些单机数据管理应用系统。

当时的克拉玛依油田，经过了近40年的勘探开发，面临着勘探开发难度越来越大、生产生活区域点多线长、生产数据资料繁多庞杂、人力资源需求快速增长等诸多挑战，加快发展的担子进一步加重。

用什么办法可以解决这些困难？当时的领导高瞻远瞩地想到了使用"信息化"这件武器。

没有数据，网络、硬件、系统只能是摆设，信息化自然也无从谈起。所以，我们第一步就是采集、整理勘探开发过程中的所有历史数据。

当时，克拉玛依油田已经形成了大量的历史资料，要想把这些数据进行电子化整理，是一件相当不容易的事。况且，这些数据本身还存在着数据质量不可靠、采集标准不一致、数据格式不规范等问题。因此，各二级单位投入了大量的人力和物力，将油田生产的动静态数据整理入库。"简直就是一场规模空前、声势浩大的人民战争"，曾颖说。

当时还遇到了一个阻力，就是人们的认识不到位，使得初期工作开展得尤为困难。

"这项工作投入大，时间长，短期内又看不到效果，也没有成熟的经验可以借鉴，所以很多人从心理上不能接受，工作也自然变得被动"，曾颖说。

在这一进程中，克拉玛依油田的信息化建设还做过一段"无用功"。

1993年，新疆油田借着中国石油对全国油气探区和探井开展"双普查"项目的契机，新疆石油管理局成立了勘探、开发、经营管理三个项目组，集中力量扩大信息化建设的规模。

在勘探数据库项目组里，我们十几个人一起历时两年多开发了油气勘探综合管理信息系统。可开发完毕的系统却不能投入使用，原因是，两年后，最初建立系统时的原始需求都变了，系统已经派不上用场了。

"如果这样下去，我们对系统的开发永远滞后于需求，必须改变思路。即使用户需求变化，系统还能保持不过时，这就非得搭建数据平台不可。"这是我们当时的基本想法。

从1995年开始，克拉玛依油田转而进行数据平台设计，这才算摸到了信息化建设的正确途径。

2.3 "信息超市"应运而生

经过克拉玛依油田专家及国内外资深专家的反复论证，这个数据平台得到各方肯定，新疆石油管理局的领导终于下定决心把这条道儿走到底。

方向明确了，但在标准体系建立的过程中，李中泉他们遇到了很多的困难。

实施勘探开发一体化，势必要对原先收集、整理的数据进行重新整合。数据信息是数字油田建设工作的基石，要打破原有的基石，而新的模式又没有现成的，更何况当时已经成形的勘探数据标准还成了中国石油股份有限公司通用的标准，所以，很多人不理解，也不支持。

在这种情况下，大家认为：当时国内一些油田的信息化建设也正是在这个节点或流产或夭折的。记得那时召开信息生产例会，我们讲得最多的就是为什么要再组合数据。为此，必须做好数据重组。

另一个难题，也是面临最大的一个问题，就是从事信息行业标准制订的人不懂石油勘探开发专业，搞石油勘探开发专业的人又不太清楚信息行业，所以每一项专业数据标准在最终确定时，无不经历了反反复复、磕磕碰碰的过程。

2.4 油田诞生宝贵财富

2003年，经过了"十月怀胎"般的艰辛，克拉玛依油田勘探开发一体化标准体系终于诞生了。这个标准体系包括六大类68个子类，覆盖油田生产、科研、管理、决策的各个领域。

统一的数据标准是实现油田信息共享的基础，规范制度是信息建设与应用走向正常化的保证。同时，也解决了总部、油田、专业公司不同层面对标准的不同需求问题，建立了FOL标准模型。

2002年，新疆油田公司数据管理体系基本建成，通过实施一体化信息战略，新疆油田公司在中国石油股份有限公司率先实现了勘探、开发数据的一体化整合，率先实现了油田生产和经营管理主要数据的正常化管理。直到现在，这项工作也依然没有停止，因为新产生的数据还要不断地被实时加载进数据库。

到 2008 年，经过 14 年持续不断的建设，克拉玛依油田建立了一套完整的数字油田管理与技术体系。

这一体系是克拉玛依油田独创的，它的建立，标志着克拉玛依油田信息化建设已经纳入正常的生产管理序列。

网络管理体系、应用软件体系、专业数据管理体系、标准规范体系和信息化管理运行体系，看着这五大体系从下而上有序排列成金字塔的形状，曾颖露出了喜悦的神情。他知道，这些年来的努力没有白费。

如今，数字油田建设的五大成果在油田生产的六个方面得到了充分应用。

一是利用油田业务专业信息管理系统掌握所有生产信息，通过全油田统一的地理信息系统可以找到油田的全部资源。

二是根据机关各部门业务流程和应用需求开发定制的部门业务应用系统，实现了网上办公、"电子机关"。

三是实现了井场与基地数据共享，自动采集，实时决策。以前半个月甚至数月才能获得的完整的现场数据，现在一天或者几秒钟即可获得，大大加快了研究进程和决策速度，缩短了钻井周期。

四是为专业解释软件提供了"粮食"，减少了科研人员收集整理资料的时间。以前，做一张准噶尔盆地成果图一个人要用两个月的时间，现在一个人半天即可完成。重要的是信息化把研究人员从收集资料和整理资料中解放出来，提高了科研的速度和质量。

五是提供了全方位的生产经营信息，辅助决策。

六是初步实现油田可视化管理。

如果说 1993 年至 2000 年是克拉玛依油田信息化建设的起步阶段，那么 2002 年以后，数字油田建设则实现了质的飞跃。

从 2002 年实现档案资料桌面化、2003 年实现业务工作桌面化、2005 年实现油田桌面化、2006 年勘探开发协同工作环境正式投用，到 2007 年实现系统集成化，这些都为建设数字油田奠定了坚实的"物质"基础。新疆油田公司数字油田建设的每一步都走得很踏实。

当信息建设和应用已完全融入了生产环节，新疆油田公司信息化建设实现了由项目管理到工业化生产的根本转变。

油田历史基础数据资源以完整的时间序列、空间序列和业务序列，以其丰富性和准确性，成为克拉玛依油田最宝贵的财富之一，也成为克拉玛依油田信息化建设最骄傲的成绩之一。

经过十几年的努力，克拉玛依油田还建立了高速、稳定、安全、可管理、覆盖全油田的网络环境，以及防病毒、防黑客、防灾难的信息安全系统，这为信息系统运行和应用创造了高效、稳定、可靠的基础环境。

另外，从 20 世纪 90 年代开始构建的"数字油田信息平台"在油田信息应用方面发挥了重要作用，平台最早采用"模型驱动"技术，从数据采集、传输、质检、应用等方面抽取公共的应用需求，采用二次开发技术实现具体业务的定制，实现了快速准确、随需而变的应用要求。在数字油田信息平台基础上开发的 87 套应用系统全部投入使用，如今，平台已经升级到第三代产品，并在智能油田和智慧城市等领域得到广泛应用，技术人员每个月都要对平台组件进行升级完善，以保证平台应用的先进性和满足不断发展的应用需求。

3　新疆油田向智能化油田迈进

2010 年 5 月 19 日，新疆油田公司召开智能化油田规划编制启动工作会议，这标志着新疆油田公司智能化油田建设迈出实质性的步伐。

2008 年克拉玛依数字油田全面建成后，为了深入推进油田信息化建设和应用，新疆油田公司总经理陈新发在 2009 年职代会上又提出了建设智能化油田的新目标。

他说，按照"从数字化向智能化迈进"的总体部署，新疆油田公司将从今年开始全面启动智能化油田建设工作，计划再用 10 年时间，在油田数字化的基础上，通过建立覆盖油田各业务的知识库和分析、决策模型，为油田生产和决策提供智能化辅助手段，实现数据知识共享化、科研工作协同化、生产过程自动化、系统应用一体化、生产指挥可视化、分析决策科学化，在更高的境界中用计算机研究和管理油田。

作为全国首个提出并建设智能油田的企业，新疆油田公司本着"站在高起点，达到高水平，为国内智能油田建设做示范"的原则，采取与全球知名 IT 公司 IBM 联手的方式，共同打造智能油田建设规划。

那么，究竟什么是智能油田？

我们要建设的智能油田，就是能够全面感知的油田、能够自动操控的油田、能够预测趋势的油田、能够优化决策的油田。

智能油田是数字油田发展的高级阶段，是在数字油田的基础之上，自动采集处理实时数据，借助业务模型和专家系统，全面感知油田动态，预测油田变化趋势，自动操控油田活动，持续优化油田管理，实现油田管理的智能化。

风城油田作业区生产管理办公室的计算机上，出现油井运行情况报告，以及下一步措施建议，油气生产、集输、处理全流程监控与预测，指示管理人员进行及时的流程控制，时刻自动运行的稠油生产智能监视系统，根据历史生产数据实时提出最优化注汽方案……

"屏幕左侧是各采油厂当天的开井数、重点井数以及异常井数，中心区域为异常井的分布情况，我每天就是根据这些数据来管理异常井，地质工程人员利用系统提供的措施建议来处理这些问题，使它们正常工作"，来自采油二厂的工作人员自豪地介绍起他的工作。经过三年多建立的单井问题诊断系统，基于油田17万条功图样本库建立起1100多个分析特征和2000多条专家经验模型，对油气水井44类生产问题进行诊断和处理，实现了从异常井发现，故障分析、措施建议，到生产趋势预测的全流程智能管理。

类似的智能油田应用系统正在新疆油田逐步推广开来。

在第二届"信息化创新克拉玛依国际论坛"上，李德仁院士风趣地说："数字油田是想看啥就看啥，智能油田是想干啥就干啥"，十分形象地道出了智能油田的应用前景。新疆油田前期建成的"单井问题诊断、预测与优化""油井智能防蜡""产量变动分析与预测"等系统正在时时刻刻地工作着，指导现场生产的调控和优化，未来智能油田将在新疆油田的生产管理中得到全面应用。

回望克拉玛依油田信息化建设之路，从以手工操作为主、把很少的数字信息放在独立的计算机系统的手工阶段，到专业数据和业务信息的数字化、生产管理和业务流程的数字化初级阶段，再到把油田"装"进计算机里实现数据自动采集和自动传输的数字化成熟阶段，再到油田智能地进行自操作、自处理和自决策的智能化阶段，中华人民共和国成立以来开发的第一个大油田，自觉地用了近20年的时间，用数字技术对自身进行脱胎换骨式的改造，在"凤凰涅槃"中获得了新生。

当人们问起新疆油田为什么能够取得这样的成就时，我们认为其原因是多方面的。比如油田各级领导高度重视，形成氛围，按照"统一规划、统一标准、统一平台、统一管理"的原则，提出"急用先建，边建边用，建用结合，以用促建"的策略，找准"以数据资产为核心"这个着力点，持续发力，建立完善的平台技术体系，使复杂的、高风险的应用系统构建变成简单的、高效的业务系统定制等。

我们坚信，当克拉玛依油田插上智能化的翅膀时，中华人民共和国成立以来最年长的油田将比现在更加年轻，更加美丽，更有活力！

大庆油田：智能庆新的独家记忆

刘维武

中国石油大庆油田庆新油田公司

大庆油田的庆新油田公司地处于大庆外围，年产原油 20 万吨，员工总数 400 余人，这样的一个油田如果按照常规标准来说，很小。

但是，"小公司"需要大能耐，因为无论多小的油田，所遇到的勘探、开发、生产问题与大油田公司是一样的，一个都不会少。然而，小小的庆新油田公司却因智能油田建设成为了大庆的翘楚，甚至在全国油气领域处于领先地位，从这个角度来说，庆新油田公司，很大。

庆新油田公司为什么没有叫采油厂，这是因为当年大庆外围开发时同所在地建立了一种股份关系，因此，称之为大庆油田庆新油田公司，对外也称之为卫星油田公司。

1 困境求变，开拓进取

从小到大，从小见大，从小谋大，庆新油田公司依托智能油田建设走上了一条与时代同行的发展之路，这条路上充满着光明与凯歌，也充满着艰辛和坎坷。庆新人凭借开阔的视野和坚持的勇气在智能领域取得了傲人的成绩，让我们一起走进庆新油田公司发展的独家记忆，去追溯庆新油田公司智能油田建设砥砺前行的印迹。对此，我们将其总结为"五个一"。

1.1 一次会议定方向

2010 年 6 月 21 日，在庆新油田公司机关四楼会议室响起了经久不息的掌声，与会人员集体沉浸在激动的情绪中。面对大家这样兴奋的状态，庆新油田公司总经理刘维武看似普通但却掷地有声的一句话成为庆新油田公司数字化建设永久的践行："既然大家都一致决定要干，那咱们就干，而且还必须要干好！"数字化油田，就是会议上大家一致决定要"干"的事情，干好这件事，就能解决庆新油田公司所面临的大难题。

2009 年，大庆油田公司提出批量清退外雇工人的要求，对于庆新油田公司这样地处偏远的外围油田来说，清退外雇工人之后，将减员近一半。人员紧缺，严重地影响公司生产发展，再加上公司隶属关系特殊、后备储量不足、管理模式陈旧、开发成本上升等情况的出现，让企业前景堪忧，常规模式的发展已不能满足庆新油田公司的需求。

老路走不通，就要走新路，建设数字油田，就是一条新路。在高度信息化的今天，油田智能化是毫无疑问的大势所趋，但在 2009 年，在那个还没有提出"互联网+"的年代，数字油田还是一个全新概念，"建设数字油田是庆新油田公司的唯一出路"，这是庆新人达成的广泛共识。

应用数字技术，能让公司提质增效，解放生产力，用"智能员工"补充人力不足，达到公司"人丁兴旺"的目的，同时，油田的数字化还能优化组织架构，降低员工的劳动强度，增加公司影响力。庆新油田公司用了半年的时间，详细考察了数字油田的发展趋势，翔实地论证了数字油田的可行性，形成了初步方案，决心在全公司推广数字油田，于是便有了这次会议，并在会议中通过了"建设数字化油田的决议"。

2010 年 6 月 21 日，那天的会议是庆新油田公司发展的分水岭，是迈出与时代同行的第一步，真正让庆新人看到了希望，看到了方向。数字油田对于当时负重前行的庆新油田公司来说，是一条真正的发展之路。这次会议后，庆新油田公司的数字油田建设正式拉开帷幕。

1.2 一种坚持铸品格

改革的第一步，常常迈出就是荆棘。庆新油田公司的油田数字化建设并不是那么一帆风顺，有很多不和谐的声音一直伴随着，当初最大的意见是：信息技术有较高的行业知识，这知识得学习；数字油田建设没有可以借鉴的经验，这经验得积累；传统模式下的管理观念固化，这固化要打破。最难的还是一线员工的思想转变，很多老员工对数字油田有怀疑：这东西能行么？这数据就准么？不用采油工上井了？一个联合站几个人就能管理？类似这样的质疑声不断出现。

庆新油田公司是大庆油田第一个建成整装化数字油田的单位，这"第一"不好当，要一边鼓励员工"勇敢下河"，一边要"摸着石头过河"，仅仅只有口号是不够的，要是没有信念、不能坚持，就"过不了河"。

好在庆新油田公司坚持了下来。

公司主要领导亲自担任数字油田建设部项目长，主抓数字油田项目的推进工作，该学的学，该变的变，该打破的打破，该重建的重建，从上而下坚定不移地推进数字油田工作。对于部分一线员工的怀疑，也不做无谓的争论与解释，而是先埋头苦干，最后让事实去说话。

数字油田建设之初，庆新油田公司就把建设的标准定位很高，当时理念是：现在的标准高一点，基础好一点，将来重复的投入就会少一点。理念决定目标：数字油田，既然决定干了，就要"大干狠干"，不要"干一点"，要干"整装化"。终于，庆新油田公司通过坚持度过了改革的"寒冬"，历时三年，实现了整装化数字油田建设。生产动态实时监控，油田智能报警预警，井、间、站、配电网数据全部自动采集并实现无人值守，解决了公司人力紧张的大难题，更好地保证了高效生产平稳运行，用事实打消员工的怀疑，让员工深刻意识到数字油田带来的好处。

本着干事的态度，靠着坚持的力量，庆新油田公司迈出了扎实的第一步。

1.3 一本好书明思路

数字油田建设是不断地向未知去探索，有太多的新课题会随时出现，这些新课题让庆新人产生了疑惑：掌握的数据还再能干些什么？数据指导生产怎么能实现？数字油田的未来是什么？我们该朝着哪个方向发展？

恰巧在这时，《数字油田在中国：理论、实践与发展》这本书的出现解开了庆新人的困惑。这本书详细地介绍了数字油田在中国的发展趋势，提出了建设体系和应对措施，并对如何实现最终的目标——智慧油田进行了清晰描述。最重要的是书中介绍的建设模式和描绘出的蓝图与庆新油田公司极其符合。

书的出现纯属偶然，但却是庆新每一个人关注数字化建设的必然体现。一名员工偶然购得这本书，领导详读后惊喜道："数字油田终于找到了组织。"

书的作者是高志亮，是长安大学数字油田研究所所长。高志亮、庆新油田公司，一个研究十几年数字化建设，一个志在发展数字油田，双方在书中来了一次"隆中对"。

仅有书中"隆中对"是不够的，二者在2015年盘锦第四届数字油田国际学术会议上结识了，科研者与实践者进行了深度交流。高志亮教授吃惊地发现原来国内还有庆新油田公司这样一个整装化数字油田。他带着对数字油田实践探索的渴望，很快就带着团队来到庆新油田公司进行实地调研，经过了解后他兴奋地说："终于找到了可以满足科研需要的实验基地了！"

后来，我们发现在长安大学数字油田研究所不仅有此一本书，还有其他三本书共同构成一个体系。

2016年1月15日，庆新油田公司与长安大学数字油田研究所签约成立了长安大学—卫星油田智油化发展研究中心。

从此庆新油田公司数字油田建设有了完善的顶层设计，知道了"该怎么接着干"，形成了"小型化，精准智能"的智能油田建设和数据治理的基本思路，油田智能化发展的蓝图逐渐清晰，数字油田开始向智能油田全面升级。

1.4　一口单井创模式

由数字油田到智能油田的升级，要找准切入点，要明白"从哪里干"。之前的整体建设和结构设计都奔着"往大了干"，现在，就是要把大格局落到细微处，精准智能必须"从小处干"。庆新人按照长安大学数字油田研究所的顶层设计，就是要"画工笔画"，从而提出了单井智能管理技术，满足了庆新人的发展需求。

每个人都有自己的脾气秉性，都有自己处事的方式，所以孔子才提出"因材施教"。对于油田来说也是如此，每一口单井就如同一个人，也有自己的"生产秉性"。所以庆新油田公司的精准智能切入点放在了单井上，通过每一口井的数据采集，做出智能分析规划，也叫作"一井一策"。

庆新人开玩笑说，掌握了每口单井的动态数据跟踪、静态数据采集以及工艺措施方案，对地上地下进行综合调整，就如同给这口单井设下了"天罗地网"；对历史数据的收集和实时数据的采集，并加以智能分析，就像是了解了这口单井的"前世今生"。"天罗地网"加"前世今生"，"一井一策"最好地诠释了精准智能这一理念。

"一井一策"模式的成功，标志着精准智能的成功开端，也是智能油田建设的成功开端。有了第一口智能油井做模板，庆新油田公司很快完成了所有油井的"模板复制"。

2016年，庆新油田公司成立了数据管控中心，"数字员工"已经遍布油区各个角落，油田具备了实时洞察全局的视野和掌控全局的能力，油田生产管理实现"让数据工作、听数据说话、用数据指挥"。将油藏、开发、机采、生产多个部门进行信息业务整合，完成部门间协作联动，更为整体推进智能油田打好了基础。

1.5　一个系统成体系

2016年，庆新油田公司的智能油田建设大框架构建完毕，取得阶段性的成功，开始"往难处干""向高处走"。

节能工作，是油田多年的"老大难"问题。节能口号年年喊，效果却一般，因为在传统生产模式下，能源管控工作已经到了瓶颈期，难以突破。而庆新油田公司不一样，在智能油田逐步覆盖多专业领域的情况下，生产的各个环节都达到了最优化效果，能耗管理已细化到了单台设备。

2016年6月27日，庆新油田公司代表大庆油田接待了中国石油天然气集团公司安全环保与节能部、节能技术研究中心相关专家和领导。调研组对庆新油田公司智能油田建设、单台设备能耗管理等情况进行了详细考察。考察后，集团领导不无感慨地说道："能源管控工作在炼化版块开展得很好，但在油田版块还没有很好地开展起来""庆新油田公司依托智能油田建设在节能方面做了大量细致的工作，给我们开展好下步工作带来了很大的启发""集团公司能源管控项目找到了一个起点很高的试点单位"。

至此，"集团公司能源管控模式与方法研究"项目正式落户庆新油田公司。智能庆新这棵茂密的"梧桐树"，终于引来了"金凤凰"。

对于新形势下的节能工作，庆新人的态度是：尽管现在已经有了不错的成绩，但不能自满，不能止步不前。于是庆新油田公司以此为契机，再接再厉，打造出集采油、集输、注水等工作于一体的能源管控软件平台，实现能源管控智能化的新模式。

对于企业而言，盈利是关键，效益是普通员工看得见摸得到的，这"实惠"要比任何的"道理"更加直观，更能调动员工积极性。能源管控软件平台的应用，让庆新油田公司在原油价格低迷的形势下保持盈利，让公司效益保持大庆外围油田最高水平。

2　智能发展，成绩斐然

庆新油田公司的智能油田建设，自2010年始至今已来到了第九个年头。庆新油田公司的智能发展，经历"数字化建设、智能化提升"两个阶段，可谓硕果累累。

生产数据价值得到充分挖掘应用，实现了数据的全面感知、预测预警、数据驱动、协同优化，开发了生产管理、油藏管理、机采管理、集输管理、能耗管理等，基本涵盖油田各项管理的五大应用管理系统，实现数据传输实时化、控制调节远程化、生产站场无人化、告警分析智能化、产量计量自动化、节能降耗精细化的"六化"阶段目标。

随着庆新油田公司智能建设的不断推进，逐步建立并完善了集远程数据采集、传输、集中监控于一体的数字化运行管理系统。油井的时率和利用率分别由原来的95.2%和96.9%均提高到98%以上，年可少影响产量4000吨；人工巡检次数从原来的1小时巡检一次变为现在的20分钟1次的智能电子巡检，对现场管理来说，巡检模式由原来的固定巡检转变为故障巡检，由原来的1天2次变为7天1次；油井工况实现了及时、精准判断，延长检泵周期85天以上；通过智能加药系统的研发，实现"一井一策"管理，自动识别最佳加药时机，制订合理加药量，自应用以来共优化方案214个，年节约药剂成本10%以上；系统智能推送油井调平衡位置移动方案，缩短了发现时间，自动优选见效长、效果好的井，对调后效果自动跟踪验收，实现平衡的精准管理，平衡调整工作由原来的经验调试转变为精准计算，平衡率由原来的88.2%上升到92.1%。

在集输工作领域，智能化也发挥着关键作用：通过集油间智能监控使集油间管理由员工驻地巡检，转变为无人值守；掺水量由经验调节转变为自动调节、远程控制，可以有效避免环堵、环漏等运行隐患的发生；单环平均回油温度由45℃下降到35℃；系统根据环管线产液量及含水率，自动推送掺水优化方案，日可减少掺水量2400立方米，年节气200余万立方米；利用系统实时监控，关键节点自动控制，实现系统安全高效运行。庆新油田卫一转油站是大庆油田第一座实现无人值守的转油站，目前安全运行1000天以上；通过各罐液位、流量等374个参数自动采集和61个点的自动操控，12座滤罐自动反冲洗，4口水源井自动启停；庆新油田共有一座联合站，两个转油站，站内有各类加热炉24台，各系统离心泵73台，通过安装的流量传感器、压力变送器、温度传感器等仪表，三站共采集数据86项，实现"集中监控、无人值守、有人巡检"，数据自动采集，报表自动生成，辅助视频监控点58个，生产安全、矿区安防得到有力保障，站内员工由原来的76人减少至现在的30人，累计节省人工成本1.49亿元。

对于油田来说，"地上"和"地下"同样重要，对于油藏等"地下工作"来说，同样通过智能手段找到了最佳解决方案，通过对各类数据的自动采集、开发管理经验分析研发了油田开发智能分析系统，包括指标管理、资料管理、生产动态跟踪、智能调配四大功能。

开发指标管理：参照完整的油藏工程理论体系，自动拟合开发规律，及时发现实际生产与理论趋势的差别，判断开发指标趋势是否合理。由原来人工不定期使用多软件、反复调整、联合分析，转变为主动建模、集成化校验、最优化拟合。

资料管理：按照资料录取规定，系统自动对所有生产数据进行互检互查，将资料全准率提高到98%以上。

生产动态跟踪：在油水井生产动态跟踪方面，系统对油水井生产动态的异常波动能够及时预警、告警；技术人员由定期方案调整转变为预警处置分析，提高了分析的及时性和精细化程度。

智能调配：系统自动量化评价井组注水受效情况，基于连通性、剩油分布以及邻井影响等因素，按照"以产定注、注采平衡"的原则，自动推出最佳注水调配方案。既大幅度降低人工调配设计的工作量，又显著提升了井组动态调配质量。

这些数字，是庆新人在智能油田建设中的辛勤努力，更是"智能之路"发展的历史见证。这些数字是有温度的：每减少一次人工巡检，就减少了员工劳动量；每提升一个"双率"百分点，就提升了公司运行效率；每节约一立方米水、一立方米气、一千瓦电，就让公司在可持续发展的道路上更进一步。

3 初心梦想，共创伟业

习近平主席在 2018 年全国网络安全和信息化工作会议上指出，"信息化为中华民族带来了千载难逢的机遇，我们必须敏锐地抓住信息化发展的历史机遇"。

智能化已经是科技发展的大趋势，同样也是未来油气工业发展的大趋势。油田智能化建设及应用改变了油田企业几十年未变的落后管理模式，促进企业走上有质量有效益的可持续发展之路。

作为中国东北一个仅有 400 余人"不起眼"的小油田，却因智能油田建设得到了全国范围内的认可，并形成了"庆新模式"。于是就有人问道：你们怎么就想起干这么个大事？怎么还就把这个大事干成了？

庆新油田公司刘维武总经理略有沉思，他说："当时的庆新油田公司清退外雇员工后仅剩 200 余人，这其中有 120 名一线员工，这些一线员工要负责井、间、站的全部工作，任务重，压力大，我们一线石油工人太苦了，把智能油田搞起来，能让工作标准高一点，让他们少累点、多挣点。"这是实话，对于普通员工来说就是"真理"。现在，如果去问庆新油田公司的一线员工，问他们对智能油田的感受，他们一定会说："好！工作标准高，还不累人了！"

"方向找对了，就要努力去干，把一件事情当作一项事业去干就没有干不好的。"这就是庆新油田公司干成这件大事的最大主因。"智能油田建设上，我已经是专家了，是大庆油田的，夸张一点就是全国的了"，一名中层管理人员的玩笑，更是事实。庆新人最初是以近乎悲壮的精神想通过智能油田走出困境，然后在逐步发展中看到了、感受到了智能油田的好处与实惠，更加决心把这份工作干好、干大。每个人都希望事业有成，所以每一项事业的成功，都是每一名员工为之付出的精力和心血，于是，智能油田建设从公司的事业变成了每个人的事业。

公司与个人，通过"干事业"完成了相互成就。庆新油田公司的智能化建设及应用为庆新人搭建了干事创业的平台，公司独特的企业文化，也深深地影响着每一个庆新人，让他们不断创造性地去开展工作，把自身的成长与公司发展融合在一起，在编织美好"庆新梦"的同时，也书写着属于自己的精彩人生。

对于未来，庆新人深知：成绩属于过去，未来仍需努力。对于智能油田建设，庆新人坚定信念，高举发展旗帜，力图在未来做到全国一流、世界一流。

对于今后的发展，庆新油田公司有着全面规划。

纵向深化。围绕油藏、井、管网、设备核心业务，深度完善智能模式，突破技术瓶颈，借助信息技术全面辅助生产管理和效益优化。

横向扩展。将智能油田覆盖到八个关键智能化应用领域，根据各个业务部门的工作需要，有针对性提供智能服务，妥善解决业务诉求和给予及时的、准确的数据指导。

全面融合。建设一体化运行平台，为业务人员提供三种智能化工作环境，以油气物流为主线，搭建一个一体化智能采油厂应用总平台，包含智能操控、智能研究、智能经营三个子环境，实现涵盖采油厂全部业务的智能闭环优化。

智能操控环境：智能监控、精准运行。实现油水井、集配间、管网、配电网、安防关键生产节点的自动管控。

智能研究环境：三位一体、协同研究。面向采油厂油藏和工程技术管理人员，展现油藏油水分布状态、开发实时动态，展示机采、生产等运行数据，实现技术人员一体化协同办公，油藏和工程业务无缝衔接，系统可以通过建立案例库智能自主学习，人机交互制订最优方案。

智能经营环境：辅助决策、智能优化。以驾驶舱形式对采油厂经营业务进行一体化管理，包含三方面功能：一是对各类经营指标自动展示，监控运营状况；二是对异常指标自动预警提示，管控经营风险；三是智能推荐解决风险决策方案，为中、高管理层决策提供"一站式"服务。

综合运用数字化、智能化等技术手段，研究油气生产智能化关键技术，搭建技术研究、生产运行、经营决策的一体化智能应用平台，创建整装智能采油厂示范工程，形成采油厂高质高效、可持续发展的新型模式。

建设伟大工程，实现伟大梦想。伟大工程不仅仅是那些举世瞩目的大工程，更是各行各业共同努力，开拓进取，围绕自身发展所做的每一个工程，正是这样一个个工程，支撑起中国复兴的伟大梦想。

庆新油田公司的智能油田建设，就是这样的"伟大工程"！

放眼全国油气行业，在信息时代迫切需要转型、变革的单位还有很多，庆新油田公司的智能油田建设成为行业先例，对庆新油田公司来说是"杀出了一条血路"，对油田今后的发展来说是"趟出了一条新路"。在高度信息化的今天，庆新油田公司以自身改革经历提供了一个可以参照的范例，如何在油气行业内复制"庆新模式"，推广庆新经验，有着划时代的意义。现在，庆新油田公司希望智能油田建设"有更多人干"。

庆新油田公司智能油田的建设史，是一部艰辛的创业史，是一部辉煌的奋斗史，也是一部代表中国广大油气企业的困境转型史，这历史是"干出来的"，是油田转型时期每个庆新人的独家记忆。

庆新梦不仅仅是庆新梦，还应该是油田梦，还应该是中国梦。当有更多油气企业都实现了"庆新模式"时，庆新油田公司的智能油田建设的独家记忆，庆新油田公司大胆改革勇于创新的独家记忆，终会变成众多油气企业共同的记忆。

长庆油田：上下求索不断奋进的 20 年

高玉龙

西安长庆科技工程有限责任公司

1　数字油田诞生之背景

1999 年伴随着"数字地球"的召唤声，中国的"数字油田"也呱呱落地，至今 20 年了。回顾这 20 年的历程，数字油田建设的道路艰辛曲折，成果丰硕辉煌。提出之初，恰逢世界互联网膨胀式发展，一片热火朝天。

当年互联网的龙卷风是从大洋彼岸的美国无比强劲地刮过来的。在美国以互联网公司股票构成的纳斯达克综合指数从 1991 年 4 月的 500 点，一路上涨到 1998 年 7 月跨越 2000 点大关，之后猛然走出一波痛快淋漓的跨年性行情，在 1999 年 12 月逼近 5000 点。市场的繁荣把人们对互联网的热情推到了沸腾的高度。尽管人们对这些新生之物一知半解，但普遍认为互联网一定能赚大钱。

1999 年的中国互联网世界，呈现一片繁荣景象。就互联网的应用，有两个成长的方向。其一就是以新浪、网易和搜狐为代表的"门户"一族，让新闻和各种资讯得以快速获取；其二就是电子商务一族，谋划着通过网络实现交易，例如，网上书店、建材超市和网上机票及酒店服务等。而以长安大学高志亮研究员为代表的学者们，前瞻性认识到了互联网与信息化的关键之所在是"数字与数据"，创立了中国第一家数字化研究所，开启了"数字油田"的探索之路。

2 开启探索之路，踏上实践征程

从数字油田逻辑理论的建立与阐述，到实践检验与验证，走上了漫漫征途之路，真可谓"路漫漫其修远兮，吾将上下而求索"。长安大学数字油田研究所不断开展理论的研究与创新，还把实验由室内延展到油田的一线现场，用实验取得的成果滋养理论研究，又用新理论指导实验的深入。他们怀着对事业的执着与热爱，不为金钱，默默地为"数字油田"耕耘。尤其是在经历"互联网泡沫"经济突然下行的时期，他们仍然坚持不懈，不离不弃，坚定不移，把他们的理论研究与实践成果变成涓涓细流，汇聚成了指导全国油气田数字化建设的宏篇，出版发行了《数字油田在中国》系列丛书，使我们明白了什么是数字油田，数字油田如何建设，数字油田如何评价，数字油田的未来和发展……正因为有他们的坚持和指引，才有我们今天大大小小数不清的"数字油田"的成功实践。他们的研究也为油田的深化改革，有效益、有质量的发展贡献着不可磨灭的功绩。

长庆油田在数字油田的理论探索上主要集中在数字化管理探索。长庆油田用"三端五系统"思想指导了油田数字化的建设，让油田数字化建设取得了很大的成效。

3 长庆油田的探索

如果你曾参加和见证中国石油行业互联网、信息化、数字化以及智能化建设，那么你是幸运的。因为有许多值得你回忆的美好的东西，也因为你融入了时代发展的大浪潮之中，有苦也有乐，感觉一定是很幸福的！

3.1 从互联网做起的数字油田

1999 年长庆油田首次成立了信息化建设项目组，决定建设企业的互联网，主要目的是建立长庆油田门户主页，有自己的邮件系统，以便与国际（内）互联沟通。

油田业务主要有油气勘探、开发、炼油加工、销售、工程服务、矿区、经营等。作业地区分布在陕、甘、宁、蒙、晋区域构成的鄂尔多斯盆地，约 37 万平方千米。为了把分布在不同区域的油田单位连接起来，传递邮件、宣传企业，增进互相资讯的了解，建设了长庆油田互联网，重点是网络基础设施建设。以西安为网络中心，在甘肃庆阳、宁夏银川、陕西延安、陕西靖边为网络聚会点，形成一中心四节点的网络架构。由于当年的通信传输还采用微波方式，总带宽容量不大，所以中心与各节点的宽带仅有 2~4M，在每个节点配置了 48 口或 96 口的拨号服务器，在西安中心节点 internet 申请教育网和公众网两个出口，其带宽分别为 4M、2M，开通了企业网与 internet 网的互联。

在有了初步的互联网基础后，开始着手考虑为企业的运营服务。首先开展了贯穿全油田的成品油管理业务，油田加油站管理系统。当时分布在陕甘宁边区油田的加油站有 35 座，为油田 8000 多辆各式车加油，传统的做法是各单位每月将自印的加油票分发给司机，司机到油区内的加油站进行加油，月底由加油站按所收油票向各单位进行结算。这种方式存在的最大弊端是油票的丢失、损毁、私自倒卖，还出现了假油票，从而给企业造成很大的损失。自从有了互联网基础之后，把各加油站与西安总部连接起来，自主开发了管理系统，给每个单位的车辆配发 IC 加油卡，司机使用 IC 卡加油，在什么地点，什么时间，加了多少油，信息都会传到总部，这样不但信息及时准确，而且提升了结算进度和效率，同时，能够及时了解每个加油站的库存，方便油品调度管理。第一次真正体会到了网络给加油经营管理带来的便利。

在这之后，相继把财务系统、原油销售、物资供应、各单位的房物管理也搬到了网上，实现了信息共享和高效管理。随着各类应用在网上的增多，极大地推动了网络基础设施建设的不断完善与提升，促进了油田内部光缆建设的投入，使得网络宽带得到了大幅度的提高。记忆深刻的是 2003 年"非典"的特殊时期，由于限制外来人员进入，大批的油田建设物资采购不能按时进行，于是开启了网上竞标和洽谈活动，极大地推动了互联网服务的应用与发展。之后又相继开发了合同管理、造价管理、生产运行管理等各类经营管理网上平台，这些对提升企业的管理效率和水平，发挥了积极的支撑作用。

3.2 从信息技术中发现的数字化管理

2005 年开始尝试使用信息技术对油田生产一线的作业现场进行数字化管理试验工作，开启了信息技术向生产过程控制管理的融合之路，重点围绕员工重复工作量大、危险程度高的业务进行了数字化建设。如对油气井开关井、巡检场站、仪表的巡查以及现场作业调度等工作进行了数字化建设，加装各种采集变送器，实现数据的自动采集、远程实时传输、紧急自动控制、方案的自动生成等功能。在试点取得成功后，2007—2008 年，建成了苏里格气田数字化生产管理平台，使苏里格气田实现了数字化管理，极大地提高了管理的效率，推动油气劳动组织框架、生产组织方式的深刻变革，成为中国石油真正把"数字油田"概念落地的第一家。

由于全面推行气田生产运行的数字化管理，实现了 1 万多口气井、6 个处理厂、200多亿立方米的产量，所用员工总量约2000人。在气田数字化管理取得巨大成功之后，从2009年起又对长庆的油田部分进行了大规模的数字化建设，覆盖从井、站到处理厂、大站大库、集输管网、敏感地区环境保护等的数字化建设。到2011年年底，长庆的数字油田宣告全面建成。目前，长庆油田油气当量达5000万吨，用工总数7万余人，数字化、信息化发挥了巨大的作用。

3.3 从数字化管理中获得的成果

长庆油田在数字化管理上取得成功，见到了实效，得益于长安大学数字油田研究所及社会各界对"数字油田"的理论指导，跟随信息技术发展的大潮，把企业生产实际需求与信息技术结合，开展了大胆的实践与创新。

首先，制订了明确的数字化管理建设目标，以提高生产效率减轻劳动强度，提升安全保障水平，降低安全风险为建设目标。同时，确立建设思路，"两高、一低、三优化、两提升"，即高效率、高水平，低成本，优化工艺流程、优化地面设施、优化管理模式，提升生产过程的监控和判识水平、提升生产过程的管理水平。期间，通过实验，明确了"五统一，三结合，一转变"的实施原则，即标准统一、技术统一、平台统一、设备统一、管理统一，与岗位相结合、与生产相结合、与安全相结合，转变思维方式。

其次，充分细致地分析了上游油气生产业务链条中的各个环节，长庆油田首次提出了数字化管理"三端"系统建设架构体系。即前端以站为中心，辐射到以单井和单井管线为基础的基本生产单元，站控是前端基本生产单元的核心，通过研制和推广应用智能抽油机、自动投球装置、数字化增压橇、注水橇、连续输油设备，使得数万口油水井、几百座站实现远程管理，把没有围墙的工厂变成了有围墙的工厂；中端以泵为中心，辐射延伸到联合站和外输管线的集输单元，利用前端采集的实时数据，建设以油气集输、安全环保、重点作业现场监控、应急抢险一体化为核心的运行指挥系统，实现"让数字说话，听数字指挥"；后端以前端和中端为基础，以油气藏研究为中心，实现一体化研究、多学科协同，重点是建成以油气藏精细描述为核心的油气储层运营管理决策支持系统。同时，确定了不同环节中的信息化、数字化建设的重点难点，结合生产管理实际，按照新型工业化道路要求提升石油工业水平，在公司层面配套建立六大类系统：生产管理系统、生产运行指挥系统、安全环保风险感知系统、油气经营管理决策支持系统、以人事、财务、物资管理为核心的企业资源计划（ERP）系统，以标准化管理体系和企业内控为核心的企业管理类（MIS）系统。业务重点清晰，任务明确，各路业务与信息人员分头负责，齐头并进，与整个油田数字化管理建设同步进行。

最后，在数字化管理建设中，我们坚持了以下做法：成立了专门的组织机构。依照公司数字管理建设要求，及时组织成立公司数字化管理项目经理部，统一管理核心团队、统一资金管理、统一建设队伍的协调、统一方案审定与进度监督，调动和发挥各采油厂的积极性；进行技术攻关，针对数字化关键技术广泛开展技术实验，对新设备进行室内、现场试验测试，不断提升数字化管理的建设技术方案；树立样板，先示范、后推广，先建立数字化管理示范点，取得成功后适时召开阶段性现场推广会，让大家眼见为实，以提振信心；对产品定型定价，根据现场试验、使用情况进行技术指标确认和价格商定，对产品的选型定型实行动态管理，使每一种产品有多个型号供建设单位自主选择，促进产品生产厂家进行竞争，不断提高其质量；加强培训，自主编制不同的培训教材，对管理层（各单位数字化管理负责人、作业区管理人员、技术人员、工程监理、工艺技术人员）、操作层（数字化的应用人员及一线员工）培训，提高执行力，使已建数字化设施尽快得到有效的利用并发挥积极的作用；建标准，为有效快速地推进数字化管理项目建设，还编制了数字化管理项目建设相关企业标准及管理规定。

数字化建设不止一个点、一个面，而是纵横交错的一个体系。局部建设很难体现其优势作用和效益。建设伊始，必须充分细致地分析企业产业链的全过程，找出每个环节的难点、痛点和症结，采用与之相适应的信息技术，各个击破；在引入先进的信息技术过程中，不断优化生产工艺流程，提升生产过程效率，只有在每个环节上得到了应用，才能提振信心，才有生命力，才可推动整体管理上的进步与变革。企业应用信息技术的价值体现，使生产安全有屏障，生产效率有提升，管理扁平化，企业的效益最大化。

4 数字油田走向未来

长庆油田数字化建设仍然在路上。在取得数字化油田建设成功经验的基础上探索实践更高层次的智能油田建设，开展了无人值守场站建设、重点高危场所的智能机器人巡检、无人飞机巡线、无人飞机辅助地面勘察设计、云计算与大数据的挖掘等实践活动。目前，已设计建立无人值守站点 280 多座、重点高危场所智能机器人巡检 10 多处、无人机巡线 20 多条，以及云计算和大数据中心等。目的是通过推进设备装置、井场、站场的逐级智能化管理，充分解放现场管理人员的体力劳动与研究人员的脑力劳动，进一步提高工作效率，不断提升员工的幸福指数，使各类资源发挥更大的效益，为社会提供更加绿色环保的清洁能源。

数字油田之魂

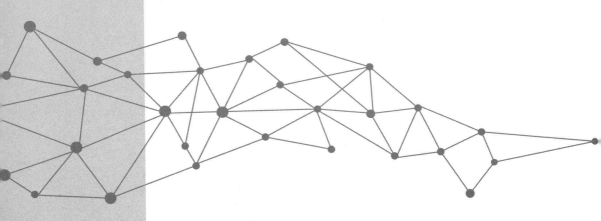

大庆油田生产数字化建设
历程与建设方向

管尊友

中国石油大庆油田公司生产运行与信息部

中国数字油田源于大庆油田 20 世纪末，我就是当年"一群年轻人"（包含高志亮）中的一个。时间一晃就 20 年了，这 20 年中我是大庆油田数字化建设与发展的参与者、见证者。今天我们回顾大庆油田的数字化建设，感慨良多，回头一想好像没有做什么，但仔细一看大庆完成了很多建设，还是取得了很多的成果。

1 概述

随着信息技术、物联网技术、自动化技术进步及其应用的发展，油田信息化不断拓展其同经营管理、勘探开发生产和研究融合的深度和广度，信息化建设已经发展成为油田勘探开发和生产管理的重要支撑，信息技术在提高油田勘探水平和开发效率等方面起到了不可替代的作用。

2 建设历程分析

大庆油田建设 60 年发展史，也是油田信息化建设的进步史，从 20 世纪 60 年代的电算油田，经历了数据油田，已经进入了数字油田，开始探索和迈向智能油田和智慧油田。建设历程如图 1 所示。

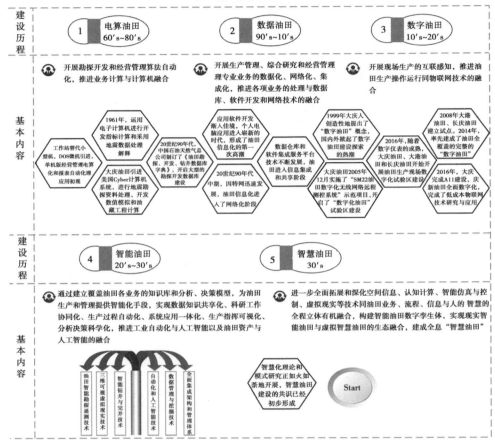

图1　油田生产信息化建设历程分析

2.1　电算油田

　　电算油田（电算化阶段），20世纪60年代至80年代，油田信息化主要是开展勘探开发和经营管理算法自动化，推进业务计算与计算机融合。

　　1961年，以运用电子计算机进行开发指标计算和采用地震数据处理解释技术在小型机上进行地质构造解释为标志，大庆油田信息化建设拉开了序幕。通过对第一个开发方案的上千次计算，确定了井网井距；通过两维两相渗流数值模拟，探索油水运移规律，加深了对油田开发机理的认识，极大地提高了油田开发的速度和水平。20世纪80年代，工作站逐渐替代小型机，高性能计算使三维地震成为主导，在地震与测井资料采集、处理、解释，以及油藏建模与数值模拟、开发方案优化等各方面，信息技术发挥了巨大作用，数据量呈指数增长，勘探开发生产力产生第二次飞跃。基于 DOS 的微机的引进，单机版的经营管理电算化和报表自动处理应用初见成效。

2.2　数据油田

数据油田包括数据化、网络化和信息集成与共享三个阶段，20 世纪 90 年代至 21 世纪 10 年代，油田信息化主要是开展生产管理、综合研究和经营管理专业业务的数据化、网络化、集成化，推进各项业务及其流程的处理和发布与数据库、软件开发和网络技术的融合。

随着数据库技术的发展和视窗操作系统的出现，油田信息化进入了数据化阶段。中国石油天然气总公司制订了《勘探、开发、钻井数据库字典》，开启大型勘探开发数据库建设。大庆油田率先建成了勘探开发动态、静态数据库系统，为勘探开发部署、预测、规划和决策提供了科学依据。单机版应用软件开发渐入佳境，个人电脑应用进入了一个崭新的时代，形成了油田信息化的第一次高潮。

随着因特网迅速发展，20 世纪 90 年代中期，油田信息化进入了网络化阶段。大庆油田顺应时代潮流和企业发展需求，开展了企业网总体设计，提出了"四个不管，四个共享"的建设目标，即不管你在什么地方、不管你身边是什么机器、不管你从事什么专业、不管你要完成什么工作，都可以通过这个企业网实现资源共享、成果共享、技术共享和人才共享，并最终完成自己的任务。由此开启了系统规划、分步实施、信息集成、资源共享的先河，搭建了全国最大，覆盖公司、厂、矿、小队四级单位的企业网，实现了数据信息的网络传输和应用。到 2000 年左右，国内各油田都基本完成了企业网的建设，以网络为依托的电子邮件、企业门户、OA、MIS 和基于数据库的专业应用系统全面建成，有力地支持了油田生产、科研和管理。电子商务/政务、ERP、BPR 等相继产生并向石油行业渗透。

进入 21 世纪，随着数据仓库和软件集成服务平台技术的发展，油田信息化建设进入信息集成和共享阶段。各大油公司通过建设统一专业数据体系和集成的信息系统，推进油田生产经营管理和综合研究同信息集成技术的融合。以中国石油 IT 战略和大庆油田 2002—2005 年信息化总体规划为代表，以信息资源规划为理论和方法，以勘探开发数据资产和信息集成建设为核心，开始大型信息系统和信息体系建设、应用和管理，开启了数据资产化、应用一体化、分析动态化、研究协同化、决策信息化、知识共享化的先河，数据电子化、标准化、质量和共享程度大大提升，油田勘探开发各个业务均实现专业集成应用和生产动态信息管理，提高了生产管理效率和水平。

2.3 数字油田

数字油田（数字化阶段），21世纪10年代至20年代，油田信息化主要是开展现场生产的互联感知，推进油田生产操作运行同物联网技术的融合。

早在1999年大庆人创造性地提出了"数字油田"的概念之后，数字油田成了全球石油企业信息化建设的目标，在国内外掀起了数字油田建设探索的热潮。大庆油田提出了数字油田的核心内涵——数字盆地、数字油藏、数字地面工程、数字化经营。国内油田的勘探开发一体化、地上地下一体化等业务流程整合取得较大进展。油田企业将进入一个生产、科研、经营以及员工生活环境等全面信息化的新时代。但是，笔者认为仍是数据油田阶段，因为该阶段的特征为推进面向专业和管理的数据共享应用和智能化分析应用，而面向油田生产操作过程的数字化还处于理论探索和技术试验时期。

随着物联网技术的发展和现场RTU和数字仪表的成熟，大庆油田、大港油田和长庆油田开始开展油田生产现场数字化试验区建设。2005年12月大庆油田第二采油厂实施了"油田数字化无线网络远程测控系统"项目，开启了"井、间、站工况数据监控"试验区建设；2007年7月，又采用McWiLL、GPRS以及网状网等无线传输技术，建立了油田数字化综合业务系统软件平台，实现压力、温度、载荷、功图、电流等重要生产参数的自动采集、快速查询，以及现场的视频监控、安全预警等功能。

2008年大港油田、长庆油田建立了试点，面对企业生存和发展的压力，公司主要领导把信息化当成创新发展的关键抓手，安排专门领导作为CIO，负责制订全油田推广和应用的目标、思路、模式、方案和安排，统一投资，强有力地推进数字化建设、应用、完善提升和运行维护。到2014年，大港油田和长庆油田率先建成了全覆盖的完整"数字油田"。胜利油田数字化建设亦是如此，2013年开始全面推广，2017年建成基本全覆盖的"数字油田"。届时，数字油田理论和技术模式已经从概念发展成较为系统成熟的架构体系，数字油田、智能油田、智慧油田的建设目标、内容、技术体系和实施体系渐趋清晰，深刻认识到数字油田是信息化与工业化的深度融合；智能油田是信息化与自动化的深度融合；智慧油田是信息化与企业智慧的深度融合。

2010年，大庆油田提出了实现数据自动采集、过程自动控制、故障自动报警、场景视频监控，打造数字油田的目标。全油田开始大力推进油田生产数字化建设。按照统一部署，以"高水平、高效益、高效率"为目标，遵循"低投资、低成本、低劳动强度"的要求，2014年，庆新油田整装建成外围油田数字化管理模式，实现了所有井、间、站数据自动采集、故障智能分析、生产参数远程调控，实现了专业化管理，生产站场"有人巡检、无人值守"，2016 年探索实现了全面感知、预测预警、数据驱动、智能操控的智能化应用，达到了节人、节能、节约运行成本、保障矿区安全的目标。2016 年，建成了覆盖两个示范区的油田生产、处理等全过程的中国石油油田生产物联网系统（A11）大庆油田示范工程，实现生产数据自动采集、关键过程连锁控制、工艺流程可视化展示、生产过程实时监测，强化了安全管理、优化了劳动组织结构，建立了统一的油田生产物联网生产管理平台和油田生产数字化管理方式。以单井投资 1 万元以内为目标，采用 LoRa 技术，开展了低功耗广域网（LPWAN）的无线技术和产品研究、开发和试验，探索了低成本、架构简单、方便实用的数字化建设新技术和新模式，开启了低成本物联网建设的先河。2017 年，完成了低成本物联网技术研究与应用，形成了低成本技术和产品系列。集电参和 RTU 于一体的智能电参研制成功，替代了井场独立 RTU 模式，降低了井场数字化建设成本 60% 以上，形成了低成本并适于高寒的东部老油田数字化改造的模式和参考模板。老区改造与新建产能项目中，大型站场按照"集中监控、少人值守"的建设思路，中型站场实施"区域巡检，无人值守"建设模式，开展了数字化典型工程建设，转变巡检方式，压缩管理用工，降低劳动强度、提高安防管理水平。

2.4 智能油田

智能油田就是能够全面感知、自动操控、预测趋势、优化决策的油田，对数字化油田各种数据的逻辑分析进行归纳总结，采用包括阈值比对、参数公式计算、模拟逻辑分析、实时数据自动比对、分级处理等多种分析方式，将采集设备与生产设备的运行参数和运行状态进行自定义提取，及时掌控异常问题，通过建立覆盖油田各业务的知识库和分析、决策模型，为油田生产和管理提供智能化手段，实现数据知识共享化、科研工作协同化、生产过程自动化、系统应用一体化、生产指挥可视化、分析决策科学化，推进工业自动化及油田资产与人工智能的融合。目前，国内外大部分油田数字化日趋成熟，智能分析应用效果已现，但智能油田建设还处于技术研究和模式探索阶段。

建立智能油田是一个系统工程，涉的关键技术还需完善和工程化，数据库和信息平台仍是建设的关键基础。智能勘探遥测技术的永久化，勘探与生产地下和复杂场景的三维可视技术的成熟，远程协同决策的智能钻井与完井技术的实时化、浸入化和通用化，野外作业、井间站设备基本调测的自动化设备和人工智能技术的商业化，勘探开发全过程的数据全面集成、管理与挖掘的覆盖程度，以及信息系统全面集成架构和管理体系的建立都需拓展和提升。基于大数据和云计算技术创新数据体系和信息平台，推进勘探开发工作同实时资料的并行处理，建立快速反馈的动态油藏模型，直接观察生产动态和精准预测动态变化，优化作业过程，提高科研生产效率，提升企业竞争力。

2.5 智慧油田

智慧化理论和模式研究正如火如荼地开展，智慧油田建设的共识已经初步形成，进一步全面拓展和深化空间信息、认知计算、智能仿真与控制、虚拟现实等技术，同油田业务、流程、信息与人的智慧全程立体有机融合，构建智能油田数字孪生体，实现现实智能油田与虚拟智慧油田的生态交互，形成全息"智慧油田"。

3 数字化井场技术模式分析

大庆油田数字化建设以低成本高效益为原则，按照技术研究、技术和设备现场试验、区域试点、规模试点、规模应用的步骤，有序开展，稳妥推进，先易后难，迭代深化，八年的建设历程中，探索形成移动互联、传统独立 RTU、一体化电参、低功耗长距离和传感器自组网五种油田生产数字化井场无线通信技术模式（图2）。

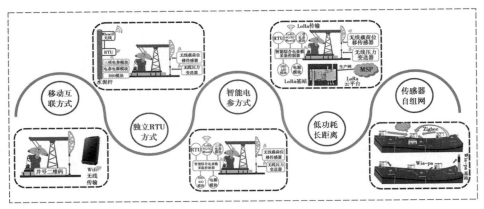

图2 油田生产数字化井场无线通信技术模式

移动互联方式就是通过手持终端采集井场数据，实现现场移动互联，拓展现场数字化应用，比如现场标签识别，加强巡检管理，现场风险隐患图像记录及上传。

独立 RTU 方式就是在井场单独立杆安装部署 RTU，统一传输现场实时数据。

一体化智能电参方式就是在井场电参箱内集成 RTU 功能的终端模块和电参

采集模块，大幅降低了设备投资和立杆等安装施工费用，单井数字化价格得以大幅降低。该模式是大庆油田不断跟踪前沿技术，经过不断探索试验，在低成本数字化建设中取得的一项很大的技术进步。

低功耗长距离方式就是采用 LoRa、NBIot 等技术，实现井、间、站现场数据传输。该模式具备长距离、低功耗的特点，降低数字化建设投资，但是带宽较低。

传感器自组网方式就是采用基于 IEEE802.15.4 标准的无线通信协议 Wia-pa 及 Zigbee 自组形成现场传输网，都属于中国石油物联网系统建设管理规定中入围可选的前端设备通信技术。通过现场试验，Wia-pa 方式是全 MESH 网络结构，支持 1.3 千米的通信距离，3 跳回传可达 4 千米，工业级无线网络传输技术；而一般的 Zigbee 方式传输距离为 200~400 米，多采用星形结构。

上述五种井场无线通信方式，传输带宽、距离、技术特点以及建设与运维成本差异很大，因此，在具体工程设计和建设中，要根据实际情况和需求，因地制宜地单项选用或组合选用。

4 结论

国内数字油田建设经历了近 10 年的理论和技术研究，10 多年的实践探索和应用，从概念和理论提出，到体系机构研究，到技术研发和试验，到小队试点，到作业区试点，到采油厂和油田试点，到油田推广，形成了技术体系和实施模式，不少油田数字化建设规模已经全面覆盖，促进了管理方式和组织形态变革，提升了本质安全，降低了生产一线劳动强度，推动了精准开发、精准提效、精准管理，开辟了老油田持续有效发展的新途径，探索了油田转型升级发展的前进道路。数字油田日臻成熟，智能油田端倪已现，智慧油田远景可期。高寒地区大型老油田，面对高质量发展和精益生产的要求，必须坚定不移地加快推进和深化"数字油田—智能油田—智慧油田"三步走战略，切实贯彻落实"创新、协调、绿色、开放、共享"的新发展理念，不断学习、实践、传承和发展大庆精神铁人精神，以"当好标杆旗帜，建设百年油田"为强大动力，强担当、勇创新、敢作为，突出效益效果和以人为本，继续坚持"六统一"（统一规划、统一标准、统一设计、统一投资、统一建设、统一管理）和业务主导原则，持续深化低成本数字化模式和数据整合治理工作，确保油田数字化建设高效且有序地推进，早日建成"数字大庆油田"，为向油田智能化和智慧化迈进奠定坚实基础，为实现油田转型升级、振兴发展打造战略性的重要支撑。

青海油田油气生产物联网的建设历程

何作峰

中国石油青海油田公司信息服务中心

1 油田概况

青海油田从 1954 年开始勘探，主要勘探开发领域在素有"聚宝盆"之称的柴达木盆地，1991 年原油产量首次突破 100 万吨，经过 60 多年的勘探开发，累计发现地面构造 140 个，找到不同圈闭、多种储集类型油气田 23 个。开发的主力油田有尕斯库勒、花土沟、昆北、英东等，主力气田有涩北一号、涩北二号、台南、东坪等。经营范围涵盖石油天然气勘探开发、工程技术、工程建设、装备制造、油田化工、生产保障、矿区服务和多种经营等业务。油田建成敦煌教育生活科研基地、格尔木炼油化工基地、涩北天然气生产基地、花土沟原油生产基地。

油田工作区平均海拔 2700~3000m，空气中含氧量是内地的 70%，地貌以戈壁、沟壑、沙漠、盐泽为主（图 1），高海拔、含氧量低、风沙大、昼夜温差高，

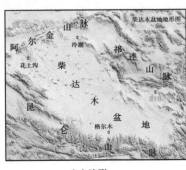

（a）地形　　　　　　　　　　　　　　（b）地貌

图 1　青海油田柴达木盆地地形地貌

地处偏远，社会依托条件差，工作环境艰苦，是国内自然条件最为艰苦的油田之一。位于柴达木盆地西部南区狮子沟 3430.09 米的狮 20 井，是世界上海拔最高且自然条件最艰苦的采油井（图 2），被中国石油树为"企业精神教育基地"。

图 2　全球海拔最高的油井

油田生产现场地理分布分散，采油区、计量站、联合站通常距离较远，管理难度大、工作效率低。员工在高寒、风沙等恶劣环境下工作，劳动强度大，劳动成本高，制约了油田发展。为了降低企业成本、完善企业管理、提高企业在行业中的竞争力，必须开展数字化建设，实现关键生产数据的集中监控，减少岗位工人的工作强度，提高站场运行安全性。实现"同一平台、信息共享、多级监视、分散控制"，达到强化安全管理，突出过程监控，优化管理模式，以实现优化组织结构、提高效益的目标。

2　油气生产物联网建设

青海油田油气生产物联网建设从 2009 年开始，经过四次大规模建设，在 2018 年完成八个采油采气厂的油气生产物联网建设，实现了油气生产物联网全覆盖。

2.1　2009—2011 年油水井远程数字化计量项目

为践行简化、优化新理念，实现油气田数字化管理，减轻一线工人的劳动强度，2009 年 9 月油田公司领导提出"全力打造数字化、智能化、信息型高原油气田"，为此成立了"油气水井远程自动化计量项目组"，揭开了油气生产物联网建设的大幕。

项目历时两年，利用物联网技术，主要采用 CDMA 无线传输方式，完成了采油一厂、二厂、三厂油气水井自动化设备标准化设计安装，共计 2209 口，实现了油水井的远程监控和计量。

依靠油田内部力量，自主研发了油井自动化诊断计量关键技术、水井远程计量及远程控制技术、油井的计量标定技术，制订青海油田仪表与 RTU 通信协议、现场仪表配置方法和协议、通信数据包结构和检验标准等六项仪表、RTU 等物联网技术协议标准，实现了数据格式、数据采集项、数采软件、通信协议、数据发布、数据共享的统一，形成了《油气水生产数据采集、监测系统技术要求》《油气水井生产数据采集设施安装要求》《油气水井生产数据采集设施运行维护要求》等相应的技术标准和安装运行维护和管理规定。培养了一批数字化建设技术人员，掌握了核心技术，大大提升了数字化油田的建设水平。

2.2　2013—2014 年油气生产物联网示范工程项目

2013 年青海油田公司成为中国石油油气生产物联网 A11 示范工程项目的试点单位，油田公司高度重视，成立了领导小组、项目经理部以及厂级项目组三级工作组织架构，按照中国石油统一标准开展油气生产物联网示范工程建设。

按照中国石油天然气集团公司先示范再推广的要求，利用物联网技术，采用有线光缆、TD-LTE 4G 无线传输方式，完成了数据采集与监控子系统、传输子系统、生产管理子系统的建设。数据采集与监控子系统完成了采油五厂、采气一厂、采气三厂东坪—牛东气区共 5 个作业区的 776 口井油气水井自动化设备标准化设计安装及相关站场的生产数据采集与监控，集成油田自主开发的抽油机井功图诊断计量技术，实现了井站生产运行数据与物联设备运行参数的自动采集、油井工况分析、注水井自动化计量与远程配注。数据传输子系统充分结合油田网络建设实际情况，对现有的有线网络进行补充完善，搭建了各厂独立的生产网，与办公网隔离，新建覆盖三个采油气厂的 TD-LTE 无线专网，部署基站 8 座，双核心网异地容灾备份，满足了从井场、站场到作业区、采油厂、油田公司的数据传输要求及工控安全要求；生产管理子系统实现了生产过程监测、生产分析、报表管理、物联设备管理、视频监测、数据管理、系统管理等功能。

通过对原有有线生产网络的升级、通信设施的再利用、采集设备及软件的改造升级，充分利用了已有资源，保护了已有投资；采用区域控制中心、生产管理中心的集中管理模式，减少了管理层与一线用工，人均管井数提高了 58%。降低了工人劳动强度，减少巡井次数，规避安全风险，实现了节能降耗。

2.3　2015—2016 年基于 TD-LTE 的油田宽带无线专网设备研制与示范应用项目

按照国家发改委关于组织实施 2013 年移动互联及第四代移动通信（TD-LTE）产业化专项的通知，结合油田油气生产物联网建设实际，青海油田公司和大唐移动通信设备有限公司共同申报并开展了国家发改委《基于 TD-LTE 的数字化油田宽带无线专网设备研制与示范应用》产业化专项项目，组织开展适应高原油气田专网设备的研发、技术标准的制订，以及在青海油田高原油气区的实际示范应用。

新建 6 个 TD-LTE 1.8G 基站和 1 个 230M 无线基站，实现采油二厂的专网全覆盖。完成采油二厂 930 口油水井的无线传输改造及数据接入，完善有线传输网络，实现生产网和办公网隔离。开展 TD-LTE 宽带无线技术在油气生产物联网中的专项研究，完成了《基于 TD-LTE 的传感网无线网关研究与试验验证》《TD-LTE 上行增强与覆盖延伸技术研究与试验验证》《数据标准融合关键技术研究与试验验证》三个子课题项目研究，提交发明专利申请两项。专项除了完成 TD-LTE 高原油气田适应性开发（MU-MIMO、高增益天线、小型化、环境适应性）外，还验证了老区自动化系统传输改造利旧、数据标准融合等，提升了产品性能、技术水平，解决了 TD-LTE 技术在数字化油田建设中的实际问题，为油气生产物联网全面推广打下技术基础。

2.4 2016—2018 年油气生产物联网推广工程项目

2015 年为扩大油气生产物联网示范工程的效果，在示范工程的基础上，依照统一规划、统一建设的原则，开展了油气生产物联网现场调研、推广建设方案编制工作。2016 年 5 月《青海油田油气生产物联网系统（A11）推广建设方案》正式批复，青海油田成为中国石油天然气集团公司首批油气生产物联网推广建设单位之一。

以油气生产物联网全覆盖建设为主，完成了采气二厂、采油四厂的 301 口油水井自动化设备标准化设计安装及生产数据采集与监控，完成采油一厂、采油三厂 2381 口油水井传输方式改造及数据接入，井场机柜、传感器仪表利旧，接入站库数据 53 座、生产管理中心 5 个，同时完成了 121 座加热炉数据采集监控系统改造。新建 TD-LTE 无线专网 1.8G 基站 9 个，1.8G 拉远站 12 个，230M 基站 5 座，覆盖四个采油气厂，铁塔利旧。完善有线传输网络，建设六个厂处独立的有线生产专网，实现生产网和办公网隔离。

通过油气生产物联网推广项目的实施，青海油田的油、气、水井数据采集率达到 94%，实现了井场、集气站、联合站、生产管理中心的网络覆盖，满足了现场采集实时数据及视频图像的传输需要。构建了高海拔、复杂地貌、大区域、全覆盖的青海油田油气生产物联网，实现"统一标准、同一平台、信息共享、多级监视、分散控制"，达到强化安全、过程监控、节约人力资源和提高效益的目标，全力打造了数字化、智能化、信息型的千万吨高原油气田。

3 主要工作经验

3.1 先导试验，做深做实，确保技术和产品的稳定可靠

针对青海油田极端天气和以沟壑、雅丹为主的地貌，结合油田实际情况及设备特点，选择适合青海油田具体应用的技术和产品，在尽可能利用现有资源及设备的前提下，以先导性试验的方式对所选择的技术和产品进行验证。

对 RTU、DTU 等性能进行测试，针对英东油田油井产液气液比高的现状，验证无线示功仪采集准确性；针对涩北气田，产气高压含砂对温度、压力变送器测量检测影响的问题，结合传感器现场防砂、防冻堵设计及优化安装方式，验证传感器设计与选型；对非 A11 标准的 RTU 采用串口与 TD-LTE DTU 的连通性测试，确保井口设备的充分利旧。

无线传输采用 TD-LTE 无线专网，在现场实际环境验证井口采集数据传输性能。马北、南翼山、狮子沟地区地形地貌以沟壑、雅丹为主，传输系统的性能受到制约，采用 LTE230 系统在上述区块进行模拟覆盖测试，为项目推广建设提供参考。

3.2 标准先行，推广实施，提高工程施工质量

井场标准化安装遵循"标准、美观、整体大方和标识清晰"的原则，内部强弱电分开，有明显的安全警示和操作说明。

制订油水井标准安装位置，优化设备尺寸，明确颜色、字体等标识标准，实现设备安装标准化，注水井、气井天线支架及基础设施工厂化预制，大大加快安装进度和工程质量（图3）。

油井RTU机柜优化尺寸：长300mm，宽200mm，高400mm

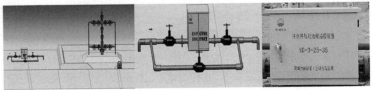

长700mm，宽548mm，高550mm，两法兰片距离：900mm

图3 油井标准化安装

3.3　严密计划，严格规章，确保项目安全有序地进行

按照目标时间节点，倒推排定项目运行计划，责任到人；将天气、供货、产能进度、改造工程等多种因素和细节考虑在计划中，科学合理制订运行计划。铁塔建设、基座预制、光缆铺设等土建工程提前安排。

严格遵守中国石油天然气集团公司和青海油田公司地面生产安全相关规章制度。严格遵守作业票制度，严格填写相关设备表格，做好设备投产移交工作。

3.4　充分利旧，合理调配，保护前期投资

建设遵循"充分利旧、保护投资"的原则，严格执行油田公司的要求，充分论证调研，合理调配资源，系统升级、开发接口，最大限度保护已有投资。

统一规划建设油气生产物联网的生产管理平台，充分集成已有成果，将油田自建的系统集成整合到 A11 生产管理子系统中，减少了自建系统的投入。

3.5　注重运维，深化应用，保障系统的可靠、高效、稳定运行

青海油田油气生产物联网系统项目启动以来，针对油田地域分布广、维护任务重、管理难度大等实际情况，按照集中化维护、属地化支撑、专业化服务的方式，组建了专业化运维队伍，明确运维收费标准，制订了切实可行的维护方案和清晰的维护流程，从运行管理、系统维护、标准体系三个层面，制订了规章制度、划分工作界面，制订维护规程，实行统一收费，建立起界面清晰、分工明确的维护服务机制。同时建立了运行维护考核机制，按月考核通报维护服务质量和上线率排名，总结运维情况，提出改进措施，使日常运维服务工作不断步入规范化、标准化、高效化管理轨道。

4　取得的成效

通过油气生产物联网建设，实时监控油水井生产状况，实现中控室统一监控，将一线员工从驻井看护、井区巡检、资料录入等简单、重复性工作中解脱出来，切实提高自动化水平，减轻劳动强度，提高工作效率，减少操作风险。油田每年从盆地转岗安置一批年龄偏大、身体状况较差、家庭困难的一线员工到敦煌基地工作，有益于员工身心健康，有益于家庭和睦，有益于矿区和谐，以支撑油田和谐健康可持续发展。

通过油气生产物联网建设，建立了作业区、采油采气厂、油气田公司三级集

中管理模式，油田生产管理按"纵向扁平，横向压缩"的方式进行优化，油气田现场实现了由分散管理向"集中管控、无人值守、统一运维"的模式转变，精简合并部分基层班组和作业区，将行政管理重心后移至敦煌基地，减少一线用工总量。截至 2017 年年底共转岗、搬迁近两千人，由此带来了减员增效，换岗增效。

通过油气生产物联网建设，实现了油气水井生产数据在线监测，减少了现场巡检工作量；实现功图量油，促进地面工艺流程优化简化；实现工况及时诊断报警，提高了油水井的有效生产时率，助力增产稳产；实现了管理模式优化和生产方式转变，合并部分小站，实现中小型站场无人值守，大型站场少人值守，大幅降低一线工人的工作强度，提高工作效率。

青海油田油气生产物联网经过近八年的建设，油田数字化水平得到了很大的提升，但还应该清醒地认识到和兄弟油田相比还存在很大差距，在场站融合接入、大数据分析应用、运维保障落实等方面还存在很多问题，特别是在地貌复杂区域如何提高数据传输性能及低成本物联网的应用研究方面要加快步伐，加快油田推进数字化进程，提高劳动效率，降低员工劳动强度，全力打造数字化、智能化、信息型千万吨高原油气田。

基于 EPBP 的数据资源整合实践

——记中国石化西南油气分公司数据建设之路

陈代军　周　伟　王　纬

中国石化西南油气分公司

1　概述

　　中国石化西南油气分公司主要在四川盆地及其周缘地区从事石油天然气勘探开发工作，主营业务为天然气，是中国石化实施天然气大发展战略的主力军。近十年来，分公司在川西陆相致密砂岩稳产基础上，大力推进川东北海相、川西海相及川南页岩气勘探开发，储量、产量快速上升，2017 年产量突破 60 亿立方米大关，2020 年建成 100 亿立方米气田目标指日可待。

　　分公司近几年的信息化建设在"126"规划（1 个资源中心，PC 端和移动端 2 个应用入口，6 大业务应用平台）指导下，以生产经营管理提质增效的需求为导向，统一规划，快速推进，助力主业摧营拔寨、连克大关，成效显著。2015 年，分公司作为中国石化 EPBP 推广建设首家企业，实现当年建设、当年上线；生产信息化试点取得圆满成功；EPCP 建设应用水平也走在上游前列。特别是在数据资源建设管理方面，企业级数据资源中心基本建成，促进了数据资源"12321"管理与技术体系落地，数据资源管理环境与应用水平得到质的提升。通过 EPBP，以及研究设计、石油工程、气藏动态等管理应用，系统解决了油田企业主营业务数据源头采集问题，数据的时效和质量得到有效保障，业务协同管控能力大幅提高；建立了实时数据和非结构化数据高效管理与在线应用机制；创新设计了 EPBW，开展历史数据集中整合，实现了源头采集与历史数据资源有机整合；在 EPBW 基础上，全面实施数据应用服务机制，实现了数据与应用分离，保证了数据管控的独立性。

2 企业 2015 年前数据建设

20 世纪 80 年代后期，分公司在研究院组建成立了数据库室，开展数据建设与管理，但受当年对数据的认识和管理制约，直到 20 世纪 90 年代末，成绩寥寥。进入 21 世纪，受数字油田、ERP、管理信息化需求等影响，个别业务部门、二级单位开展以提高工作效率为目标的 MIS 系统建设，但到现在也仅留下少许历史数据。2010 年以来，分公司数据建设进入高潮，陆续开展了源头数据采集、历史数据会战、工程与生产实时数据采集、EPBP 推广、数据资源整合等多个项目，为近年来分公司信息化快速发展奠定了坚实基础。

2.1 专业数据库建设

2.1.1 地质成果资料库

该库的建设于 2005 年启动，通过三期建设，基本完成了西南油气分公司地质成果历史资料的电子化扫描和入库。包括单井、物化探、勘探、开发、地质等大类，共计 25200 档、近 13 万件。新形成各类成果资料已按制度实现及时入库。

2.1.2 分析化验数据库

该库的建设于 2006 年启动，历时两年，完成了分公司自 1958 年以来近 30 万项样品分析化验历史数据入库。同时，在 2008 年完成 GLIMS 系统开发，实现了分析化验成果源头采集、实时自动入库。

2.1.3 开发生产管理数据库

该库于 2000 年左右开始建设并应用，该库根据分公司开发、生产、管理的业务需求，以川西气田的采输业务流程为基础，包含了气田开发、天然气集输、采输气站场管理、天然气集输计量、销售等信息。到 2015 年，该库数据超过 1000 万条，较好地满足了开发、生产、管理的需求。

2.1.4 测井数据库

该库于 2008 年建设，主要开展纸质资料数字化，完成了 203 口井纸质测井资料、160 余万米测井曲线矢量化数据及报告入库。同时还开展了测井成果电子化数据收集入库应用。

2.2 历史数据会战

2012 年，分公司规划实施"百亿气田"战略，配套的三大会战全面展开，生产科研及管理工作量剧增，配套人力资源严重紧缺，分公司认识到应用信息技术是解开这一困局最有效的手段。但是，发现数据基础还非常薄弱，前期数据建设中还有大量历史数据未入库，特别是滇、黔、桂地区（2007 年整合）的数据基本缺失。这个问题引起了分公司高度重视，决定举全局之力，以会战形式，限期、彻底解决历史数据问题，明确数据会战是分公司的"一把手"工程，与已经展开的中国石化三大会战无先后轻重之分，要求全体员工，特别是中层干部要清醒认识到这项任务对企业未来发展的重要性，怀着"使命感、责任感"开展这项工作，正确对待任务分配，全面承担各自的工作量、质量及时间责任，表明了分公司决策层重视、干好信息化的决心。会战根据"谁产生、谁负责"的基本原则，要求全员分公司下属单位、各工程施工单位无条件执行，彻底消灭历史数据问题。时间要求是，川内地区缺失数据 3 个月完成补录、川外数据半年完成补录。

信息部门根据中国石化勘探开发数据模型研究项目成果，结合中国石化集团公司总部下发的相关标准和西南勘探开发业务需求，采取"勘探开发一体化"和"业务明晰、标准统一、油气兼顾、全面覆盖"设计理念，分析了 6 大业务域、12 个专业，共设计 701 张数据表，包含 24211 个数据项。同时还开发了录入网站，建立四级质量审查机制，进行了多轮约 1000 人的培训。收集整理出各类原始成果资料 10345 份，采录任务分配到单位、部门、个人，实时发布采录进度动态，单位一把手按月集中汇报进展。

各责任单位高度重视，精心谋划组织，层层压实责任，真正做到了"领导垂范、党政齐抓、支部牵头、全员参与"。通过两期近一年时间的艰苦努力，川内外 34 个勘探开发工区、78 个物探项目、近 3000 口井的数据补录完成，人工采录数据 1224 万余条，合并处理前期历史数据 723 万条，一体化数据库入库数据近 2000 万条，与同期开展的源头数据采集项目配套，分公司历史数据问题得到基本解决。同时，实施了基于专业数据库建设的应用系统改造，成效明显。

现在看来，历史数据会战这一举措对分公司信息化影响深远。

2.3 源头数据采集系统建设

不论前期的专业数据库建设，还是历史数据会战，始终没解决新数据及时入库问题，导致不断有新的历史数据产生，也满足不了业务上对数据质量"全、准、精"的要求和应用需求。为此，分公司配套实施了中国石化统一推广的勘探开发源头数据采集平台。

采集平台于 2013 年年初开始试运行，在分公司 25 个单位部署源头采集点 355 个，包括物探、钻井、测井、录井、分析化验、井下及试油、开发共 7 个专业。平台上线当年采集数据 387 万条，较好地解决了源头采集问题。

2.4 存在的问题

分公司这个阶段的数据建设，解决了历史数据问题且配套了源头数据采集，看似数据基础非常扎实，可以放心开展应用建设了，但通过应用发现，还隐藏了不少问题，主要包括以下三点。

2.4.1 数据多头采集

源头数据采集平台诞生在胜利油田，数据采集的内容和标准是按专业独立设计、分头开发，各专业尽可能满足自己专业应用需求，揽入了相关的其他专业采集内容，存在不少同名异义、同义异名的数据，加之各专业之间无同步、相互校验机制，同一数据多头采集不能避免。分公司虽然发现了多头采集问题，也做了大量工作，但没能在根本上解决。

2.4.2 入库数据质量整体不高

主要因素有两点：首先是源头不唯一，数出多头，且不完全一致，导致应用困惑；其次是无有效手段监管落实采集责任和时效，发现数据采集迟报、漏报成本较高，导致早采晚采、采多采少，甚至采与不采一个样。

2.4.3 源头库与一体化库交互机制不畅

一体化库设计虽借鉴了源头库，也建立了部分源头数据推送机制，但由于历史数据本身的特点，推送机制运行不畅，一体化库得不到源头库的实时补充，在一定程度上影响了数据应用效果。

3 推广建设 EPBP

3.1 中国石化 EPBP

EPBP 是油田勘探开发业务协同平台（EPBP, Sinopec E&P Business Cooperation Platform）的简称，是油田事业部基于江苏油田 EDIBC 打造的统一、规范的覆盖油田事业部和各油田的中国石化油田勘探开发业务协同平台。EPBP 的核心是实现岗位业务信息化，定义明晰的岗位职责、任务和业务标准，支撑业务人员完成岗位业务工作并为之提供相关的信息支持，满足纵向和横向的业务协同工作，适应灵活的业务流程重组。企业勘探开发业务基于 EPBP 运行，各级管理和业务人员借助 EPBP 平台实现对日常业务的规范操作和管控。

3.1.1 EPBP 推广建设目标任务

2015 年，中国石化决定在上游板块建设推广 EPBP，目的是要从根本上解决信息孤岛和烟囱应用大量存在、分散管理导致数据资源不能统一管控服务、信息与业务未能深度融合，以及信息化不能适应管理变革需求和顺应信息技术发展等多个问题。要求推广工作要坚定不移、落地生根、开花结果，按照"边推广、边建设、边完善、边应用、边发展"的工作思路，在推广过程中逐步打造 EPBP，四年内全面完成上游企业的建设推广，实现业务全覆盖。

3.1.2 EPBP 总体架构

EPBP 以信息资源规划（IRP）和信息资源整合（IRI）理论方法为指导，对油田板块信息化进行统一规划，开展信息化工程实施。EPBP 的核心聚焦于业务，规范业务内容与业务数据，建立业务流程，实现业务管控。从目前推广建设的成效来看，真正实现了顶层设计、科学规划、落地生根（图1）。

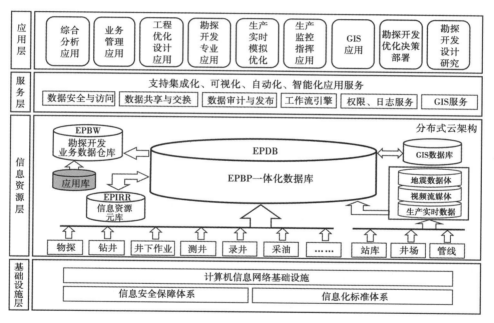

图 1 EPBP 总体架构

3.2 分公司 EPBP 推广建设成效

分公司全面、系统分析了江苏油田 EDIBC 的技术原理、架构和应用效果，认为 EPBP 能从根本上解决前期数据建设存在的若干问题，指导、加快分公司的信息化建设，故主动请缨，成为中国石化上游板块推广建设 EPBP 的首家企业。

根据中国石化集团公司总部 EPBP 推广建设方案，结合分公司业务特点和应用需求，明确了江苏油田推广业务，以及分公司新增业务扩展与功能提升、平台体系架构提升完善的目标、内容和进度，采用三条线同步实施、协同推进的建设模式。

3.2.1 取得的主要成果

分公司上下站在讲政治的高度对待 EPBP 推广建设，实行信息牵头组织、业务主导实施、全局统一协调，确保了主体工程于 2015 年年底上线，成功打造中国石化 EPBP 1.0。并在上线后持续扩展业务、提升功能，各项成果远超预期。

3.2.1.1 主营业务全覆盖

EPBP 1.0 覆盖西南油气分公司 12 个专业，业务处理和应用模块共 1377 个，新增及优化完善模块占达 60%。

推广专业：分公司对江苏油田 EDIBC 已建的地质研究（分析化验）、物探、钻井、录井、测井、井下、采油、集输工 8 个专业业务及应用开展系统优化、完善与扩展，直推模块 541 个、优化完善 193 个、扩展 320 个。

新增专业：在分公司新增天然气采集、天然气净化及计量与销售三个专业，以及安环评、物资供应、钻前施工、钻后治理等管理业务，共计业务模块 282 个。

3.2.1.2 新增功能

为解决源头采集系统存在的问题，平台增加了岗位工作台、任务指令、采集监控管理、数据资源管理、工程设计协同等功能，提高了平台的协同化、自动化水平，丰富了业务管控手段。

3.2.1.3 体系架构完善和提升

分公司作为首家建设单位，还开展了技术架构体系提升和完善、EPBP 公共组件建设、EPDB 数据环境优化、EPBW 数据仓库设计等工作，为在后续其他企业推广奠定了良好基础。

3.2.2 平台应用效果

EPBP 上线以来，广泛应用于 120 多个部门、单位，注册用户已超过 4000 个、涉及岗位 100 余种，日均在线用户 200 余个、业务处理 4500 多笔，累计入库数据 3467 万条，日调用已超 100 万次，应用效果显著，主要表现在以下四点。

3.2.2.1 推进了业务标准化和规范化管理

EPBP 覆盖勘探开发各专业，固化了业务处理标准，并通过管理流程串联各项业务，基本实现了业务标准化运行和规范管理。

3.2.2.2 提高了业务全程管控能力

岗位工作台将任务、标准及时效要求以待办方式推送到岗位，变传统的"人找事"为"事找人"，监控管理实时监控数据提报进度与质量，岗位业务实行全过程管控、定时预警，数据提报及时率从 81.6% 提至 98.9%，表明岗位责任意识明显提高，业务管控能力进一步增强。

3.2.2.3 全面支撑管理模式创新与变革

基于 EPBP 丰富翔实的数据资源，全面规划实施企业管理创新战略。分公司积极推进六大业务平台的开发进度和功能提升，以管理与业务的标准化为基础，突出体现"管异常""事找人"，全面推行在线管控，工作效率提高幅度和管理成本下降幅度都十分明显。

3.2.2.4 切实加强基层岗位信息化

通过 EPBP，完成了至中国石化集团公司总部、分公司各类报表定制和定时推送，实现基层岗位、二级单位零报表，同时还结合基层信息化需求，实现了包括计量、设备、生产、环保等 51 种台账电子化，无纸化台账不但变革了传统管理模式，也有效减轻了基层岗位管理和工作强度。

总的来说，EPBP 平台的推广与应用，系统解决了数据"由哪来、归谁采、怎么管、如何用"的问题，真正实现了数据"源头唯一、标准统一、集中管理、全局共享"，是油田企业解决信息化数据基础的优秀方案。

4 基于 EPBP 开展数据资源整合

经过多年的建设积累，各企业都已拥有大量的数据库和应用系统，数量从几十到几百不等，但都在企业的生产科研、运行管理和决策指挥中发挥着重要作用。由于各企业所拥有历史信息资源的建设内容、总体架构、关键技术及开发商等状况差距非常大，中国石化集团公司总部难以拿出统一解决方案，加之 EPBP 工程量浩大，总部 EPBP 推广建设方案明确，企业历史信息资源（数据、应用）整合集成由企业自主解决。

4.1 总体目标与策略

建设 EPBP，不是推倒重来，而是要将信息化发挥更大的效能。分公司要求，借 EPBP 推广建设之契机，规划实施企业级数据资源中心，持续规范开展数据建设，加速历史数据资源整合；开展业务应用集成，全面推进六大业务应用平台建设。

4.1.1 企业数据资源中心建设目标与策略

以 IRP、IRI 为指导，规划建设企业数据资源中心，统一数据环境，实现对企业所有数据资源集中管控，为应用提供统一数据服务。在 EPBP 推广建设阶段，完成当期应用所需历史数据治理迁移，开展新数据同步，实现新老数据融合；EPBP 应用后，分批完成历史数据治理迁移，规范扩展勘探开发及其他业务，逐步做实企业数据资源中心，推进企业级业务协同应用。

4.1.2 应用平台建设目标

在数据资源中心之上，总体规划分公司六大业务平台，即综合研究设计、石油工程管理、气藏动态分析、生产安全监督、行政、经营管理平台。

4.2 历史数据资源整合

EPBP 推广应用阶段，信息资源整合集成的基本目标是完成满足当时应用需求的数据迁移与同步，EPBP 与源头采集系统双轨运行不超过 1 个月。

4.2.1 厘清资源家底

仔细梳理、统计企业层面信息资源建设和应用详细情况，包括已建多少数据库、应用系统，在建多少数据库、应用系统。对数据库要求包括库名称、管理软件及版本、部署环境、数据源头、数据量、数据字典、管理单位、支撑的系统等详细信息。对应用系统要求包括系统名称、主要功能、主要用户、数据库、部署环境、应用频度、管理单位、开发公司等详细信息。经清理，分公司当时已建在用数据库有 21 个、应用系统 22 个。

4.2.2 明确具体目标

应用系统集成：信息资源整合通常以应用系统集成为基础。通过对 22 个应用系统的功能全面分析，决定将 7 个系统直接关闭，14 个系统按企业七大应用平台实施功能集成，1 个系统暂由资源中心推送数据。

数据资源整合：根据应用集成需求，对数据库开展全面对比分析，决定将 3 个数据库直接关闭，4 个数据库同期整合，考虑到整合难度和时间，其他 14 个数据库采用实行暂时集中管理共享、择机整合的中期策略。

4.2.3 组织实施

由于应用系统的管理部门多、参与开发公司多，数据库数据质量参差不齐，要与 EPBP 统一元库、编码，应用改造和数据迁移工作量巨大，要跟上 EPBP 上线节点，时间非常紧。共有 11 家技术服务公司组成若干项目组投入整合集成，由信息中心组织协调、5 个业务部门保障配合，强力推进实施。为保质量、抢进度，采取了多种措施：如每个项目组设专职联络员负责上下沟通，事事有记录；举行周例会，按周总结进展、问题并通报各方，问题定人、定时解决；流程化派单、集中攻关等多项措施。

4.2.3.1 EPBW 的由来

分公司勘探开发历史数据主要存放在一体化库和源头库，两库的设计思路基本一致，按照带一定管理应用（如报表）模式设计，表数量 400 余张；而 EPBP

则是按业务粒度的思路设计，表数量已达 3000 张。显然，两者无法相互整合！为达到整合应用，决定面向应用构建 EPBW，逻辑在 EPDB 之上，按 EPDB 标准先将历史数据规范迁入 EPBW，再将 EPBP 采集的进入 EPDB 的数据 ETL（萃取、转置、加载）至 EPBW。这样的设计既实现了数据资源的整合，也同时满足了应用对新老数据的需求。

4.2.3.2 EPBW 设计

在后期实践中，为提高数据服务效率，EPBW 又被细分为三层：第一层为数据基础汇聚层（ODS），即历史数据迁入层；第二层为业务处理层（DPL），对 ODS 按业务需求进行加工（如求和、求比例等计算）；第三层为综合应用层（DIA），对第一、二层再加工，直面服务请求。根据当时各类应用系统及功能对数据需求的详细描述，系统分析需求中的具体数据项，我们发现，应用需求的数据项比我们想象的数量要小很多，并且意义明确、相对独立。如设计地层与实钻地层对比展示功能，则 EPBW 只包括井号、层位、设计顶深、实钻顶深、设计底深、实钻底深共 6 个数据项。

4.2.3.3 数据迁移

根据 EPBW 标准规范，对历史两库合并整理，统一编码、元库，开展历史数据迁移。EPBP 推广阶段完成了 91% 的数据迁移，余下数据主要为关键数据项缺失、记录不完整及少数需要甄别的重复数据，处理这些数据十分艰苦，但已进入尾声。

4.2.3.4 数据同步

先期的数据同步（ETL）仅从 EPDB 至 EPBW，通过编写存储过程实现，工作量大、容易出错。现在，ETL 通过工具 Powercenter 实现，纵横 EPBW 之间，150 余个 ETL 稳定运行，是数据管理应用的重要工具。

4.2.3.5 数据服务

开展统一服务，实现数据与应用分离、数据资源独立管控是数据资源中心设计建设的基本理念。所有应用规范提交数据需求，资源中心按需设计开发数据服务并交付应用，并持续优化机制、提升服务效率。资源中心目前提供数据服务 400 余项、日均服务超过 100 万次，同时满足了规范数据管理、高效开发应用双重需求。

4.3 新建应用资源整合

EPBP 投入应用近 3 年来，持续开展数据资源统一规划整合，在扩展优化勘探开发业务、提升平台功能的同时，将 IRP/IRI 理论方法坚决地应用到分公司其他信息化项目上，不论项目的专业、大小，必须对信息资源开展统一规划设计，数据资源中心统一管理、全局共享，确保企业级数据源头唯一。从数据元素来看，源头采集数量占应用总量的比例不超过 20%，效果十分显著（表 1）。

表 1　部分项目源头元素统计表

项目名称	EPBP v1.0	工程监督	生产安全监督	物供管理	应急管理	燃气销售管理
基本表（张）	2934	53	19	152	77	93
编码（套）	768	45	18	73	5	10
源头元素（个）	6616	357	260	867	351	709

4.4　推进专业软件成果资源整合

众所周知，油田企业还有一部分非常重要的数据资源，那就是各类专业软件产生的成果数据，而这些成果数据很难及时归入企业数据资源中心。其主要原因是专业软件大多有独立的数据管理体系，软件商通常不提供接口开发信息，特别是国外大型软件。长期以来，我们已习惯、认同了与专业软件的数据的交互模式，尽管效率低、工作量很大。分公司于 2018 年启动 EPBP 与骨干专业软件高效互通机制研究建设，推进专业软件成果整合。

EPBP 与专业软件互通机制建设主要包括两部分内容：一是根据业务需求和专业软件特定要求，将资源中心数据加载至专业软件数据库，完成专业软件数据在线加载；二是将专业软件处理运行成果根据管理要求转存数据资源中心，实现成果数据在线归档，及时共享。目前，已经实现 EPBP 与 Landmark R5000/DSG、Jason8.4 之间高效互联，准备实施与 Petrel、Eclipse 互联。

4.5　数据资源整合成效

通过近四年的坚持和努力，分公司历史数据集中基本完成、源头采集范围持续扩展，数据资源的规模和管控能力不断提高，为业务应用提供丰富、稳定的数据资源。全面实施信息资源整合，彻底变革企业信息化建管模式，成了分公司、乃至中国石化上游板块近年来信息化工作的亮点。

4.5.1　数据资源建管能力水平不断提升

4.5.1.1　彻底解决了数据建设历史问题

一是实现了历史数据整合集中管理：完成一体化、源头、开发、生产运行等 7 个数据库规范迁移至 EPBW，对中国石化集团公司总部推广的计划、地质成果、OA 等库实行集中管理、授权应用，逐库整合工作已经展开。

二是数据源头采集制度得到全面推广落实：分公司制订了以 EPBP 为主的企业数据源头采集标准规范，以及系列保障措施。在管理上将数据采集责任落实到单位、到人，技术上实时监控采录入库数据的时效和标准，迟报、漏报信息及时通报责任人、单位及业务主管部门，全方位保障数据采集及时、准确。在工程量无明显增加的情况下，近三年通过 EPBP 采录的数据量已超过历史总量的 1.5 倍，为业务应用和管理决策提供了丰富的数据资源。

4.5.1.2　建立形成了数据资源管控体系

分公司立足自身特点和需求，着力资源管控和高效利用、扎实推进数据资源整合，在实践中逐步形成了实用的、独具特色的数据资源中心管理与管理体系，简称"12321"体系（图2）。

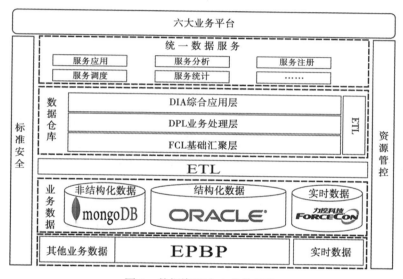

图2　数据资源中心总体架构

"12321"体系：1个采集平台，以 EPBP 为核心的数据采集平台，开展企业数据源头数据采集；2级数据管理，企业数据资源在逻辑上分为业务数据和数据仓库两级管理，业务数据为源头采集、未加工处理的数据，仓库数据为面向应用的数据，或经过多种业务处理，方便高效利用；3类管理工具，结构化、非结构化和实时数据统一目录、分类管理；2套保障机制，EPBP 数据标准与安全，数据采集监控、质量审计、应用授权、运行监控等管控；1种服务机制，统一服务，任何应用需求只能通过服务获取数据。

4.5.2　促进业务管理模式创新变革

基于 EPBP 丰富翔实的数据资源，分公司大力推进六大业务平台建设提升，实施信息化管理创新战略，取得显著成效。以石油工程业务智能管控为例，近年来分公司石油工程业务量快速增长，生产安全形势严峻，传统管理模式所需的人力明显不足，迫切需要新的方式提升工程管理效率和质量，在这种背景下提出开发建设石油工程业务信息化管理平台。平台自 2014 年从钻井、录井现场信息远程传输集中、统一发布应用起步，近年在工程业务扩展、强化甲方管理、提升用户体验等方面持续投入，形成了业务全面、管控到位、自动化智能化水平较高的石油工程业务智能管控平台 1.0。

4.5.2.1 平台主要功能与特点

主要功能，平台目前主要具有 8 个方面功能：（1）全面展示建井信息，包括井身结构、完井管柱、射孔数据、人工井底及井口装置等施工结构图形化展示，设计、实际建井信息对比等详细信息；（2）动态掌握工程概况，集成展示单井基础信息、施工工况、日报、施工队伍及人员资质等信息；（3）实时掌握施工状态，为专业技术人员提供工程、气测、钻井液等施工参数，定向、测录井、试油气等作业实时数据的图形化展示；（4）及时捕获工程异常，根据作业异常标准，结合现场实时数据，系统自动判定并触发技术异常、管理异常，并以现场高音喇叭、短信、移动端推送、邮件提醒等多种方式进行提醒，实现异常全封闭管理；（5）全天候监控现场作业，现场采取"3+1"摄像头配置，关键场景与节点全方位、全天候记录，在线抓违章违纪，历史视频按需存放，关键环节及重点作业视频随时待查；（6）规范指导施工作业，根据时间与业务驱动关系推送岗位作业指导书到基层班组，作业风险、风险征兆、预防措施及处置标准提示，动态开展"三基培训"（基本理论、基本知识、基本技能），促进岗位安全意识不断提升；（7）辅助决策施工方案，基于工程大数据，为管理人员提供按作业层位、所属气田、相邻距离等不同维度，对比分析类似井历史施工记录，为当前施工井提供方案推荐，辅助施工决策；（8）真实还原工程历史，施工作业参数永久存储，现场视频长期保留，随时还原从开钻到交井全过程历史记录，有效辅助事故方案制订、明确事故责任划分、优化提升工程技术。平台的特点体现在两个方面。

第一，业务、信息及管理三位一体。一是集钻井、录井、测井、固井、井下作业及相关业务为一体，以施工作业流程及专业关联信息为基线，分专业、分阶段开展石油工程业务综合管理；二是信息一体化，平台应用的数据不仅有来自 EPBP 的工程施工数据、现场实时数据，还包括地质、设计、分析化验、计划、物资等 20 余项业务信息，全面支持工程业务管理；三是管理一体化，从工程作业管控角度出发，以作业队伍素质要求、施工节点把控、生产安全监管、决策指挥为核心，实现集三基管理、任务管控、安全监管、工程辅助决策为一体的融合管理。

第二，实施开展预警分析。平台结合历史经验对作业参数变化与工程异常的内在关联进行分析，挖掘出具有事故指向的数据变化征候，建立预警模型，目前已建立发布钻井、钻井液、录井、定向、测井、固井 6 专业 135 种预警模型，并通过高性能运算引擎，实时分析、及时预警。

4.5.2.2 应用成效

平台上线以来，应用管控钻井 381 井次、录井 342 井次、试油气 175 井次、压裂 249 井次，广泛应用于 50 多个部门、单位，全过程、全天候、全方位开展业务管控，管理效益、经济效益突出。

首先是实现施工现场"四化"管理，即远程化、协同化、精细化、自动化管理；其次是生产技术管理实现四个提升，设计科学性、施工技术水平、决策科学性、决策时效性得到全面提升；再次促进了"四化"监督，工程监督基本实现远程化、集约化、标准化、立体化监督，工程监督管理模式正在变革；最后是生产安全管理实现三个转变，即事后追责向事前预防、事中管控转变，人工分析向自动化、智能化分析转变，管理正常向管理异常转变。平台应用还带来了工程业务管理成本大幅降低，年节约费用近 5000 万元。

5 对油田企业信息化的认识

本人从事信息化建设与管理工作近 20 年，组织实施过多个信息化项目，深感信息化工作的艰辛和不易。如今，信息化浪潮席卷全球，数字化引领变革创新，石油企业要在中低油价下求生存、谋发展，只有拥抱信息化，加快两化深度融合。然而，油田企业有别于多数传统产业，涉及的专业门类多、业务链条长、油气深藏地下、站场分布偏远、更增添了信息化的技术和管理难度。为此，对油田企业未来信息化提出几点认识。

（1）必须花大力气做出企业级的信息化规划和顶层设计。规划的基础是企业发展总体目标与业务规划，重点在企业信息资源，核心聚焦业务。信息化规划要通过企业决策审定，这是保证企业信息化科学、健康、持续发展的前提，不因企业主要领导的变化和喜好而反复，避免"一把手"工程。同时，要高度重视企业数据资源建设管理，数据是企业的资产，是数字化、智能化的基础，数据为王。

（2）高度重视企业信息化人才队伍建设。油田企业近年来信息化机构缩减，专业人才出多进少，年龄、知识和技术普遍老化，已难以支撑企业未来信息化大场面。就数据而言，要将数据资产管好、用好，必须得是企业自己的人。

（3）要务实对待新技术。云计算、物联网、大数据、移动、互联、人工智能，让人心潮澎湃。然而，由于油田业务数据保密要求，新技术得不到大量数据、案例支撑，鲜有成果落地。个人认为，油田企业以效益为上，暂难驾驭新技术风险，迫切要干的是做实基础，特别是数据基础，静待水到渠成。

新疆数字油田：顶层设计　行稳致远

支志英

中国石油新疆油田分公司

1　新疆油田背景

新疆油田公司是中国石油天然气股份有限公司所属的地区分公司，总部位于新疆维吾尔自治区克拉玛依市，是伴随克拉玛依油田的勘探开发逐渐发展起来的。1955 年 10 月 29 日，克拉玛依 1 号井喷出高产油气流，宣告了克拉玛依油田的诞生，从此揭开了新疆石油工业发展的序幕。1960 年，原油产量达到 166 万吨，占当年全国原油产量的 40%，成为中华人民共和国成立后发现的第一个大油田。

公司主要勘探开发领域在准噶尔盆地，油气总资源量 107 亿吨，其中石油 86.8 亿吨，天然气 2.5 万亿立方米，准噶尔盆地为我国陆上油气资源总量超过 100 亿吨的三大盆地之一。60 多年来，累计产油超过 3 亿吨，为我国石油工业发展作出了积极贡献。

2　新疆油田信息化建设历程

新疆油田信息化建设起步于 20 世纪 90 年代初期。当时，随着油田勘探开发的不断深入和生产规模的不断扩大，新疆油田面临着勘探开发难度越来越大、生产生活区域点多线长、生产数据资料繁多庞杂、人力资源需求快速增长等诸多挑战。为有效应对这些挑战，新疆油田公司将信息化列为与勘探开发同等重要的主营业务来抓，用组织生产的方式开展信息化建设，以期提高油田科研、生产能力，降低勘探风险、缩短建设周期、控制开采成本、创新经营思路、提高管理效率。

新疆油田认为，数字油田就是实体油田在计算机中的虚拟表示，通过在计算机上研究和管理油田，可提高油田的核心竞争力，具体从基础设施、数据建设、应用系统、标准规范、管理体系五个方面安排部署了78项建设任务，目的是达到设施完备、数据丰富、系统集成、标准齐全、制度完善，为油田生产、科研、管理提供全面有效的信息支持。其建设过程经历了全面开展、初步实现和全面实现这三个阶段。

　　1993年起，第一阶段工作的主要内容是将新疆油田从开展油气生产以来的所有数据采集、整理、质检，并录入数据库，为了确保数据的真实准确，光数据整理就做了足足3遍，而且这一做就是7年。直到2000年，大规模数据建设和信息平台的开发才首战告捷。

　　2001—2005年为第二阶段，新疆油田提出三步走工程，分别实现档案资料桌面化、业务工作桌面化、新疆油田桌面化。尤其是2005年，新疆油田建立起以准噶尔盆地空间地理为基础的信息应用系统，将入库数据以地理形态进行展示，覆盖了大部分油田业务，达到了初步实现数字油田的目标。

　　2006—2008年，又相继开展了"数据正常化""系统集成化""生产自动化"三个主题年工作。2006"数据正常化年"，重点是彻底解决数据正常化中存在的问题。要实现数据管理正常化必须做到六个"全"：标准全覆盖，流程全建立，职责全落实，人员全到位，系统全通畅，硬件全配齐。2007年"系统集成化年"，重点抓四个方面的工作：一是统一平台；二是一体化集成；三是数据共享；四是系统全覆盖。2008年"生产自动化年"，重点解决油气生产、集输和储运全过程的监控和分析，实现对油田所有重点站库和要害部位进行监测和监控，把油田整个生产的过程都放到计算机上展示和分析。

　　经过坚持不懈地推进建设，于2008年年底全面建成数字新疆油田（图1）。主要取得了五个方面的成果：一是完成了实体油田和生产过程数字化，将勘探、开发等25个专业类别、覆盖油田地面地下、时间跨度近70年的数据全部整理入库；二是自主研发了由4个基础平台、4个辅助系统构成的油田信息平台，实现了油田业务应用系统的工业化生产和企业级集成应用；三是建立了覆盖整个准噶尔盆地的油田计算机网络，采用有线、无线、卫星等多种通信技术，使油田计算机网络延伸到生产一线，架起了数字化油田的信息高速公路；四是构建了由300多个标准组成的数字油田标准体系，其中80%由油田自主制订；五是培养了一支专业的信息技术队伍，在数据建设、系统研发、网络管理、信息标准等方面，一批骨干人才脱颖而出，成为油田信息化建设的中坚力量。

图1　数字新疆油田门户

3 顶层设计，行稳致远

油田企业的信息化建设涉及面广，环节复杂，必须整体规划、协调建设才能走上一条良性发展的道路。新疆油田在数字油田、智能油田建设过程中十分重视总体规划与顶层设计，事先想好要干什么和怎么干，让建设做到有的放矢、目标明确，少走弯路，减少失误。

3.1 数字油田建设的总体规划

20世纪90年代末，大庆油田和胜利油田率先提出了数字油田的建设目标和体系架构，新疆油田认为，数字油田就是通过各种数据集成，把实体油田放到计算机中，整个油田可以通过计算机呈现出来，可以在计算机中管理和研究油田。数字油田建设从实质上来说是一项企业信息化建设的系统工程，新疆油田公司在2002年提出建设数字油田的目标后，将数字油田建设工程分解为基础设施、应用软件、数据资源、标准规范和管理体系5大类共78项建设任务（图2和图3）。

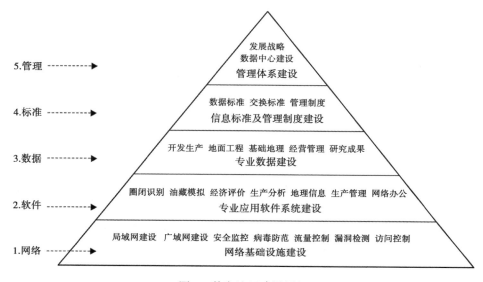

图2 数字油田建设层级

新疆油田信息化建设总体框架

信息基础设施建设	数据建设		信息应用系统				信息标准规范	信息化建设管理体系
			生产类系统		管理类系统	公共类系统		
数据中心基础架构	物探	采油工程	油气勘探信息系统	生产自动化数据管理系统	规划计划管理系统	数字油田信息平台	油田信息标准体系	信息化建设组织体系
局域网改造	钻井	地面工程	油藏评价信息系统	井场数据实时传输系统	人力资源管理系统	数据交换与共享系统	专业数据标准	信息技术支持中心
信息运行监控系统	录井	井下作业	油气生产信息系统	生产指挥调度系统	财务资产管理系统	油田基础地理信息系统	系统应用标准	数据服务支持中心
信息安全系统	测井	生产测试	油藏工程信息系统	油气储运信息系统	物资与电子商务管理系统	油田三维地理可视化系统	基础设施标准	
备份与容灾系统	试油	天然气	采油工程信息系统	项目研究环境数据管理系统	成本信息管理系统	数据仓库与决策支持系统	信息安全标准	
网络视频会议系统	分析化验	规划方案	地面工程信息系统	研究成果数据管理系统	科技信息管理系统		管理与服务规范	
油田生产自动化	设计	基础地理	产能建设信息系统	应急救援信息系统	设备信息管理系统			
无线网络建设	井位		井下作业信息系统	生产信息集成应用系统	安全生产管理系统	5项	6项	3项
电子邮件系统	圈闭		油气井动态管理系统		工程造价预算管理系统			
油田企业信息门户	储量		井筒数据管理系统		市场与合同管理系统			
	图形		物探数据管理系统		办公业务管理系统			
	开发静态		储量数据管理系统		档案管理系统			
10项	开发动态	20项	矿权圈闭数据管理系统	21项	ERP信息集成应用系统	13项		

图 3　数字油田建设工程内容

3.2　智能油田建设的顶层设计

2010 年，新疆油田提出"由数字化向智能化管理迈进"的总体要求，并吸收了 IBM、大庆油田等国内外公司在智慧地球和智能油田方面的理念。

3.2.1　智能油田的概念

世界范围内对智能油田的界定不下几十种，从不同角度有不同的定义，目前为止仍未形成统一的看法。

新疆油田的理解是，智能油田是在数字油田的基础之上，借助业务模型和专家系统，全面感知油田动态，自动操控油田活动，预测油田变化趋势，持续优化油田管理，虚拟专家辅助油田决策，用计算机系统智能地管理油田（图4）。

具体地说，智能油田将借助先进的计算机技术、自动化技术、传感技术和专业数学模型，建立覆盖油田各业务环节的自动处理系统、模型分析系统与专家系统，为油田提供信息获取与整合能力、数据模拟与分析能力、预测和预警能力、过程自动处理能力、专家经验与知识运用能力、系统自我改进能力、生产持续优化能力等，真正做到业务、计算机系统与人的智慧相融合，辅助油田进行科学决

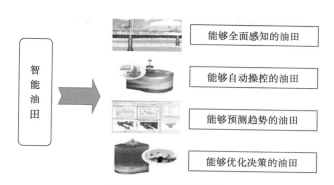

图 4　智能油田的概念

策、优化管理、自动执行、实时监测与一体化协作，实现传感网络的全面覆盖、油气井与管网设备的自动化控制、天然气全网自动平衡与智能调峰、油藏的动态模拟、单井运行分析与预测、生产过程优化、智能完井和实时跟踪、勘探/开发地质研究专家辅助、勘探与产量的科学部署以及可视化的信息协作环境。

　　智能油田应该体现出 6 个特征（图 5），即实时感知、全面联系、远程诊断自动处理、即时预警预测趋势、模拟分析优化生产、虚拟专家辅助决策，从而达到减轻工作量、降低安全操作风险、提高理解能力、提高决策科学性的作用。

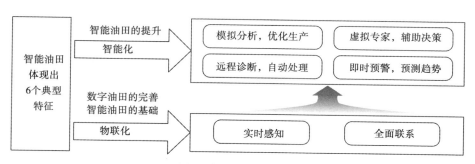

图 5　智能油田的特征

3.2.2　智能新疆油田的目标

　　智能油田建设对于不同的层次而言有不同的建设目标。

　　对于决策层而言，建设目标为提升宏观决策能力，达到建立实时跟踪 KPI 的可视化系统、建立专家系统辅助的决策管理体系、建立快速反应的自动决策系统的目标，从而起到代替对决策执行的跟踪工作，支持部分决策工作，降低决策风险，提高宏观决策能力的作用。

对于管理层而言是提升分析、研究和管理能力，达到建立执行层信息的可视化集成环境、建立跨部门的一体化协作环境、建立基于模型的模拟/预测/优化系统、利用专家经验辅助综合研究与决策的目标，从而起到代替大部分的分析工作，支持部分研究工作，降低管理风险，提高管理决策能力的作用。

对于操作层而言是提升自动处理能力，达到全面监测能力、自动采集/预警/控制/处理、构建共享平台、辅助快速诊断的工作环境的目标，从而起到代替人员大部分操作，减轻人员的工作量，降低操作风险和提高现场决策能力的作用。

3.2.3　智能新疆油田的框架

新疆油田公司自主设计了智能油田框架，称为 IOF（Intelligent Oilfield Framework）。IOF 包括了以下几个方面的内容：建设油田生产 8 个专业应用（战略决策、勘探、油藏管理、生产管理、油气井管理、井场、生产保障、储运）；建立 2 个管理中心（面向管理的一体化运行中心，面向 IT 的基于云计算的数据中心）；升级 3 类基础设施（全面的传感网络、自动采集与控制设备、先进的 IT 基础设施）；创建 3 种协同环境（自动操控环境、主动优化环境、虚拟专家辅助研究环境）（图 6）。

智能油田项目的核心是建设 2 个管理中心，即面向业务应用的"一体化运行中心"和面向信息支撑的"基于云计算的绿色数据中心"。项目建设将按牵头类项目、核心内容项目和基础支撑类项目来分步组织。

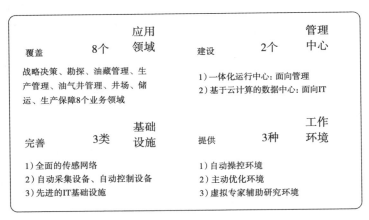

图 6　智能油田业务实现框架

3.2.4　智能新疆油田的实施路线

智能油田建设是一个庞大的系统工程，需要学习吸收世界先进经验和技术，以数字新疆油田建设成果为基础，围绕提升企业的核心竞争能力、促进油气产量规模增长的主题，从油田生产管理的关键环节入手，分阶段按步骤稳步推进。

智能化油田的实施路线，按主题包括先导试验阶段、优化融合阶段、知识管理阶段和综合应用阶段（图7）。具体分为三步走：第一步，建立油田地质模型和生产业务模型体系，实现对油藏和生产过程的自动监测、分析、预警和优化；第二步，建立专家知识管理体系，实现智能化的知识共享和研究协作；第三步，建立综合决策支持体系，实现生产部署、调控的智能化。

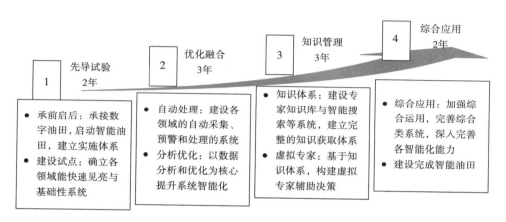

图 7　智能油田实施路线

3.3　规划设计效果

通过智能油田建设，逐步提升油田七项能力，即信息获取与整合能力、数据模拟与分析能力、预测和预警能力、过程自动处理能力、专家经验与知识运用能力、系统自我改进能力、生产持续优化能力。从过程控制、研究管控和决策支持三个层面，逐步建立涵盖勘探、油藏管理、生产管理、决策和生产过程自动控制的智能化应用体系，实现生产过程自动化、科研工作协同化、生产指挥可视化、分析决策智能化。

在智能新疆油田建设整体规划下，我们通过持续不断地学习和创新，分阶段、有步骤地推进智能油田的建设工作，我们称为"8233 工程"，即：建设油田生产 8 个专业应用、建立 2 个管理中心、升级 3 类基础设施、创建 3 种协同环境。

具有全面感知、自动操控、趋势预测、优化决策的油田信息化发展新格局初见雏形。创新性地建立了新疆智能油田理论体系，形成了一系列智能油田特色应用技术。优化了油气生产物联网技术，建立了"两低四新"（低成本、低功耗、新架构、新技术、新产品、新平台）低成本物联网新模式，单井建设成本降低50%。建立了单井问题诊断与优化模型，异常井发现及时率提高90%以上，平均开井时率增加10%。油田大数据分析技术研究取得重大突破，以抽油井结蜡预测分析为先导应用，单井年平均清蜡维护成本有效降低。智能油田建设在油田低成本开发和高质量发展中发挥了重要作用。依托智能油田建设平台，建立了基于云计算的勘探开发协同研究环境，并拓展至工程技术领域，搭建虚拟化云计算网络平台，实现了从多学科串行到交互并行的一体化研究，项目研究效率提高了80%以上，有效助力了玛湖特大型油田发现。

遥看现在的新疆油田，信息系统纵向穿透，横向联合；信息枢纽，聚海量数据于其中，点银屏可纵览东西，决策千里。信息化成果为油田勘探生产提供了强大技术支撑，成为国内石油行业信息建设的旗帜和排头兵，先后入选全国两化融合试点和智能制造示范。

4 新疆油田的未来

作为中国石油工业的长子，新疆油田已经历了60多年的开采，持续17年产量超过千万吨，近年来通过不断的技术创新和信息化建设，展现出了巨大的发展潜力，特别是玛湖十亿吨级砾岩大油田、吉木萨尔十亿吨级页岩油大油田、沙湾凹陷风险勘探重大发现等，使新疆油田跻身中国十大油田之列。

胜利油田勘探信息从数字化走向智能化

梁党卫

中国石化胜利油田物探研究院

1 引言

　　胜利油田的信息工作是伴随着勘探开发业务的深入发展而不断拓展的，而真正意义上的信息化建设是从计算机在油田应用开始的。回顾起来，油田的信息化建设大致经历了三个阶段。第一阶段为信息技术单项应用阶段。这一阶段主要是在"八五"以前。计算机主要是起到了计算工具的效用，主要在勘探开发上用于地震和测井资料数据处理，在生产经营管理上主要用于数据报表的计算机化及简单汇总等。第二阶段为油田信息化建设初创阶段。"八五"期间，油田陆续建立了勘探、开发等系统的专业数据库；部分专业系统亦开始通过电话拨号网络传输数据；胜利油田综合信息网投入运行，计算机管理开始渗透到油田的日常管理之中。第三阶段为油田信息化建设应用于生产经营管理的阶段。"九五"以来，随着胜利油田综合信息网的配套完善，实现了信息传输和数据库的远程应用。胜利油田建立了八大信息系统。高性能计算机应用于油田的勘探、开发，使信息技术在油田勘探、开发工作中起到重要作用。

　　胜利油田勘探信息化是油田信息化建设的缩影。胜利油田勘探信息化是油田信息化的重要组成部分，勘探信息化在油田总体的信息发展框架下开展工作，油田勘探信息工作由勘探主管部门勘探管理中心（勘探处、勘探事业部等）负责信息化的领导和组织运行，勘探相关部门包括物探、钻井、录井、测井、试油、分析化验、综合研究等二级单位。物探研究院其前身是计算中心，原计算中心负责胜利油田计算机技术研发和地震资料处理工作，具有较强的技术力量以及人才队伍，计算中心设有专门的部门负责油田勘探数据库建设。物探研究院在油田勘探信息化建设中发挥了主导作用。

　　在国内数字油田 20 周年之际，本文简要回顾胜利油田勘探信息化建设历程和建设成果，以纪念直接指导油田勘探信息化建设工作的漆明康、刘兰凤、贾书印、西冠唐、贾凤荣等老一代领导以及历届领导同仁为油田勘探信息化持之以恒所作出的突出贡献。

2　勘探数字化历程

胜利油田勘探信息化起步比较早，经过近二十年的持之以恒的坚持和努力，建立了完备的勘探数据库，内容覆盖各区块勘探生产研究和管理决策，开发了成体系的勘探信息应用系统，有力地支撑了勘探业务工作的开展，保障了胜利油田连续 30 年探明石油地质储量一亿吨的勘探任务的完成。

随着信息技术的飞速发展，以及勘探目标全面转向埋藏深、规模小、隐蔽油气藏的特点，油气勘探对信息技术提出了更高的要求。信息技术能够固化经验、引领发展、提升水平，是提高油气勘探水平，提高核心竞争力的重要手段。随着油田信息化的全面发展，油田信息化建设从数字油田快速迈向智能油田建设。

胜利油田勘探信息化以业务驱动为主线，伴随着计算机、网络技术的发展而逐步发展。其主要发展历程大体可分为五个阶段。

2.1　探索阶段（1990 年以前）

胜利油田勘探数据库的建设起步比较早，早在 1976 年就开始以数据文件的形式存放勘探数据。1981 年利用 SOCRATE 数据库存入井位数据、钻井数据、探井试油成果、测井解释成果、岩性地层分层等十几种地质数据，是国内石油行业第一家应用数据库技术的单位，在国内达到领先水平。由于受当时的计算机水平限制，入库数据的种类很少，数据量很小，仅限于单机应用模式。

2.2　大规模建库阶段（1990—1997 年）

进入 20 世纪 90 年代，开始进行系统的勘探数据库设计、建库、管理、培训与应用开发工作。1990 年，在中国石油天然气总公司勘探数据库总体设计的基础上完成了胜利油田勘探数据库总体设计。1992 年，引进了 DEC5240、CD4680 作为勘探数据库服务器。1993 年，完成了数据库的结构定义。1994—1997 年，整理录入自胜利油田成立以来的以井筒数据为主的勘探历史数据。1996 年，胜利油田勘探数据库基本建成。从 1997 年开始，在完成当年新增数据入库工作的同时，开展了勘探图形库、测井曲线库、地理信息库的研究与开发工作。

2.3　自主开发应用阶段（1998—2000 年）

1998 年开发了基于勘探数据库的图文查询系统，建立了勘探事业部网站。1999 年开展了地震数据存储方法研究及建库实验。2000 年，对图文查询系统进行了重新设计，开发了基于矢量图的 KT GIS2000 勘探信息综合查询系统。以胜利油田为主，对原中国石油天然气总公司发布的《勘探数据库逻辑结构及填写规定》进行补充、完善。2001 年 7 月，中国石化股份有限公司组织了验收。

2.4 引进与自主开发相结合，全面支持应用（2001—2010 年）

2001 年，引进了斯伦贝谢公司的地震数据管理软件系统，分批加载地震数据资料及解释资料。2002 年，中国石化项目"胜利勘探数据管理及辅助决策系统"启动。2003 年，发布 KT GIS2000 的替代产品 EIS 2003 软件系统，并推广到江苏油田、中原油田、江汉油田、河南油田、西北局等单位。胜利油田勘探信息网全面改版，通过勘探信息网可以及时查询各类勘探生产动态数据，并进行数据支持服务。2005 年开发了"勘探源头数据采集系统"，实现了勘探生产各类数据从小队、大队、二级单位、局数据中心的逐级采集。2006 开发了"勘探决策支持系统"，改变了传统的工作模式，在胜利油田全面推广应用。2007 年开发了胜利油田"圈闭管理与评价系统"。2008—2010 年完成了重大专项"渤海湾盆地东营凹陷勘探成熟区精细评价示范工程"的"油气成藏过程数模技术研究与应用"课题，研究了地史、热史、油气生排烃模拟的算法以及三维地质建模的关键技术。

2.5 集成整合阶段（2010 年以后）

2011 年启动了勘探信息应用集成系统项目和向智能化迈进，主要解决勘探信息应用系统多、用户体系不统一、功能重复、使用不便等问题。2013 年启动智能油田勘探部分规划的编制，先后开展了数字盆地建设、勘探开发集成服务云平台建设、勘探综合研究智能化应用探索等工作。

3 主要建设成果

在勘探信息化方面，瞄准业务需求，提供专业化的服务，逐步形成了自主品牌新系列技术和软件产品，强力支撑了油田的勘探科研和生产。

3.1 数据建设成果

3.1.1 数据标准建设和数据库建设

信息化建设标准先行，数据标准是最基本的标准。胜利油田作为重要贡献者，参与了原中国石油天然气总公司的标准制订，2000 年在中国石化的组织下制订了中国石化的数据库标准，2005 年形成了基于 POSC 的统一油田数据中心标准。

1989 年胜利油田组织多名专家参加了在大庆油田组织的 CNPC（中国石油天然

气总公司）勘探开发数据库标准的制订工作，1994 年以 CNPC 的标准为蓝本，制订了符合胜利油田实际的勘探开发数据库标准。2000 年，在原 CNPC 标准的基础上，中国石化组织修订了《勘探信息系统数据结构及填写规定》，扩充了测井曲线数据标准，增加了新的分析化验和部分地质录井项目，该标准涵盖七大类结构化数据。2002 年，参照斯伦贝谢标准，制订了《地震数据管理标准》，建立了地震数据库。2003 年，配合中国石化勘探数据源采集项目，勘探处组织制订了《勘探源头采集数据结构及填写规定》，包括物探、测井、油气测试、地质录井、分析化验、岩心扫描等专业，规范了相应源头数据上交的内容。2010 年完成中国石化重点项目勘探开发数据模型建设，基于国标勘探开发信息标准 POSC 建立勘探开发一体化数据模型，实现了油田统一的数据中心，实现了分专业管理到集中管理。

　　由于业务和技术的发展，油田勘探数据标准一直在调整优化，但数据资源建设从未止步，与勘探生产研究保持同步，及时保存各种数据资源，同步支撑油田勘探开发工作开展。实现了每年 140 口探井录井信息、探井试油信息等勘探生产动态信息的及时入库。在勘探成果库建设方面，所有三维采集工区、二维采集工区、VSP 测井的野外采集基础数据，三维处理成果数据，探井地质录井数据、测井原始和成果曲线数据、试油成果数据，分析化验数据，胜利油田东西部所有油气田的储量数据以及储备圈闭基础数据，结构化数据，文档资料全部准确及时入库，成为油田的重要资产和发展的基础（图 1）。

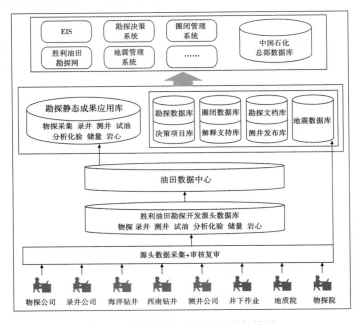

图 1　油田数据中心建设服务架构图

3.1.2　源头采集系统建设

为了实现勘探各类信息从数据的最初产生点，以及向二级单位、勘探数据总库、油田数据中心的传输规范化，同时满足数据采集源点的应用，2003年起，经过三年多的努力，研发了源头数据采集系统体系，包括物探野外施工参数、地质录井、测井、试油、分析化验、岩心图像数据采集六个子系统，并在全油田得到推广应用，实现了油田数据中心数据与油田生产现场业务的同步，促进了油田数据的资产化管理（图2）。

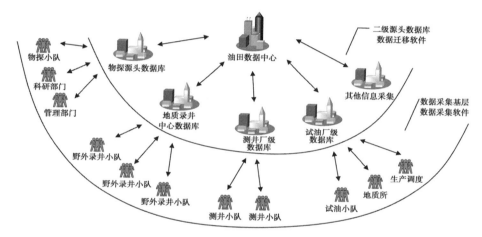

图2　勘探源头采集系统采集模式图

3.1.3　地震资料处理的集群资源管理系统研发

地震资料处理的硬件平台主要是微机群，集群系统是不同时期通过不同渠道引进的，存在着众多商家和管理软件独立运行、管理模型单一、故障节点发现困难等问题，因此开发了集群资源管理系统（图3）。该系统主要有软件配置、集群管理、资源监控和作业调度等四项功能。通过该系统，用户可以通过浏览器实时掌握集群的使用情况，及时处理相关问题，便于日常维护工作。能够对大规模的不同硬件平台、不同操作系统的集群进行统一管理；能够针对集群的使用情况，有针对性地进行资源分配；能够及时定位节点故障，快速解决问题，提高集群的使用效率；数据采集高效、低资源占用率（小于1%）。

3.1.4　支持企业版解释系统应用的大型资源数据共享系统

油田每年投入巨资引进了一系列的勘探开发专业应用软件和配套的硬件设备，但分散的软硬件资源管理与应用模式存在明显的弊端。从2008年开始，开发了专业软件网上共享应用系统（图4），具有软件发布、资源授权、软件申请、

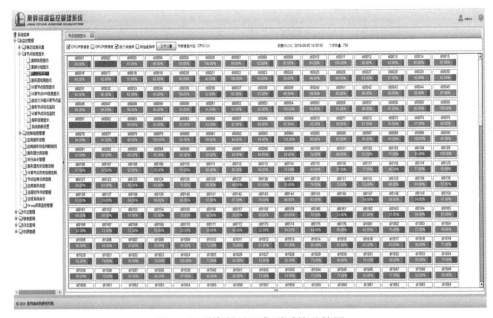

图 3　地震资料处理集群系统监控图

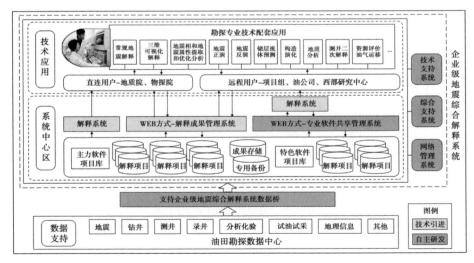

图 4　油田企业版解释系统架构图

软件应用、作业恢复、统计分析、协同工作等功能，主要发布了 Geoframe 4.5、Jason 等主流软件。目前该共享系统已作为研究院、采油厂、油公司等主力企业版地震解释软件远程应用的关键技术支撑，有效实现了软硬件资源的共享应用。

该系统取得了良好的应用效果：突破属地限制，实现资源共享；资源集中配置，形成规模效益；强化技术支持，提升专业化管理；掌握软硬件使用动态，把握配置发展方向。

3.1.5 勘探数据库综合应用系统 EIS

勘探数据大量入库，如何满足生产、研究的需要，是首先要考虑的问题，由此开发了勘探数据库综合查询系统。该系统以勘探形势图作为导航，实现图形和勘探数据的有机结合，以满足专业人员用习惯的方式提供物探采集、地震处理、钻井、录井、测井、试油、分析化验等数据、图形、文档等资料，同时开发了大量的实用工具软件，如坐标转换、统计分析工具。

该系统从 1997 年开始建设，经过 20 多年持续的建设，目前达到 EIS 5.0（图 5 和图 6），系统发布的数据范围、系统功能不断在完善、提升。勘探信息综合查询系统已经在胜利油田石油管理局安装上千套，在勘探科研和生产中得到了全面应用。应用单位包括勘探管理部门、综合研究单位、各勘探生产单位、各采油厂的地质所等。为地震资料解释、地质综合研究、测井综合解释、测井约束反演、地质工程方案设计等工作提供了数据支持。

每年通过该系统访问的勘探数据达数十亿条，该系统已经成为研究人员的基础工作平台。该系统在中国石化下属中原油田、河南油田、江汉油田、江苏油田、西北分公司、南方分公司、中南分公司等七家分公司进行了推广，效果良好。

图 5　最早的勘探图文查询系统界面图

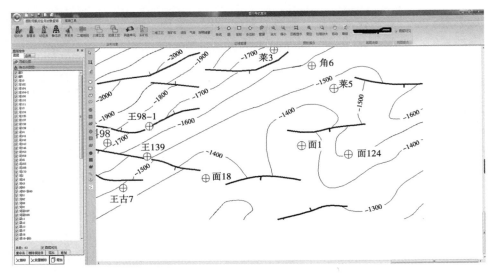

图 6 最新的勘探数据库综合应用系统界面图

3.2 勘探系统建设

3.2.1 勘探决策支持决策系统

　　勘探决策支持系统（EDSS）为勘探井位部署和探井生产运行管理提供全过程决策支持，包括高效支持井位汇报、井位综述、目标确定、井位确定、生产指挥等决策业务（图7）。系统将勘探项目、地震工区、地震数据体、解释成果、井数据等分散孤立的数据有机高效集成，通过电子挂图多屏展示、工区底图导航浏览、地震剖面远程显示、井筒信息综合查询、单井信息集成、地面信息 GIS 导航、地下信息三维可视化等多种展示手段，配合大屏幕数字拼接墙环境，将海量勘探信息实时呈现在决策专家面前。系统自 2006 年开始在胜利油田勘探地质论证会上应用，已成为支持胜利油田勘探井位部署和勘探生产决策的日常工作平台，每年支持探井井位论证 300 多口，支持生产决策 500 多井次。该系统的投入使用彻底改变了"铅笔、橡皮、图纸"的传统决策模式，实现了电子化、网络化的勘探井位部署和生产运行管理，极大地提高了工作效率和管理水平。

3.2.2 油气成藏过程定量模拟

　　基于胜利油田成藏发展的相势控藏、TS 运聚、网毯等理论，通过建立基础的数学模型完成了油气成藏全过程的动态化、定量化的算法模拟，初步研发了以埋藏史、地热史、生烃史和运聚史为核心，以凹陷资源量—区带资源量—圈闭资

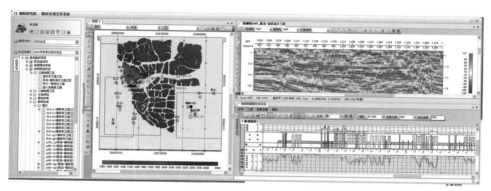

图 7　勘探决策支持系统主要功能图

源量分级评价为目标的油气成藏过程定量评价系统（图 8）。目前，该系统已在胜利油田部分区域试点应用，达到预期效果。

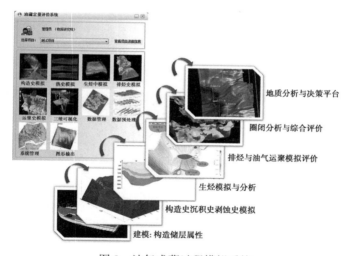

图 8　油气成藏过程模拟系统

3.2.3　地震数据管理系统

　　地震处理数据是野外采集资料处理后的成果，是油田数据资产中最重要的数据之一，因此管理好地震处理数据，并开发出地震数据管理应用软件，是油田信息化的重要工作。2001 年曾经引进了国外的地震数据管理系统，由于软件的功能缺陷以及集成能力、服务能力受限，于是自主开发了地震数据管理系统（图9），在很多指标上超过了国外同类软件。该系统具有数据管理、系统管理、数据查询、实用工具等九大功能。数据管理，实现对地震工区相关数据、数据体、文档的管理；数据查询，以 GIS 方式实现对地震工区各类地震数据的查询，并能显示地震剖面，抽取地震数据体，并以多种方式提供给用户；系统管理，实现用户管理、数据授权、用户审计、数据备份等功能；实用工具，实现一系列工具软件，包括数据体的合并、拆分、工区拐点扫描、数据格式转换、道头信息修改、工区面积计算等功能。在地震数据体的数据抽取和合并技术方面提出了技术攻关。该项目的开发将能够管理各种处理系统所产生的地震处理成果数据，与解释软件实现直接连接或半连接，实现跨工区、多种方式的数据抽取和数据展示（图10），为地震资料处理和解释提供数据支持服务。目前该系统实现了对胜利油田济阳坳陷、准噶尔盆地等地区多个二维、三维地震采集工区的数据进行管理。

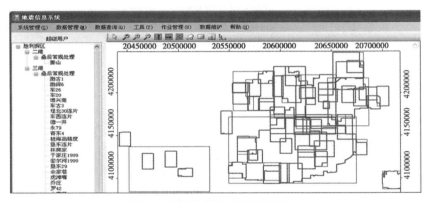

图 9　地震数据管理系统主界面

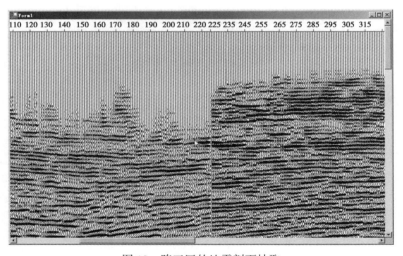

图 10　跨工区的地震剖面抽取

3.2.4　勘探研究成果管理系统

多年以来油田的勘探成果资料没有得到全面的保存和管理，由于种种因素导致大量研究成果丢失，造成很大的经济损失和知识方面的损失。于是，建立了一套适合于科研人员需要的勘探研究成果管理系统（图 11），该系统在完成成果管理的同时，实现成果资料的规范管理、成果共享和继承发展，同时为已有应用系统提供数据支持服务。该系统主要形成了基于 GFDK 的 GeoFrame 项目库直连访问接口，形成了解释项目库直连技术，以及从解释系统项目库中直接提取研究成果数据；实现了以研究专题为主、其他属性为辅的研究成果数据组织方式，并建立了勘探研究成果数据模型；研究了成果管理系统，能够实现研究班组、研究科室、二级单位、局级层面研究成果的多级管理和多级部署机制，制订了油气勘探研究成果管理规范。

图 11　勘探成果管理系统

3.2.5　圈闭管理与评价系统

圈闭是油气勘探的主要对象。胜利油田东部探区已全面进入复杂隐蔽油气藏阶段，勘探目标具有"深、小、碎、隐"等特点，探井钻探成功率具有逐年降低的趋势。加强圈闭评价技术研究是提高探井成功率、实现效益勘探的有效手段。

该项目研究了适于胜利油田东部探区的圈闭评价方法、参数体系和管理办法，建立信息化的圈闭定量评价标准及支持平台。研发了统一的圈闭管理和评价系统（图12），实现圈闭初审、圈闭复查、圈闭储备、重点预探、圈闭钻探等20个管理模块，为圈闭管理的各环节提供了高效支撑，实现了圈闭生命周期的动态跟踪管理，满足了油田圈闭精细管理的要求。研发了基于圈闭的统计分析系统，可根据管理要求快速生成例会要求的10余种复杂图表，为领导决策提供了依据；实现了圈闭含油气性评价、资源量计算和经济评价算法，实现圈闭的排队优选，为领导决策提供依据。

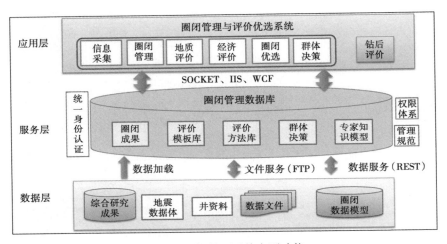

图12　圈闭管理系统主要功能

3.3　数字盆地与协同平台建设

3.3.1　数字盆地建设

盆地分析和评价是油田勘探开发的重要工作，为促进形象直观地分析研究盆地，研发了数字盆地系统，目的是分区带、地区建立数字化的盆地井筒模型和地质模型，逐步汇聚到一个统一的平台里，实现盆地的全信息三维可视化，实现准确、清晰、直观地表达地下覆盖区的盆地结构和油气分布规律（图13）。建模技术、可视化技术、模型分析技术、软件系统实现了多细节层级的盆地建模技术，实现地层、构造、沉积相、断层、储层、物性、圈闭、储量、钻井、录井、测试、试油的三维空间建模技术和多模型空间融合技术以及各种盆地要素的三维空间显示技术。基于盆地地质模型实现空间数据的统计分析工作，包括岩性、物性、含油性。基于盆地模型的有利区预测技术和地质剖面技术，数字盆地软件系统，实现模型的管理、显示、应用。

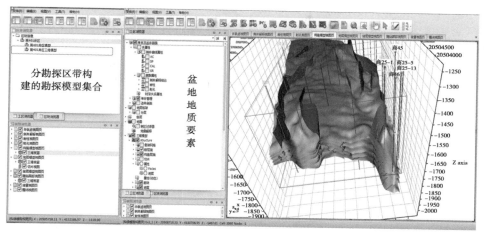

图 13　数字盆地系统盆地要素综合展示

3.3.2　探井在线系统建设

探井的部署与运行管理是勘探主要业务之一，涉及单位多、流程复杂。探井在线系统实现了目标登记、论证部署、井位设计、钻井生产、生产保障、试油完井等各项工作的全流程业务协同，实时监控井位运行动态，集中展示探井资料，方案审批实现数字签名，实现探井从部署到完井的全生命周期的管理（图 14）。

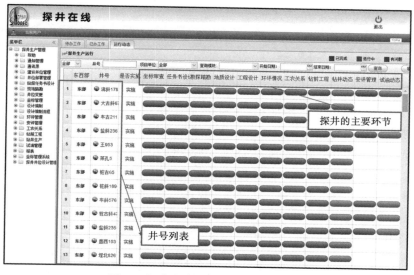

图 14　探井在线探井进展综合展示图

3.3.3　勘探开发集成服务云平台建设

勘探开发集成服务云平台是实现油田企业级系统开发、管理和应用的云平台，支撑油田勘探开发、采油工程、经营管理、生产运行等主体业务统一部署和集成应用，建成了所有应用系统集中管控、授权使用、业务组件共享的应用模式，实现了"一切系统皆上云"，具备按岗定制、应用集成、功能复用、业务协同等应用支持能力；实现了业务组件和技术资源的统一管控，研发了统一软件开发平台，实现了"一切开发上平台"，具备敏捷开发、快速交付的特点，降低建设成本（图15）。构建了"平台+应用"信息化应用新模式，提升信息化管控能力，促进两化深度融合，助推智能油田建设。

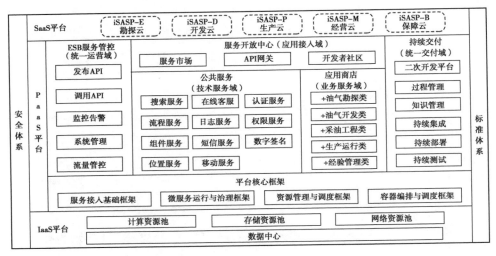

图 15　勘探开发集成服务云平台技术架构图

3.3.4　中国石化 EPBP（勘探开发业务协同平台）在胜利油田的推广

2015 年中国石化总部做出了 EPBP 推广的战略部署，确立"当年见效、三年建成框架、四年基本完善"的推广目标。通过 EPBP 的推广，建成统一的油田板块勘探开发业务管控平台；同时持续完善建设和包装 EPBP，努力将其打造成适应勘探开发业务领域、技术水平高、商品化程度高、具有自主知识产权的中国石化知名软件品牌，积极向中国石化外推广，提升中国石化创新发展的企业形象。

2018 年开始在胜利油田的推广应用，是中国石化 EPBP 第三批也是最后一批的推广工作。EPBP 业务范围涵盖油田的勘探、开发、生产运行等业务，经过2015 年在中国石化西南油气分公司的推广应用，证明是切实可行的。

EPBP 是业务处理平台，其核心是业务，通过系统记录业务过程和结果，实现对报表、查询分析、报告的自动生成与展示，同时支持对业务过程进行管控，与传统意义上的管理信息系统有本质上的不同。主要功能包括：一是提供了业务处理功能；二是提供支撑业务处理所需要的信息；三是支持勘探开发业务的协同工作；四是统一、规范的基本报表；五是提供了支撑生产运行、勘探、开发、工程等业务管理所需的基本应用。

EPBP 的核心是实现岗位业务信息化，定义明晰的岗位职责、任务和业务标准，支撑业务人员完成岗位业务工作并为之提供相关的信息支撑，满足纵向和横向的业务协同工作，适应灵活的业务流程重组。企业勘探开发业务基于 EPBP 运行，各级管理和业务人员借助 EPBP 平台实现对日常业务的规范操作和管控。

EPBP 不只在业务上实现勘探开发协同工作，另外在系统规模越来越大的情况下，在集成化、智能化建设的今天，在更加注重顶层信息化设计和建设的今天，给我们信息化建设带来了理论指导和实践支撑。EPBP 的理论基础就是 IRP（信息资源规划），IRP 对业务梳理、数据分析、系统功能建模、系统数据建模、系统体系结构建模提供了完美的技术支撑，实现油田信息化从整体可控，从而为油田信息系统的管理、升级、继承发展提供支撑。

4 油田信息化发展趋势

近几年来信息技术飞速发展、新技术层出不穷，物联网、云计算、大数据、移动办公技术已日趋成熟，对提升油田勘探开发水平有很大的促进作用。勘探开发信息化应用出现五种发展趋势。

4.1 综合研究虚拟化可视化

在一个虚拟化、可视化的应用环境里，可集中各专业专家就具体问题进行在线讨论，研究视角更加完整。通过集成化的决策平台，使决策信息更加丰富，增强了决策的实效性、科学性，减少了沟通成本，专家知识得到有效的积累和传递。

4.2 决策部署协同化高效化

将地质、井筒、地面、实时信息进行高度集成，构建地质构造、油藏三维可视化地质模型，直观、准确地刻画构造情况和剩余油分布，实现了在"虚拟现实"环境中进行研究、分析与决策，通过人机交互，完成勘探开发方案的编制。比较先进的企业已达到油藏管理的三维实时动态模拟、监视、分析、控制阶段。

4.3 生产管理一体化精细化

跨越时空限制，做到生产现场情况尽收眼底。对生产过程进行实时诊断分析，及时制订措施、调整方案，有效规避各类风险。对生产异常快速反应、科学处置，降低损失。

4.4　业务管理一体化精细化

将业务运转全部通过网上实现，首先，使各项制度通过规范的节点得以落实，真正做到制度 e 化，确保业务操作规范合规；其次，通过网上协作、信息共享提高了业务办理效率；最后，业务全过程得到有效监控，对各业务节点的考核得以量化。

4.5　信息资源集成化共享化

通过勘探开发基础设施云、平台云、服务云的建设，以及全局统一数据中心的建设，实现资源的集中配置、共享使用，极大地提高了资源的服务能力和使用效率。

5　勘探信息智能化

智能油田是在数字油田的基础上，借助业务模型和专家系统，全面感知油田动态，自动操控油田活动，预测油田变化趋势，持续优化油田管理，虚拟专家辅助油田决策，用计算机系统智能地管理油田。我们认为智能勘探就是在数字油田建设中实现勘探业务流程信息化、工作协同化、业务一体化、管理决策科学化的基础上，构建勘探智能元素，形成勘探综合研究、决策支持和勘探管理的智能辅助能力，大幅提升勘探综合研究和决策工作的技术水平。

5.1　数据建设

智能数据关键在于按照数据流转流程，能实现实时智能采集、智能管理，达到智能应用及服务。数据服务要提供多种形式，不仅仅是提供原始数据，而是按照业务主题，提供相关的数据环境，充分利用数据仓库、数据挖掘技术，实现数据向信息、知识的转变。

智能数据建设目标：实时感知、全面采集、集成应用、全面共享。

5.2　勘探生产

通过智能生产的建设，实现勘探生产过程全面信息化、自动化，生产各领域高效业务协同，勘探生产数据全面收集，勘探生产过程中的各类资料第一时间送达各个层面，为研究和决策提供依据。通过智能生产的实施达到清洁生产、安全生产、高效生产、环保生产、低碳生产。

智能生产建设目标：以井筒为中心，实现方案设计最优化、生产过程自动化、关联业务协同化、生产管理远程化。

5.3 勘探研究

智能勘探围绕"勘探部署、生产跟踪、措施优化、圈闭评价、储量计算"等研究业务需求，依托"软件协同和云计算"等先进技术，研发统一优化配置、协同共享应用和智能辅助等功能，在油田智能数据的基础上，构建一个智能综合研究支持平台。

智能研究的智能元素包括：区域勘探经验，针对勘探开发对象，不同研究者的数据分析组合方法，可借鉴的研究成果。用智能元素来连接与展示进行辅助综合研究，并不断丰富智能元素连接的神经网络，起到智能辅助的作用，达到整体提升综合研究技术水平，促进高效勘探。

5.4 勘探管理

智能管理是为了强化勘探开发生产业务运行成效，对管理节点状态检测和预警，设置跳转条件和机制，使管理流程在稳健性、安全性、时效性、运行成效性等方面得到较大提升。

智能勘探管理体系建设目标：通过智能管理的实施，建立一体化勘探的勘探管理信息应用系统，消除传统的条块分割、职能化管理弊端，以工区和探井为主线，实现管理过程全面信息化，支撑管理业务之间高效协作，勘探管理和生产以及研究的协同，实现团队化管理、闭环管理，促进管理的流程再造，运用智能化技术促进管理决策的智能化、最优化、科学化。

6 结束语

油田信息化建设是一项长期性的工作，需要业务来指导，也需要信息技术作支撑。数字油田是油田勘探要素、生产经营全过程的数字化，是促进油田生产经营的数字化转型。智能油田建设是信息化建设从量变到质变的一次跨越，智能勘探注重顶层设计，统一规划，立足油田勘探核心业务，依托计算机和智能化技术，建立一体化的管理研究生产协同工作、智能化平台，实现油田信息从支撑油田发展到引领油田发展的转变，促进效益勘探、高效勘探，为油田发展奠定坚实的资源基础。

中原油田企业级数据中心建设
让数字油田快速发展

郝　宁

中国石化中原油田分公司信息中心

中国数字油田建设 20 年，中原油田企业级数据中心建设的历程，也可以代表中国数字油田建设与发展的过程。现在回想起，每一个建设都很不容易。

1　中原油田企业级数据中心建设历程回顾

1.1　中原油田概述

中原油田位于河南省东北部，是一个具有 40 年开发历史的老油田，除了河南东濮老油区以外，还有四川普光气田、内蒙古白云查干油田两个外部生产基地。中原油田老油区处于开发后期，含水升高，产量接替困难，新区地质情况复杂，自然环境恶劣，开发难度非常高。中原油田面对人多油少的矛盾，为应对低油价对企业生存的考验，"十三五"期间全面开展油气田数字化改造，降低油气开采成本，同时大力开拓外部市场，提供油气工程技术服务。按照企业战略对提高油气采收率、加强地质精细研究、加强生产安全管控的要求，油田信息化部门重点开展了企业数据中心建设，解决数据收集难度大、共享不及时、数据使用困难等问题。通过建设油田企业级数据中心，实现数据资源集中管理，对原始数据实施一次采集、集中管理，结合业务模型体系开展数据资源的全生命周期管理，支撑跨区域的协同地质研究和油气生产的一体化运营管控，有效为油田勘探开发应用提供高效、高质量的数据服务。

1.2 中原油田数据建设历程与阶段

2010 年起中原油田开展了勘探开发源头数据采集体系的建设，实现了源头数据采集一级部署和集中管理。源头采集体系涵盖了物探、钻井、测井、分析化验等 12 类专业，涉及 6 个采油厂、普光天然气分公司、内蒙古采油事业部、天然气产销厂、勘探开发科学研究院、采油工程技术研究院、地球物理勘探公司、井下特种作业处、地球物理测井公司、4 个钻井公司等 24 个油田生产单位，680 个采集点，目前数据总量 2500 万条，日增数据约 2 万条。

2012 年中原油田开展油田企业数据中心建设。结合试点以及前期推广积累的建设成果和推广模板，开展勘探开发核心业务历史数据的清洗和加载，建立企业数据服务框架，实现对原有专业应用及现有局级主要应用系统的数据支持，满足企业数据管理整合和跨专业数据共享的需要。逐步建立起与国际公司接轨的数据管理模式，形成标准唯一、源点唯一、结构合理、上下一致、覆盖油田勘探开发全过程的企业级数据中心。

数据中心建设采用整体设计、分步实施的策略，经历了以下几个大的工作阶段：设计阶段、实施阶段、试运行阶段、上线运行阶段（图 1）。

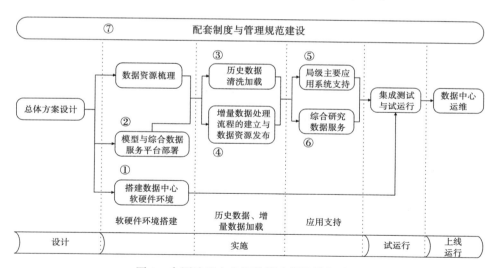

图 1 中原油田企业级数据建设阶段与过程

建设主要包括以下七部分内容：
（1）数据中心软硬件环境搭建；
（2）模型与综合数据服务平台部署；

（3）历史数据清洗加载；

（4）增量数据处理流程的建立与数据资源发布；

（5）局级主要应用系统支持；

（6）综合研究数据服务；

（7）配套制度与管理规范建设。

1.3 中原油田数据建设体系

企业级数据中心建设是一项系统工程，为建成"标准统一、源头唯一、结构合理、上下一致、内外兼有、全面覆盖"的油田数据中心，实现源头数据的齐全、及时、准确采集；实现对企业勘探开发核心业务数据的统一集中管理；实现面向应用系统和大型综合研究软件的集成数据服务，将数据中心建设划分为采集体系、存储体系、服务体系、管理体系和支撑体系，共五个体系，具体如图2所示。

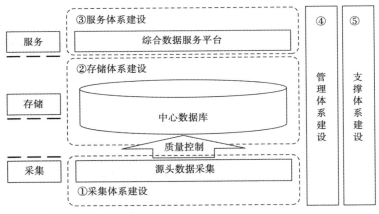

图2 中原油田数据中心建设框架图

1.3.1 采集体系建设

在已实现物化探、钻井、录井、测井、作业、采油、油气集输等生产动态数据，地质、分析化验、图形文档、岩心照片等静态和成果数据的齐全、规范采集的基础上进行完善。通过建立数据质量规范性检查机制，实现每天增量数据的过滤检查，提升数据质量。同时，完成与中心数据库的增量对接工作，保障数据中心数据来源的高质量和稳定通畅。

1.3.2 存储体系建设

应用"中国石化石油天然气勘探开发数据模型标准研究与建设"项目成果，完成企业历史数据资源的梳理和清洗，完成企业原有数据资源与一体化模型的对比映射分析，完成相应业务单元的定义，实现历史数据资源向数据中心的加载，实现企业勘探开发业务核心数据的集中统一管理。

1.3.3　服务体系建设

通过综合数据服务平台，打通现有不同业务间数据交流和信息沟通的渠道，实现跨专业、跨系统的企业级信息共享与应用集成，同时注重油田在用系统的平稳过渡。

1.3.4　管理体系建设

一方面，制订数据中心建设与运行管理规范，配套相应的数据采集、存储与服务审批管理制度，从管理上确保数据中心的健康运行与合理使用。另一方面，统一部署数据中心安全策略，在系统安全方面，配以系统容灾预案。在应用安全方面，建立统一的用户授权、服务授权、行为监控机制，同时配以日志管理，保障数据中心的数据使用安全。

1.3.5　支撑体系建设

搭建数据中心系统软硬件环境，通过中心数据库逻辑设计、物理部署、合理分域、系统软件部署与联调等环节，实现对数据中心稳定运行的支撑，并随着系统负载的加大持续调优。

2　企业级数据中心的价值

通过多年的建设，让我们看到了数据建设的作用与价值。

（1）企业级数据中心的建设，有力促进了油田勘探开发核心业务持续发展。中原油田东濮油田、普光气田、内蒙古油田三大生产基地，随着油田勘探开发进程的深入，所面临的开发难度持续增大。为了保持油田开发水平的不断提高，进行更为深入和精细化的科学研究和经营决策，开展生产全过程的安全管控，都需要数据中心提供更为系统和有效的数据服务和数据支撑。数据中心建设通过勘探开发数据采集、存储、管理、应用的统一规划、集中管理和共享使用，在油田数字化进程中发挥了关键作用，有力支撑了油田高效勘探、效益开发，实现信息化技术与油田主营业务的深度融合。

（2）企业级数据中心的建设，满足了统一的勘探开发数据服务的需求。随着中原油田数据集中的逐步深入，集中了油田大部分的业务数据。数据中心建设充分考虑中原油田数据及服务需求的特殊性，结合已经成熟的数据模型体系，对数据进行统一的集中管理，同时采用数据资源的全生命周期管理，保障数据的"齐、全、准"，数据质量得到进一步提升，为油田勘探开发应用提供集中高效的数据服务。

（3）企业级数据中心的建设，考虑云计算的软硬件部署和服务模式，满足中原油田"三大生产区"地域及业务分布的特点。数据中心建设根据中原油田地域特点，参照企业云计算管理模式，结合中原油田一体化平台构建方案及三大生产基地的职能划分和业务规模，从软硬件资源、数据服务、安全性三个层面分析中原油田三大生产基地各自的需求情况，统一部署，合理调配，实现系统及数据资源的互通共享，在满足各自需求的基础上，最大限度地发挥系统效能。

（4）企业级数据中心的建设，满足了勘探开发核心业务数据资源统一安全管理的需求。油田多年来在生产、科研和经营管理过程中积累了大量的原始数据和成果数据，这些数据是油田的宝贵财富，是企业可持续发展的重要资本之一，主要包括物探、测井、油藏、地质、采油工程以及地理信息等勘探开发数据资源，这些数据长期分散存储在普光、内蒙古、濮阳等多个区域，造成了分专业建库、分区域建库的现状，没有进行统一的安全策略部署，难以保证数据的安全。通过数据中心的建设，统一数据资源安全管理机制，提高数据资源的安全性；建立具备自动恢复能力的异地数据备份与灾难恢复及存储系统，保证数据的完整性和一致性，保障业务应用系统连续可靠运行，防止因灾难性事故造成数据丢失和系统瘫痪，从而实现在企业层面部署统一的安全策略，做到统一授权、统一灾备、统一操作跟踪，保障数据安全使用。

3 油气田数字化、智能化背景下数据中心的架构设计

在低油价环境下，中原油田这样的东部老油田面临着巨大的生存压力，需要在低成本环境下获取更高的油气采收率，企业的改革转型需要借助信息化手段来完成。2013年以来，中原油田加快了油气生产现场的数字化改造，以达到优化劳动用工的改革目标。生产的数字化导致油气生产模式的变革，工业物联网、可视化监控预警、无人机等信息化技术开始广泛使用，传统的老油田随着数字化程度的加快，也在逐步开展智能化的探索和试点，如何更快地推动油田数字化发展，对企业数据中心建设提出了新的要求。

随着生产数据实时采集和网络传输技术的不断发展，数据采集与传输的可靠性不断提升，建设成本逐渐减少，物联网技术和云计算技术越来越多地运用到油气生产中。物联网技术通过各种在线的实时测量感知设备，不间断地采集、传输实时数据，各类硬件设备通过约定的协议进行信息交换和通信，以实现人与物、物与物的信息交互和无缝连接，达到对物理世界实时控制、精确管理和科学决策。云计算技术是一种基于互联网的计算方式，通过这种方式，共享软硬件资源

和信息可以被快速地、按需求地提供。智能化的油气田将运用物联网技术和云计算技术将数据与业务、人员进行跨学科、跨组织、跨地区地整合，形成统一的平台，为油气生产提供更安全、更高效、更科学的决策，为公司带来更好的收益。

3.1 智能油气田数据建设

智能化油气田建设背景下，数据处于基础和核心地位。因为信息系统支撑下的智能油气田业务运作状况是通过信息系统中的数据反映出来的，故数据是企业管理的重要资源，未来也将会以数据资产的形式，提供数据增值服务。因此构建数据架构时，应同时考虑对当前业务的支持和对未来业务的扩展。

3.1.1 数据架构

数据架构包括两个方面的内容，一个是静态部分的内容，一个是动态部分的内容。对于静态部分的内容，重点在于数据元模型和数据模型，而动态部分的重点则是数据全生命周期的管控和治理。因此不能单纯地将数据架构理解为纯粹静态的数据模型。在业务架构中的数据模型分析重点是主数据和核心业务对象，对于智能油气田而言，则是多个业务域，即物化探、井筒工程、分析化验、综合研究、开发生产、地面工程、经营管理、生产辅助、QHSE 等，而应用架构中的数据模型则进一步转换到逻辑模型和物理模型，直到最终的数据存储和分布。

数据分两个层面的生命周期，一个是单业务对象数据全生命周期，这个往往和流程建模中的单个工作流或审批流相关；一个是跨多个业务域数据对象的全生命周期，体现的是多个业务对象数据之间的转换和映射，这个往往是和端到端的业务流程相关。在这里要注意的是，数据虽然是静态层面的内容，但是数据的生命周期或端到端的数据映射往往间接地反映了流程，这是很重要的一个内容。

对于数据架构中的数据流集成分析，仍然应该分解为两个层面的内容，一个是业务层面的分析，一个是应用和 IT 实现层面的分析。前置的重点是理清业务流程或业务域之间的业务对象集成和交互，后者的重点是数据如何更好地共享，实现数据的集成和交互。

3.1.2 数据架构模型

数据架构设计上，应采用 4 层架构模型，分别如下。

（1）企业数据源采集：对各种不同来源的数据（结构化数据、非结构化数据、实时数据、体数据以及外部数据）进行采集、传输。

（2）数据抽取与加工：通过 ETL 过程（萃取、转置、加载），将各种类型的数据转换存储到数据库中，以利于共享和分发。

（3）数据存储与处理：对于传统数据，采用传统的存储方式和处理方式，为业务应用系统提供报表分析、即时查询、汇总统计等服务；对于体数据、非结构化数据，按照需要，通过大数据平台进行处理，提供多维数据分析、预测预警服务等。同时，结合传统数据和大数据融合技术，为物化探、井筒工程、分析化验、综合研究、开发生产、地面工程，经营管理、QHSE、生产辅助等上层应用提供数据支撑。

（4）数据微服务。

3.2 数据服务与难点

数据微服务：利用数据融合处理平台，结合不同业务场景，整合主题数据域，为多样化的业务应用提供数据微服务，包括微服务的创建、编排、分发和反馈。

智能油气田的数据流向还是从企业的数据源采集开始，多种数据汇集到企业的数据中心后，通过上传后抽取，集中融合到统一的云平台存储中。数据处理依托于云平台的数据服务平台对数据进行处理、建模并提供相关的数据服务能力，对外提供给智能油气田的微服务应用。这些微服务应用依据自有的业务场景建立业务应用模型，借助数据服务平台的数据服务能力组件，进行相关功能设计和实现。

在智能油气田数据架构具体落地实施过程中，有如下几个实施难点。

（1）数据标准化：结合未来上层应用的需要，需对现有数据中心的标准定义结构按照业务需求进行转换，考虑到应用的多元化，转换过程中存在着一定的适配难度。

（2）存储异构化：考虑到存储异构化的需求，应从两个层面设计方案，即从不同品牌硬件层面如何设计统一的存储方案，如EMC、HP等；从不同技术层面如何设计异构方案，如大数据、数据仓库、缓存等。

（3）微服务化：在不伤筋动骨的前提下，如何将传统的应用实现业务拆分，进行功能模块化，能力组件化等，最终实现传统应用向微服务化方向的转型。

4 未来发展

信息化建设是当今企业管理水平提升的重要手段，数据资源管理作为信息化建设的基础工程，是企业精细化管理和决策支持的保障。中原油田通过不断地探索，开展企业级数据中心建设，实现覆盖勘探开发、生产管理全领域、全过程的业务数据的集中管理和集成共享，高效、高质量地支撑勘探开发、生产经营跨专业、跨系统的应用，推动数字油田快速发展，为向智慧油气田迈进打下了坚实的基础。

延长油田：小小采油厂见证
中国数字油田建设 20 年

赵小波 肖红卫 强 晓

延长油田股份有限公司信息中心

中国数字油田 20 年，时间快到让我们感觉所发生的一切都是瞬间的事。但是，回顾延长油田数字油田建设之路，还是漫长的。

1 延长油田吴起采油厂

延长石油前身是延长油矿，肇始于 1905 年，1907 年打成中国陆上第一口油井（图 1），开启了中国陆上石油工业先河，为民族石油工业的振兴作出了不可

图 1 中国陆上第一口油井

磨灭的贡献。

中华人民共和国建立之后，随着石油工业重心的转移和国民经济的发展，延长石油经历了 20 世纪 50 年代前的自力更生、埋头苦干（图 2），恢复生产，60—70 年代的艰难探索，80 年代的政策扶持、加快发展，90 年代的多元化开发和 21 世纪以来的快速增长，使企业的原油生产规模、经济实力得到提升和壮大。在延长石油百岁华诞之时，陕北石油企业实现了战略重组，延长石油迈上了持续发展的快车道。

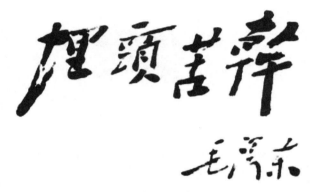

图 2　1944 年毛泽东为延长油矿题词"埋头苦干"予以鼓励

2007 年延长石油原油产量突破千万吨大关，2013 年进入世界企业 500 强。如今已发展成为集石油、天然气、煤炭等多种资源高效开发、综合利用、深度转化为一体的大型能源化工企业。信息化为企业战略转型发展发挥了重要的支撑作用。

吴起采油厂是延长石油旗下最大的采油厂，驻地在延安市吴起县，这块神奇的土地因是二万五千里长征落脚点而闻名。1993 年，为了加快脱贫，响应改革开放号召，县政府成立了"吴起石油钻采公司"，以两口旧井垫底，三孔窑洞起家，拉开了开发石油的序幕，产能从无到有，从几十万吨到百万吨跨越。2005 年战略重组以后，吴起采油厂不断夯实基础管理，依靠科技，强化注水，大力推进数字油田建设与应用，生产规模逐渐壮大，目前年产能达 260 万吨。

同其他油田一样，吴起采油厂坚持做数字化、智能化建设的探索。虽然在国内并不知名，但是，数字油田建设的脚步从未停止。有失败的深刻教训，也有成功的喜悦。吴起采油厂在信息化建设与应用中所走过的路，就是中国数字油田探索发展的缩影。

2 吴起采油厂数字化建设探索之路

　　这是一个真实的故事，也是一个完整的记录。以下为实录吴起采油厂信息化、数字化建设过程中领导更替、组织变化、技术探索、建设与应用的全过程。让读者感受一下中国数字油田在一个最底层单位的探索之路。

　　1995—1997 年：吴起石油钻采公司大开发，依托西安地质矿产研究所和西安地质学院开展地面非地震地球物理勘探找油和地质、油藏研究，经过努力基本摸清了当地所属油田地质情况和储层分布，积累了大量的勘探研究成果和数据。

　　1999 年：吴起石油钻采公司酝酿并成立了信息中心（室），中心（室）挂靠公司办公室，办公室主任兼信息室主任。招募计算机技术人员，启用了会计电算化，公司原油产量 7.51 万吨。当时这里并不知道还有数字油田的提法，但是，已感受到互联网在未来的重要性。

　　2000 年：信息中心（室）2 人上岗，主要业务是计算机文字处理和为公司技术人员普及培训计算机。当年原油产量 10 万吨，被市政府评为技术先进企业。

　　2001—2002 年：办公室、勘探科、开发科相继购置计算机等设备，对外工作汇报已采用 PPT 多媒体。提出了向信息化建设迈进，以信息化促进企业管理现代化的目标，开启了电传对采油队产量报数的实验工作。

　　2003 年：吴起石油钻采公司成立 10 周年，公司组建采油二厂。公司建立内部局域网，办公大楼建成 74 个信息点，当年实现网上办公，带宽 2M。开发完成生产日报、月报软件，基本结束了产量报表靠人工发送纸质报表的历史。完成了地质信息管理系统软件开发；制作了吴起石油钻采公司单位网站。建立财务独立局域网，公司大楼实施视频监控。

　　2004 年：吴起石油钻采公司领导班子调整。在信息中心主持下建立了共大区块基地、长官庙集油站局域网，从此结束了长期使用对讲机报送油井生产数据、传真接收人工输入打印的历史。共大区块基地设立信息站接受各井区数据，输入计算机后网上传入公司平台，公司各位领导和科室每天在客户端浏览、查看生产报表，据测算每年可节约资金近 100 万元。当年采油一厂还完成了吴起全境 3792 平方千米的 1:10000 地形图数字化的电子地图开发，陆续投用了长安大学开发的地理信息系统、地质绘图软件、车辆管理软件、运销存管理软件。

　　2005 年：延长石油集团重组，吴起石油钻采公司改制为吴起采油厂，信息中心（室）正式成立为吴起采油厂信息中心，确定了主管副厂长，任命了信息中心主任。制订了《吴起石油："十一五"信息化建设规划与 2015 年远景目标》，开启了数字油田建设序幕。通过长安大学数字油田研究所的介绍，获得了数字油田的重大讯息。当年在长安大学主导设计下，完成了155口油井的监测监控系统建设。建设了控制指挥中心，可在办公室内实时查看油井电流、电压、荷载、功图等数据和井场视频，并完成油井生产工况的分析，数据采集频率为3分钟。在50个井场、检查站安装了视频监控系统，在4个井区（油田）架设无线网桥，建立井区无线网络系统。购买磁盘阵列：9T。采油一厂信息中心人员增至6人。当年原油产量为56.5万吨。

2006年：网络系统全面升级改造，主干链路全部实现光缆联通；建成投用视频会议系统。由长安大学开发的EIRC（生产管理）系统上线，开始生产数据日报、周报、月报全面上网；EIRC集成了GIS构建生产运行系统平台，将运油车辆纳入全面监管之中。

2007年：由吴起采油厂厂长主持并完成的"油田抽油机无线测控系统研究"项目获延安市科技成果一等奖。原油产量突破百万吨，次年该项目获陕西省科学技术三等奖。吴起油田虽然是一个地方企业，但是，改革开放的思想和心态，让他们敢于引进全国乃至全球最先进的技术与方法，让油田勘探开发出现了巨大突破。特别是在突破延长组开发上率先走出，发现了大面积的长$_6$油层，这是一个了不起的发现。

2008年4月完成了柳沟油田地层三维可视化研究。吴起采油厂领导班子调整，成立了厂数字化建设领导小组，调整了主管副厂长、信息中心主任，工程技术人员达38人。2008年数字化建设主要成果：

（1）建立了统一的井名、井号和层位命名规则；

（2）整合了生产数据的远程录入与传输方式；

（3）整合了油水井生产数据管理平台，全部进入EIRC系统管理；

（4）完成了办公自动化——OA上线运行，"无纸化"办公落实。

2009年：调整了主管厂长。推广应用了集新闻、论坛、公告、视频、协同审批、量化考核、工资查询、分房管理等模块于一体的OA协同办公系统；应用了涵盖计划、销售、财务、人事、物流、仓储、采购、车辆管理、决策平台等模块于一体的ERP系统。采油厂先后安装了540余套油井监测系统，视频监控300余个点。对采油厂合并后的系统进行了全面治理和整合。开启了完整的油田数字化建设实验研究。同长安大学数字油田研究所联合建立油田物联网建设与研究实验基地，双方联合为数字油田及数字吴起采油厂建设发挥作用。

2010年：原油产量实现200万吨。采油厂调整了主管厂长，调整了信息中心主任。在长安大学数字油田研究所帮助下，完成了《吴起采油厂"十二五"信息化建设规划》编制，提出在"十二五"末初步建成数字油田的目标。开发完成了Opdas系统，在原EIRC的基础上，设计研发三层架构的油水井生产数据管理系统，稳定了系统中间层；加强了注水井数据的管理；加强了数据的分析功能等。被评为"陕西省企业信息化建设示范单位"。

采油厂原油生产势头强劲，这得益于采油厂在数字化管理的帮助下，建立了完整的网络体系，提高了工作效率，领导可以远程审批各种请示报告，特别是边远采油队在100多千米以外的深沟里，职工请长假再也不用跑路，只需等待领导在网上完成。

2011年：在长安大学数字油田研究所的帮助下，通过小范围油田区块实验研究，提出了油田物联网建设的"采、传、存、管、用"基本模式。油水井生产数据管理系统（EIRC）第六次升级，同时立项开发勘探开发技术等管理应用系统。

2012年：调整了主管信息化厂长和信息中心主任。圆满完成了30~56站标准化数字化示范井场建设，进一步完善了油田物联网建设的实验研究。同年，在赵老沟、朱寨子采油队规模化启动数字化井场建设。

2013年：对机房和网络环境进行了进一步改造和完善，总带宽达到500M，采油厂办公楼实现WiFi全覆盖。在新寨采油队完成了50口数字化油井建设。

2014年：调整信息中心副主任。数据建设提上日程，计划对全厂近20年的勘探开发数据进行治理，并建立标准化数据库，管好数据，让数据"活"起来。长安大学数字油田研究所"油井专家"第三代研发技术和产品在吴起基地测试，稀土永磁电动机与伺服控制系统实验成功，节电效果极佳，某口油井节电达到78%。总体测试可以获得35%~75%的节能效果；第三代井场综合控制柜标准化实验成功，实行远程控制与本地窗口控制结合，可以定点柔启停、定点定位停机，各种电参数可采集到200个，控制柜实施了强电、弱电一体化控制，为井场标准化和给井场"减负"打好了基础。

2015年：回顾十年的数字化井场建设情况，梳理总结经验教训，尤其是对数字油田建设后期的运维管理工作进行了整理和重新认识，比较完整地提出了数字化井场的建设运维管理体系和后续数字化井场建设的基本原则，规范了数字化井场建设、验收、维护管理等工作流程，进行了数字油田建设后期运维管理工作专项培训，重新颁布了"数字化井场系统设备运维管理制度"。白河采油队"智慧油田"示范区启动建设，进一步落实完善井场数字化，全力推动油田物联网建设。

2016年：油田数字化建设为采油厂扁平化管理改革提供支撑，进一步完善采油厂网络建设，形成了"租赁+自建""有线+无线"的基本网络建设模式，完善了各油区重点办公区域和场站的WiFi网络覆盖，实现了采油厂网络的全面安全监管与监控。对EIRC系统进行了第七次升级完善，基础数据库表格达到830多张、平台模块达到286个，可直接提供决策数据，并实现核心资料安全管理和生产数据全程管理,完成了 EIRC/GIS/RFID 的统一。同时由油田公司注水指挥部承建的单井、多井计量研究实验项目开始实施。探索开展了 300 余口油水井物联网 BOT 模式。

2017 年:调整主管厂长。白河采油队的"智慧油田"示范建设项目全面铺开,至 10 月底完成项目初验并试运行。

2018 年:吴起基层网络延伸与 WiFi 覆盖项目完成了 24 个站点网络建设及 19 个采油队队部、14 个联合站与生产基地办公区域的 WiFi 覆盖。针对采油厂特点和实际,通过企业微信认证实现 WiFi 上网实名管理、定制全厂一体化网络管理平台等手段,确保了网络的安全高效管理。由延长油田公司注水项目指挥部主导的"柳沟注水项目区井场数字化建设项目"顺利完成招标;采油厂申报的胜利山"智慧采油一体化试点项目"顺利获得立项,吴起采油厂井场数字化建设迈上了一个全新的阶段。

3 智慧采油,构建一流

3.1 吴起采油厂是延长油田的缩影

延长油田自从重组后,在油田数字化建设上基本没有停止过,以吴起采油厂为典型案例,可以一斑见豹地了解延长油田这 20 年的数字化建设。可以得出这样几点认识。

第一,自 1999 年数字油田提出来以后,延长油田基本上追随着中国数字油田建设的步伐,一刻也没有停止过。油田物联网建设、数据整治与云计算、全油田地理信息系统、原油生产管理运行平台等全部投资建设,而且不断升级。目前在全油田范围内全部实现了高宽带,采油区队网络全覆盖,数据准时传输到油田数据中心,网络体系、数据体系基本健全,建设完成了数据中心,成绩斐然。

第二,自身存在着人才、管理、认识上的不足,与全国各大油田企业存有差距。为减少差距和解决问题,曾经组团参访新疆油田、长庆油田、大庆油田等先进建设单位,寻求和优秀的大专院校、科研院所合作,积极探索实践,应用前沿技术,部分区域数字化水平达到了同行业水平。

第三,延长油田是一个从低渗透、低产量的小油矿单位化蛹为蝶成为千万吨产油单位,在很多认识与管理上同大型国有企业比是存有差异的,内部成员企业信息化发展也不平衡。行业内相对成熟的技术产品在本地化应用上存有"水土不服"的现象,不能照本宣科。探索最适用、最经济、最快捷的数字化发展之路,一直是延长油田努力的方向。

吴起采油厂是延长油田 20 年数字化、智能化建设的重点区域,由于存在着多厂商、多技术、多期次、多产品、多平台等一系列问题，数据孤岛、建设技术孤岛、信息孤岛等问题一一显现。对此延长油田实施大力度的治理措施，启动编制"延长油田物联网建设标准"，全面、系统地整治这种现象，力求在近两年内取得良好的效果。

3.2 智慧采油，成为一流

数字油田建设，延长油田整体落后于其他国有石油公司。但是，在油井数字化、油田物联网、油藏数字化、云计算、"智慧油田"等方面都做过一些初探。有成功，也有失败。我们总结经验教训，放眼前沿技术，跟踪行业发展趋势，提出了实施"智慧采油一体化"建设思路。

"智慧采油"不同于数字化、智能化采油，这是一个全新的技术方法。"数字采油"偏重于利用数字化的手段，实施数字化的管理，目前最多的就是改变油田生产运行方式，实现无人值守，提高工作效率等。"智能化采油"，主要体现在全面感知，预警预测，趋势分析和智能控制上，很多油田都将这一理念运作在油田物联网的建设上，基本没有达到。

"智慧采油"，需要做到两个方面：一是采油，二是智慧，二者缺一不可。采油过程需要和若干工程、业务、数据相关联，它不是一个孤立的生产过程，而是要同众多的工程、业务、技术、人员关联才可以做好。除此之外，还有众多的数据、参数和问题，如单井"个性化"问题等。这就是"开发生产一体化"，生产过程必须与开发形成一体（图3）。所以，如果说数字采油是为了提高油田生产效率，智能化采油是为了提高油田效益，那么，"智慧采油"就是为了解决油田

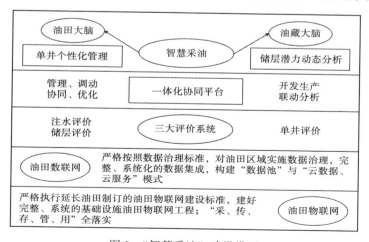

图 3 "智慧采油"建设模型

生产过程中诸多问题相互关联的联动难题，其关键在于以下三点。

第一，必须做好油田物联网建设，这是一个基础设施建设。必须做到实时感知、控制油井的工况。

第二，必须做好油田"数联网"，这是数据建设与治理的过程。要将数据关联起来，构成一个联动的信息系统，如果数据不能做到关联，就做不到业务的关联分析。

第三，"智慧采油"将油井作为管理的中心，要对油井做评价，包括经济评价，然后分类对井做个性化设计、管理和潜质分析，利用"一体化协同平台"实施单井个性化管理；必须将油藏（储层）作为分析的核心，要对储层做全面的评价，包括注水评价，利用"一体化协同平台"实施储层连片分析和潜力分析。

可见，"智慧采油"不是一个简单的信息化建设工程，也不是一个独立的数字化建设项目，而是要将油井开发生产业务、数据等多元技术关联起来以解决油田开发生产过程，实现油田采油过程的高效、低成本、"无人化"的油田生产管理运行模式。

当然，"智慧采油"实施过程并非这么简单，但是有理由相信，根据数字油田建设规律和20年来实践的经验，以及大数据时代先进技术的发展，一定会探索出符合延长油田实际的"智慧采油一体化"新模式。

4 寄语——延长油田美好的未来

"未来已来"，科学技术的发展已经远远地超越了现在这个时代。油田勘探开发技术、油田开发生产技术都在快速地发展，目前很多最先进的开采技术已经出现，如纳米智能驱油技术、地下井中油水分离技术和地下原位改质技术等，这些技术的实现让油田开发生产出现革命性的变化。还比如液压式往复抽油机工艺技术，这是采油领域的重大变革。这些变革让我们对未来油田充满期待。

油田数字化、智能化建设如何适应这一变化的过程？数字油田不仅要跟着油田技术的革命走，还要迎头赶上超越油田技术、工艺的变革走，让它们成为油田创新的工艺技术与方法。在今天看来，我们还是很有信心。在未来几年中，"智慧油田"建设将给油田装上"智慧的大脑"，油田工艺技术的发展与革新将融入一起，成为"两化"融合的典型代表，我们相信一定会到来。

吴起采油厂，仍然是延长油田最大、最有实力的采油厂之一，20年数字化的演化过程，让我们看到了一个数字油田嬗变的过程，相信吴起采油厂会继续完整地记录着他们建设与发展的过程，继续成为中国数字油田发展与建设的缩影。

中国数字油田20年，吴起采油厂数字化建设20年，都是辉煌发展的20年。

深化物联网技术应用　助推老油田地面系统提质增效

刘志忠

中国石油大港油田信息中心

　　大港油田勘探开发建设始于 1964 年 1 月，勘探开发面积 1.8 万平方千米，是开发了 50 多年的老油田。面对低迷的国际油价、复杂的地下情况、增长的开发成本和严峻的环保形势，大港油田始终坚持以信息技术助推油气生产业务提质增效，实现可持续发展。经过 10 多年的摸索与实践，先后形成了油田地面数字化建设的"港西模式"和"王徐庄模式"，实现了生产方式转变，提高了劳动生产率，提升了油田管理水平，降低了油气生产成本，取得了显著的经济效益和社会效益。借着中国石油对油气生产物联网统建工程整体部署的东风，大港油田也将作为试点工程的一期建设，对准了以采油一厂、二厂、三厂、五厂为主的站库优化简化，贯彻以信息技术助推生产业务，两化融合，升级创业，提质增效，稳健发展的理念。

1　成果创造的背景

1.1　地面工艺优化简化工作的需要

　　传统的油气集输系统主要采用双管集输三级布站的集油工艺流程，但随着进入中后期开发阶段，采油地面工艺系统规模庞大、腐蚀严重、油水井调整大、负荷不均衡等问题日渐凸现，原有工艺与实际生产现状的不适应性越来越明显。制约油田安全生产与持续发展的现实瓶颈问题主要表现在以下两个方面：一是地面设施老化、工艺技术落后，且油田综合含水率已高达90%，集油和注水系统一直采用三级布站工艺，油井采用双管集输流程，单井计量采取分离器计量，工艺复杂，技术落后；二是地面系统运行效率低、成本高。传统计量站的平均集输半径为0.9千米，系统效率低下，维护工作量大。所以，急需开展地面优化简化工作，以缩减地面系统规模，降低系统能耗，提升安全管控水平。为此开展油气生产物联网技术规模应用，使取消计量间、配水间成为可能，同时以关键技术突破为基础，优化集油和供注水工艺，形成以串接、T接为主的枝状化标准工艺流程，实现一级布站地面建设新模式。

1.2　地面工艺标准化设计的需要

2008年中国石油天然气集团公司全面开展地面系统标准化建设，大港油田坚持标准化设计与老油田调整改造和新区产能建设相结合，按照"三提、两降、一统筹"工作要求，对油气集输、掺水、采出水处理等系统研究形成六类不同功能组合的一体化集成装置系列，缩短了工艺流程，提高了处理效果，解决了传统中小型场站工艺流程长、设备多、占地面积大的问题。在地面工艺标准化建设的同时需要考虑各个装置的自控系统介入能力，在考虑装置在工艺适应性、标准化设计的同时也需要考虑数据采集与控制系统的标准化设计，按照统一的标准实现控制系统的稳定接入，实现上位机的统一管控。

1.3　优化劳动用工的需要

作为老油田，大港油田必然会面临诸如自然减员等用工问题，因此随着地面系统规模的扩大、人员接替不足以及即将面临断崖式员工缺失的困境，大港油田迫切需要采用新的技术手段，实现实质性的减员增效。为此，规模开展油气生产物联网系统建设，降低员工劳动强度、转变生产方式、减少一线用工，在大港油田势在必行。

2　地面数字化建设成果

大港油田2004年开展地面优化简化工作，突破传统的计量及配水方式，开展油水井数字化建设，培育形成了"港西模式"；2008年按照地面工程标准化建设要求，全面完成油水井数字化升级改造，同步开展管道、站库数字化建设；2013年按照试点先行、规模推广、持续优化、深化应用的原则，开展中小型场站无人值守数字化试点建设，培育形成了"王徐庄"地面数字化建设模式。2016年由中国石油统一部署，大港油田开展了油气生产物联网（A11）项目的建设。

建立覆盖中国石油油气地面生产各环节的数据采集与监控子系统、数据传输子系统、生产管理子系统，实现生产数据自动采集、远程监控、生产预警等功能，支持油气生产过程管理，促进生产方式转变，提升油气生产管理水平和综合效益。

遵循中国石油 A11 系统的技术架构和标准，结合大港油田实际，按照"单井—接转站—联合站"一体化的地面集成数字化模式，选择整装油田开展油气生产物联网系统建设，大幅提高了劳动生产率，提升管理水平，有效降低生产成本，实现油田公司可持续发展。

2.1　规模开展油水井数字化建设

油水井数字化是地面优化简化工作的基础，通过实施标准化设计、传感设备升级换代、远程自动调控技术攻关，规模开展油水井生产物联网技术应用，并按照统一设计、集中部署、统一管理、整体推进的建设思路，建设油水井生产采集与管理系统，实现生产数据实时采集、过程实时监控、生产信息集成应用的数字化管理，全面提升了油水井管理水平。截至目前，共完成 4 千余口油井、2 千余口注水（聚合物）井的数字化改造，数字化率达 100%；新建产能井同步实施数字化建设。

大港油田分公司高度重视油水井数字化建设工作，整体部署，有序推进，以技术攻关为核心，以现场试验为载体，通过实施标准化设计、传感设备升级换代、远程自动调控技术攻关推进油水井生产信息采集设施标准化。目前大港油田油井全部实施数字化改造、注水井安装在线远程自动调控装置；新建产能井同步实施数字化建设，数字化率达 100%。自 2014 年起，新建产能井数字化及井场数字化改造均按照 A11 系统建设标准执行。在油水井数字化建设过程中陆续开展以数据采集标准化、注水控制智能化、计量诊断自动化、生产管理信息化为代表的"四化"建设。

数据采集标准化：通过标准化设计实现井场工艺流程的标准化，在此基础上推进现场生产信息采集设施的标准化工作，从外观设计、采集参数、数据传输方式、RTU 功能实现、统一数据落地以及标准数据入库等进行严格的规范，保障了生产信息采集数据的规范管理。

注水井控制智能化：为了进一步深化地面简化优化工作，解决注水井水量调控瓶颈技术，通过动力系统改造、可控精度优化、高效调控、节电优化、参数监控等难点攻关，实现了注水井日注水量远程设定，流量计与流量调节阀自动调节的闭环控制，注水管理从人工调控到恒流配水再到远程自动调控的技术升级，实现了注水量远程设定、自动闭环控制，实现精细配水和精细注水，注水质量及执配率显著提高，提高了注水井精细化管理水平。

计量诊断自动化：开展软件计量技术攻关，形成了适应不同举升工艺的油井在线计量技术。油井软件计量技术的突破，为地面优化简化工作的全面开展奠定了基础。应用泵功图识别技术计算抽油机井油井产液量，通过算法的不断优化调整，计量相对误差控制在 10% 以内。对于电泵井（自喷井）和螺杆泵井：分别应用"差压法""容积法"进行液量计算，通过不断优化计算模型，提高了计量精度，满足了生产管理的要求，实现了计量数据地质与工艺认识的统一。同时根据生产参数对油井生产工况建立科学的分析模型，实现自动诊断，目前实行抽油机井连抽带喷、固定阀卡死、泵严重磨损、抽油杆断脱、气锁、完全液击、气体影响、供液不足、柱塞脱出工作筒、固定阀漏失、游动阀漏失、液体或机械摩阻、泵筒弯曲、泵上碰、泵下碰、卡泵、泵工作基本正常等 17 种，电泵井机组正常运行、电源电压波动、气体影响、泵抽空、供液不足、油井含气、频繁启动、油井含杂质、机组欠载、机组过载、欠载保护失灵、延时太短、负载波动等 13 种工况的自动诊断和预警报警。通过工况诊断，实时发现生产问题，及时进行隐患处置，传统的预防性维护转变为预见性维护，油井日常维护时效大幅提高。

生产管理信息化：在大港油田分公司统一部署油水井生产信息采集与管理系统，实现油水井生产实时监测、统一报警管理、工况即时诊断、液量自动计算，并与 A2 系统集成，真正实现了油水井数据的源头采集，避免了二次录入，降低了基层人员的工作强度，同时促进了油水井自动化系统的应用效果提升。

油水井数字化建设，统一了技术标准、实现了软件量油、注水井远程调控，这是地面优化简化工作实施的关键。生产异常报警、工况实时诊断为油水井故障的及时处理提供了保障，为油水井护理措施及时、有效地开展提供了技术支撑，为各级管理人员和生产人员及时掌握生产动态、提高油田管理水平提供了手段。

2.2 开展管道标准化建设

配套地面管网优化简化，开展管道运行监测、管道泄漏监测和阴极保护等系统建设工作。应用负压波、次声波和体积平衡法监测技术，实现对管道压力、温度、流量等主要运行参数实时监测及泄漏报警。目前大港油田主要油气外输管道全部安装管道运行监控系统。近年来，管道运行监测及泄漏报警系统共成功报警管线腐蚀泄漏、偷盗油事件近 50 次，及时发现，快速处置，既防止了环境污染事件扩大，也减少了油田原油损失。

开展长输管道、集油管网、储罐的阴极保护系统标准化建设，建立阴极保护网络管理平台，实现了阴极保护数据的实时采集、远程监控、工况分析及运行效果自动评价。

2.3　建成"王徐庄模式"及油气生产物联网系统

在王徐庄油田开展"单井—接转站—联合站"整装的地面集成数字化油田示范工程建设，形成了"实时采集、集中监控、自动预警、优化生产"的"王徐庄模式"，实现了中小型场站无人值守，大型场站少人值守，转变了生产组织方式，进一步优化了劳动组织结构，贯彻以信息技术助推生产业务，两化融合，升级创业，提质增效，稳健发展的理念。

按照 A11 技术架构和标准，选择具备条件的整装油田推广"单井—接转站—联合站"一体化的地面集成数字化系统，实现建立中小型站场（接转站、注水站）无人值守，大型站场（联合站）集中管控的少人值守。按照总体规划、分步实施的原则开展油气生产物联网系统建设，开发采油厂级生产管理系统，整合在用自建系统，开展生产管理子系统的定制开发，满足生产管理的需要。

2.3.1　中小型场站无人值守模式

通过完善仪器仪表及现场控制系统，规范数据采集内容，实现生产数据自动采集；完善站内设备的参数调控、远程启停和联锁保护装置，实现生产过程自动控制；配套站内危险气体报警、周界报警、视频监控及声光警示系统，实现生产环境自动监测；按照组态标准模板统一组态，在作业区集中部署生产采集与监控系统，实现生产过程远程监控。这对精简用工形式的工作有根本性的帮助，原负责值守的人员可以解放至其他岗位，也缓解了其他岗位的人员稀缺情况，实现中小型场站无人值守模式。

2.3.2　大型场站少人值守模式

大型场站按照就地控制、总线传输、集中管理的原则进行，统一数据采集标准，完善关键节点数据采集设施，整合各岗位监控系统，实现中控室集中监控；完善、整合各生产环节的自动化采集系统，建设大屏系统，实现中控室统一监控。部署安全预警系统，对重点区域视频监控，实现工艺流程及生产环境预警和报警。由原分散值班、各主要生产岗位 4 班倒、24 小时值班转变为中控室集中值班。

2.4　推进大数据技术应用

生产工况诊断大数据分析技术应用，首先要解决两个方面的问题。

一是，生产数据共享困难，数据价值挖掘不充分，无法有效辅助生产决策。随着地面系统数字化建设的规模开展，现场自动化程度的提高，信息系统的规模应用，地面系统积累了海量的生产数据。但数据未集中存储与共享，且生产管理仍然存在依赖人工经验、采用传统的工作手段开展的问题，数据价值未得到充分挖掘，尤其在设备工况诊断、生产平稳运行及推进本质安全管理方面的应用亟待加强。

二是，应用系统集成困难，无法有效支撑跨部门与个性化应用。多年的建设面向生产管理形成了多个应用系统，信息孤岛严重（图1）。主要问题有：

系统架构差异大，系统之间的集成度不够，无法满足跨部门生产应用；

系统数量多，用户需要进入多套系统应用，不能进行个性化定制；

系统间数据交换困难，大量数据需要人工维护，耗费人力。

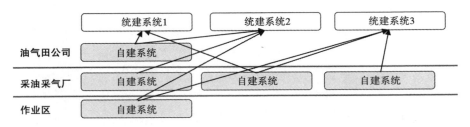

图1　各类应用系统数据调用关系图

解决以上问题，亟须油田生产预警与大数据分析技术：建立单井、管道、站库生产预警模型，开展大数据分析技术研究，提供设备工况智能诊断，提供维护措施建议，预测生产趋势，提供及时报警和快速预警等技术解决方案。同时，亟须油田专业系统建模与数据集成可视化技术：开展油田专业应用系统集成技术研究，能够将各个系统数据中的实时数据、动静态信息及视频信息进行有效组织，根据业务流程建立模型，并能与地理信息系统及三维工艺模型中的工艺单元实现关联集成，提供全面的共享应用服务。

目前，常用的功图诊断方法是基于采油工程理论方法，建立分类规则模型库，通过抽取功图特征参数，与标定的功图作对比分析，及时提供抽油机故障诊断报警。这种方法需要业务专家基于丰富的经验，通过手工调整特征参数以提高诊断精度。传统的采油工程计算方法是通过标准的抽油机井故障示功图特征进行判断，不适用于目前油田生产的复杂性与多样性，以一套标准业务规则为基础，无法完成不同特征表现下的针对性分析诊断，故障准确率低、误报率高（图2）。

针对传统经验参数的工况诊断分析方法，我们开展了基于机器学习的大数据分析方法，实现功图诊断模型的自动优化，将人工规则模型变为机器学习的智能调优模型，通过模型的不断优化，提高抽油机井工况诊断的准确率（图3）。

通过大数据分析技术手段，应用基于图像识别与机器学习技术，直接建立示功图特征与故障的直接对应关系诊断模型，诊断模型随实际样本的增加不断完

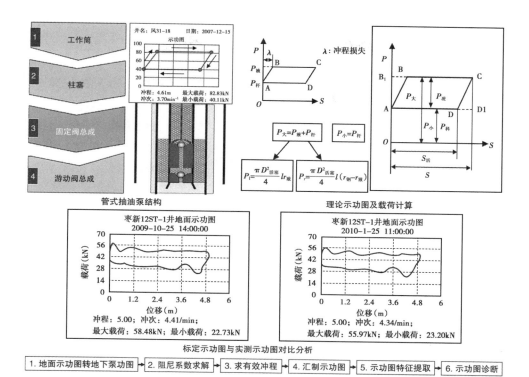

图 2　传统方法抽油机工况诊断计算过程示意图

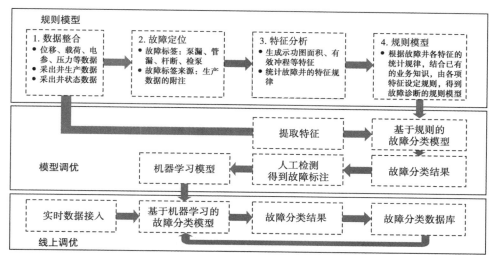

图 3　机器学习方法的抽油机工况诊断实现步骤

善，并随时可以进行干预调整，可进行持续优化迭代，满足抽油机井生产故障的精准识别，对抽油机井泵漏、结蜡、砂埋等故障的提前预知，在故障发展的初期给出故障预警。

为有效识别大港油田抽油机井常见故障特征，采用了图像识别、基础特征学习与特征变化对比3种方法相结合进行建模。

（1）图像识别：通过人工图像识别方法，可以有效识别示功图的肥大、扁平、缺口、杂乱等基础特征，可以有效识别泵卡、结蜡、砂埋或示功图故障引起的功图杂乱，但无法具体区分泵漏、杆断、油管漏等特征一致的扁平功图；

（2）基础特征学习：对示功图原始载荷与位移点分布、功图有效冲程与功图面积特征与故障建立机器学习模型，可以实现不同故障标注与对应示功图特征的关系模型，可以有效识别不同的故障示功图；

（3）特征变化对比：鉴于泵漏、杆断、脱接器开、油管漏或泄油器开几个故障的图像相似性，但在故障功图变化上的差异，针对性建立示功图特征变化对比分析模型，通过故障示功图与正常示功图的变化特征来正确区分以上几种故章。

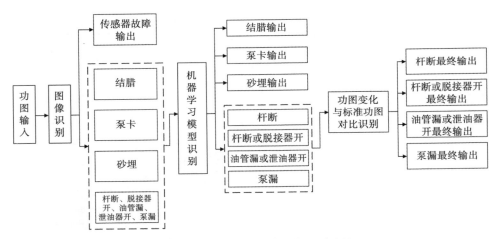

图4　不同工况下分析模型的识别过程

基于知识图谱大数据分析技术的维护措施建议方案：建立抽油机井的维护知识图谱，在故障诊断的基础上，根据特征变化对应历史处理措施、故障的概率，可以最便捷地做出故障处理决策。图5中，根据冲程不变、产液突降的组合特征变化，历史经验中50%进行了憋压处理，根据历史维护措施的成功概率，找到维护成功概率最大的维护方式，建议按照该措施进行维护处理。

基于抽油机井运维场景的需求，可按三层逻辑结构建设维护决策图谱。

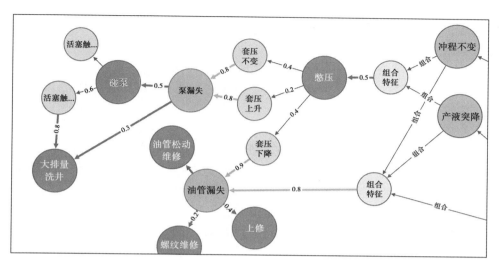

图 5　抽油机井的故障诊断分析及维护知识图谱

2.4.1　故障确认图谱

用于管理故障确认的知识和方法，如怎样通过憋压法判断故障类型。故障分类诊断或预测模型只能输出统计意义上的是否故障及最有可能的故障类型，无法确保每一次预测都准确无误，有必要通过专业知识和经验方法对故障报警或预警进行人工确认。

2.4.2　故障处理方案图谱

用于管理各种故障类型的可行处理方案及历史方案，通过该图谱可以检索指定类型故障使用什么处理方案，历史上分别用过什么方案及其频次。

2.4.3　故障维护决策贝叶斯网

在故障类型、处理方案等常规准静态知识节点之外，引入抽油井工况特征、环境特征、历史处理方案及成效等动态和处理效果反馈信息，构建故障维护决策贝叶斯网络，基于每一次故障类型、工况和环境特征、处理方案、处理效果更新贝叶斯网的概率结构，用于故障报警或预警的自动化最佳处理方案推荐。

基于多元训练参数和自适应快速迭代方法，应用大数据分析技术，依托随机森林分类模型算法，开展抽油机井运行状态智能判断，优化基于传统人工规则的故障分析模型，形成基于知识图谱的机器学习故障分类模型，有效提升了工况诊断的效率和准确性。

2.5　制订标准规范，建立健全运行管理体系

大港油田公司完成了《大港油田公司两化融合体系文件》的换版编制和修

订，自 2015 年 9 月 1 日起正式实施，各油气生产单位结合实际配套制订现场管理制度，为油田数字化建设和运维做好制度保障。如采油三厂提出为切实加强油水井信息采集监控装置的管理，各采油厂针对工作实际完善作业文件，制订了《油水井生产信息采集监控系统管理办法》，规范了仪表"四率"（仪表安装率、数据上传率、数据完整率、仪表完好率）的统计方法和周报格式，为统计分析提供了依据；编制了装置的质量验收程序和记录表单以及现场管理检查考核评分标准，规范基础台账，做到检查考核有依据、质量验收有标准。

同时加强技术标准的制订与实施，2010 年大港油田就制订了《站库自动化系统技术规范》《油水井生产信息、监控系统数据接口要求》等六个企业标准，2014 年根据油气生产物联网建设规定的要求修订形成《站库自动化系统建设与应用技术规定》《油水井生产信息采集设施技术规定》《油（气）水井生产信息采集设施通讯协议合规性监测规定》等三个标准，推进油水井生产信息采集设施标准化建设，满足设备互联互通互换、降低运维成本的需要。

大港油田在以"港西模式"为代表的物联网技术应用基础上，进一步深化应用，开展站库生产信息采集标准化与集成化试点建设，完善地面工程数据采集标准，集中部署生产信息管理系统，促进数据共享与深化应用，建立了自下而上统一的地面数字化软件平台，初步形成了以"单井—接转站—联合站"地面集成数字化系统为代表的"王徐庄模式"，总结形成了涵盖数据采集、系统展示、劳动组织和制度建设等内容的接转站数字化和联合站数字化标准模板，该模式得到了中国石油天然气集团公司领导和专家的充分肯定和高度评价。

大港油田公司编制发布了《大港油田公司两化融合管理体系文件》及地面数字化配套的技术标准、规范，各油气生产单位结合生产实际，建立运维队伍、制订配套的数字化岗位管理规范，保障了地面数字化工作的正常开展和数字化系统的有效运行。

随着地面标准化工作的深入开展，依据中国石油天然气集团公司《油气生产物联网系统建设规定》《油气田地面工程数字化建设规定（试行）》，结合油田公司实际，进一步细化和完善了油水井和站库数字化建设、运行维护相关标准和规范。

3 取得的成效

3.1 地面系统大规模缩减

油井在线监测、液量自动计算及注水井远程在线调控技术的规模应用，使取消计量间、配水间成为可能，确保了地面工程优化简化工作的开展。通过数字化改造，地面系统呈现出工艺简单、自动化程度高、运行成本低和系统效率高的特点，共撤销全部计量间 305 座，配水间 293 座，优化接转站、注水站 20 座，累计减少加热炉、机泵等各类设备设施 586 台（套），减少油田生产管道 2566 千米，取得了显著的经济效益和社会效益。自 2005 年起，油田产能建设未新建一座计量站，管网配套规模大幅减少，有效控制了工程投资，累计节约工程建设投资 7.12 亿元、节约各类费用 11.9 亿元。同时，工艺节点的减少和能耗设备设施的核减，每年可以节约燃油 4563 吨，节气 4110 万立方米，节电 9730 万千瓦·时，原油集输单耗下降 21%，注水单耗下降 9%。

3.2　创新管理模式，实现生产方式转变

通过油水井生产实时监控、中小型场站无人值守建设，实现作业区集中监控，由驻站式管理变为巡检式管理，完全取消夜班人员，减少白班人员，有效降低了劳动强度，提高工作效率；生产决策、动态分析、措施制订由传统的会议模式转变为数字说话、信息指挥的现代化管理模式，决策效率大幅提高；安全隐患的发现与处置由应急救火式管理转变为系统实时报警、及时处置的主动式管理，安全管控水平明显提升。

3.3　优化劳动组织，提高管理效率

通过油水井数字化建设，逐步形成了数据采集自动化、过程控制智能化、生产管理数字化的地面建设和管理模式，促进了劳动组织方式的优化和管理效率的提升。劳动组织由四级管理变为三级管理，生产单位由 43 个采油队减少为 26 个作业区，282 个基层班站减少为 90 个管理组，实现了扁平化管理，优化用工 1902 人，极大缓解了一线用工的紧张局面。开展中小型场站无人值守及联合站少人值守数字化建设，进一步优化了劳动组织结构，仅采油二厂通过地面集成数字化建设，一线用工由原来的 458 人优化至 320 人，优化用工 138 人，减少班组 12 个，进一步优化用工 30%。

3.4　应用信息技术，提高油田管理水平

地面数字化为油水井管理提供了有效手段，助推了老油田综合管理水平的提高。通过地面数字化系统的建设与应用，抽油机纯抽泵效、躺井率、检泵周期、分注合格率、注水系统效率等各项指标均有较大幅度的提高。

4 发展愿景

随着科技的进步和油气勘探开发技术的提高，油气田企业从局部生产优化向全局优化成为必然，应用物联网、大数据和云计算等先进的技术开展智能油气田建设，推进了面向油气藏动态跟踪研究、单井实时分析优化与管网平稳运行的高效管理与智能决策技术的落地，支撑油气田企业实现效益开发。基于一体化资产模型之上的智能油气田建设，将为勘探开发一体化、地质工程一体化、技术经济一体化的创新管理模式奠定坚实的基础。应用物联网技术实现油气生产过程的全面感知、远程操控，能够最大程度地降低劳动强度、提升效率，降低用工成本，有效应对断崖式减员的矛盾；规模开展大数据分析应用，在分级、分类的管理与技术指标体系建立基础上，应用可视化在线分析手段，能够及时发现问题、洞察原因；规范业务流程，推进"业务标准化，标准流程化，流程信息化，信息可视化、决策智能化"理念的建立，建立全业务流程的协同工作流机制，能够提高管理与决策效率，提升管理水平。

5 结束语

提质增效可持续发展始终是油气田企业追求的目标，充分利用信息技术发展成果，全面实施两化融合战略，打造企业新型能力，是油气田企业发展的必然。油气田企业信息化建设是业务需求驱动的，信息技术的应用需要紧紧围绕这个目标开展，切忌盲目地追求新理念、新技术，实用、适用、成熟、可控才是我们信息技术选型的标准。

关于节能降耗的设想：规模应用物联网技术，实现对配电线路及用电设备的生产参数及能耗的实时监控，实现油田机采、注水、集输、污水处理、掺水、原油稳定等系统的能耗数据监控和诊断预测，在此基础上应用大数据分析技术，通过对工艺系统及设备效率等关键生产参数的优化，推进生产优化，最终实现"计划—跟踪—分析—优化—调整"的油田能耗系统闭环管理。

油田企业信息化建设实践和未来思考

段鸿杰

中国石化胜利油田信息化管理中心

石油作为我国能源体系中的重要一员，是我国现有能源结构下不容忽视的重要战略性资源。随着油气勘探开发程度的提高，勘探开发难度不断增加，生产运行方式面临严峻考验，传统依靠单一学科的技术、人海战术已不足以解决复杂、精细的油气地质问题和生产运行问题。因此，对我国油田信息化问题进行研究和探索，不仅有着重要的理论意义，同时也能够为油田信息化建设实践工作提供必要的指导，故也具有一定的现实意义。

1 胜利油田信息化进展

胜利油田是在 20 世纪 50 年代华北地区地质普查和石油勘探的基础上发现并发展起来的，主要从事石油天然气勘探开发、地面工程建设、油气深加工、矿区服务等业务。胜利油田东部油区主要分布在山东省 8 市 28 县（区），西部油区分布在新疆、青海、甘肃、宁夏 4 个省（自治区），探矿权登记面积 10.36 万平方千米，累计生产原油超过十亿吨，约占同期全国原油产量的五分之一。

1.1 胜利油田信息化发展历程

伴随着油田勘探开发长足发展，胜利油田信息化完成了从单点到综合、从分散到集成的应用转变，信息化与油田勘探开发、生产经营融合程度不断深化，为油田转型升级、提质增效发挥了重要作用。主要经历了四个发展阶段。

第一阶段：单点应用阶段（"九五"以前）。这一时期，计算机主要应用于二维地震和测井资料处理解释工作。从20世纪70年代初，胜利油田就开始应用从法国引进的IRIS60计算机，进行地震资料处理、石油地质储量计算、油气资源评价、测井分析、VSP等工作，并开展勘探数据的管理等工作。先后引进并应用IBM3083、IBMSP2并行计算机及工作站等多种在当时最为先进的计算机和多种国内外处理解释软件用于地震资料处理、解释综合地质研究等勘探工作。

第二阶段：整体推进阶段（"九五"和"十五"）。这一时期，信息技术得到广泛的认同，高性能计算机成为三维地震资料处理解释、精细油藏描述所必不可少的工具，信息化应用逐步向生产、管理领域延伸，实现了科研、生产、经营等业务活动的全面覆盖。开展了勘探、开发、钻井、采油工程地面建设、物资供应、技术检测与标准化、物资管理等八大数据库系统建设，推进了"十条龙工程"，在油田勘探开发、经营管理中发挥了重要作用。2003年明确了"数字油田"战略目标，标志着油田信息化建设进入了从离散到集成、从局部到整体、从简单向深入的转折期。按照整体设计、统一组织、分步实施的思路，2005年ERP正式上线运行，实现了计划、财务、会计、物资、销售等经营业务的一体化管理。

第三阶段：规模化发展阶段（"十一五"和"十二五"）。这一期间，胜利油田加快了信息化建设及应用力度，油田信息化支撑服务能力显著增强。承担了国家863计划"数字油气田关键技术研究"攻关课题，助推了油田信息化从工程实践向理论研究的一次飞跃；完成了勘探开发源头数据采集体系建设，实现了数据一次源头采集、全局授权共享；从全局层面设计并实施了勘探开发工程决策支持系统，彻底改变了传统勘探开发综合研究工作模式；在深入研究国际石油行业数据标准模型的基础上，建成了国内具有自主知识产权的油田企业数据中心，开创了勘探开发数据资源资产化管理的先河；建成国内规模最大的企业级地震地质综合解释系统，实现了400多名勘探开发综合研究人员在线协同工作；开展了油田制度e化工作，推广应用了产能建设、合同、组工、培训、车辆管理、工程监督等管理信息化，跨部门、跨业务的联动和协同能力进一步增强。

第四阶段：协同创新应用阶段（"十三五"以来）。在试点建设的基础上，胜利油田全面推进以"标准化设计、模块化建设、标准化采购、信息化提升"为核心内容的油气生产现场"四化"建设，实现了全部油水井、站库、管线等的生产数据、设备运行参数、设施运行动态等信息的实时采集、及时预警，巡井（线）工、平台值班等工种逐步消失，彻底改变了传统油气生产现场劳动组织运行模式，促进了油田转型升级；推广了中国石化勘探开发协同工作平台（EPBP），进一步提升了源头采集及基层信息化应用水平；启动了"互联网+"行动计划，实现了探井、开发井、重大作业工艺井、物资等方案在线审查、施工动态在线管理、施工过程在线监管。云计算、大数据技术日臻成熟，探索了地震地质储层、高耗水层等智能识别，开展了综治、作业、危化品车辆等重点安全高风险环节视频智能分析，信息智能应用逐步成为主导方向，移动应用逐渐成为主流；创新信息化建设及应用模式，集中集成力度进一步加大，推进信息化"标准化设计、模块化开发、集成化应用、定制化服务"，打破专业界限和系统壁垒，构建信息化新生态。

1.2 胜利油田信息化阶段水平

美国哈佛大学教授理查德·诺兰（Richard L. Nolan）曾在著名的企业信息化管理建设阶段划分理论中把企业信息化管理建设划分为 6 个阶段，通称"诺兰模型"。

第一阶段是初始阶段，计算机主要完成一些报表统计、计算工作，当成打字机使用。

第二阶段是扩展阶段，各种单机版的应用在增加，但出现盲目的采购、开发或购买软件，甚至相互攀比的现象。此时一些成功应用的软件已经代替了一部分手工作业。

第三阶段是控制阶段，企业高层管理人员开始对软硬件购置实施控制，并做出短期的规划。一些职能系统内部实现网络化，如财务系统、人事系统、库存系统等，一些职能系统的中层领导已经能够及时掌握相关信息，制订相应决策，但各种软件之间存在着"部门壁垒""信息孤岛"。

第四阶段是统一阶段，企业努力把机构内部不同的计算中心和处理中心统一在一个系统中进行管理。比如采用统一的数据技术、统一的处理标准，使人事、财务等资源信息能够在企业高层集成共享。但集成各类软件所花费的成本更高，时间更长，系统也不稳定。

第五阶段是数据管理阶段，企业对整个机构的数据进行统一的规划和应用，选定了统一的数据库平台，以及数据管理体系和信息管理平台，使企业内部的业务流、信息流、资金流、物流"四流合一"。各部门（系统）资源整合，信息共享，各层级人员都能及时、全面、准确地掌握和处理企业内部各种信息，迅速制订高质量的决策。

第六阶段是成熟阶段，企业真正把计算机同整个管理过程结合起来，将内部、外部的资源充分地整合、利用，以更加丰富的信息辅助高层决策。

用"诺兰模型"审视胜利油田的信息化水平，基本处在理查德·诺兰所说的第三阶段，并正在向第四阶段的统一期、第五阶段的数据管理期努力。总的来讲，计算机使用的比例较高，但应用的总体水平不高；只能减轻本专业的劳动强度，提高本部门工作效率，但却不能使全系统共享受益；基于大数据智能化应用刚刚起步。所以整合信息资源，消除"信息孤岛"，构建"信息搭台、专业唱戏、公司融入、数据创效"信息化新生态成为信息化管理者迫切需要解决的问题。

2 胜利油田信息化新生态建设构想

2.1 油田企业信息化发展方向

全球的能源结构发生了较大变化，美国页岩气在某种程度上改变了世界能源的供求结构和机制，全球石油市场仍处于罕见的持续供应过剩时期。如何应对油田石油资源短缺、增储上产、降本增效所带来的严峻挑战，是能源企业亟须解决的难题之一，"控规模、保效益、压投资、削成本"已成为未来较长时期石油石化行业共同的战略主线。

信息技术一直是推动石油工业飞速发展的重要的内在动力，信息技术应用已经导致勘探开发领域生产力和生产效率发生过三次主要飞跃。国际上各大石油公司为了提高工作效率，降低生产和管理成本，面向全球及时做出生产经营决策，提高精细和综合地质研究的水平，进而提高企业经济效益和增强企业竞争力，非常重视公司信息化建设，通过应用信息技术实现企业流程再造、变革企业运作方式，建设数字油田或智能油田。从各大国际石油公司提出的信息化战略理念看，虽然数字油田的叫法不一样，如壳牌（Shell）的 Smart Field、BP 的 Field of the Future、雪佛龙（Chevron）的 i-Field 等，但从其内涵上来看，主要围绕以下几个发展方向展开。

2.1.1 综合研究虚拟化、可视化

埃克森美孚利用最先进的地震成像技术，工程师可以在地震数据的 3D 投影中走来走去，通过 3D 指示器（操纵虚拟环境中物体的设备），可以规划出新的矿井，油气储集的效果和变化一目了然（图 1）。在此基础上，提升添加了时间

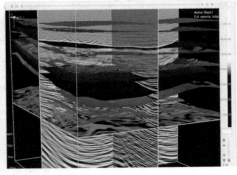

图 1　虚拟综合研究场景

元素，产生 4D 效果。通过汇聚不同月份、不同年份的地震数据，工程师就能追踪油气储集的变化。

2.1.2 决策部署协同化、高效化

集中各专业专家就具体问题进行在线讨论，决策视角更加完整，通过集成化的决策平台，使决策信息更加丰富，增强了决策的实效性、科学性，减少了沟通成本，专家知识得到有效的积累和传递（图 2）。在成藏演化、油藏模拟的基础上，实现勘探开发决策多方案的对比分析，达到决策优化的目的；通过建立优化模型，利用计算机对各类生产参数进行仿真模拟，优化生产运行；利用油藏模型、井模型、集输管网模型、设备模型、石油经济模型等多个模型实现对油藏经营管理的综合优化模拟。

图 2　高效协同工作场景

2.1.3 生产管理远程化、实时化

在生产管理方面，众多的国际石油勘探公司已经跨越时空限制，做到生产现场情况尽收眼底。对生产过程进行实时诊断分析，及时制订措施、调整方案，有效规避各类风险。对生产异常快速反应、科学处置，降低损失。埃克森美孚创建了虚拟钻井中心，壳牌公司建立了实时作业中心（RTOC），各地施工现场数据通过卫星传输到中心，实现对施工项目的实时监控和远程协同会诊，快速拿出最优解决方案，指导现场施工，从而大大降低了事故损失和风险（图 3）。

2.1.4 业务管理一体化、精细化

将业务运转全部通过网上实现，通过企业管理驾驶舱，实现企业经营状况的动态管理、及时预警，为管理决策提供依据；通过细化管理，实现区块效益评价、单井成本核算，大幅提高企业资产的投资回报率。挪威国家石油公司对内部生产经营管理流程进行了全面的梳理和优化，以流程为指引进行信息的有效组

图3 壳牌公司在墨西哥海湾使用水下机器人控制油气生产

织，实现了从勘探到开发直到废弃，所有的生产、运营、设计都在计算机上完成，已经达到了全业务流程管理的数字化，推进业务协同和精细化管控（图4）。

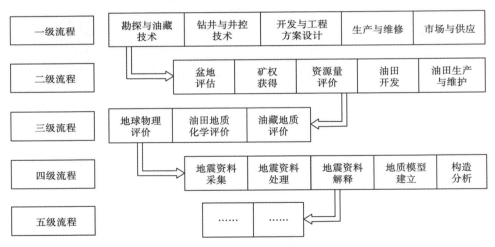

图4 挪威国家石油公司业务流程梳理示意图

2.1.5 信息资源集成化、共享化

通过资源的集中配置、共享使用，极大地提高了资源的服务能力和使用效率，信息安全能力显著提升。挪威国家石油公司、BP、道达尔、雪佛龙、康菲等石油公司都建立起了公司级的数据中心，建立统一的管理和服务平台，实现了数据的资产化管理和集成应用，研究人员不受时间、地域限制可实时进行远程资

料调用和分析。斯伦贝谢、CGG 等公司实施了软硬件装备集中化共享应用，后台软硬件统一管理配置，提高了软硬件资源的使用效率，大大降低了软硬件的维护成本。

我国油田企业越来越受到资源环境制约，开始高度重视节能环保、绿色低碳和循环经济发展，正逐渐从"末端治理"向"生产全过程控制"转变。对于油田来讲，生产过程自动化所追求的目标及作用，主要有 9 个方面：（1）提高生产效率；（2）自动采集生产数据；（3）远程监控生产操作与设备；（4）对有害气体进行监测；（5）防止油气泄漏与污染；（6）通过系统监控与趋势分析实施预防性维修维护；（7）及时提供完善的文件资料；（8）及时调整减少人力资源浪费；（9）远近结合提高最终经济效益。因此从企业信息化管理的要求与油田自动化的作用看，其目标总体上是一致的，而且随着企业管理和决策的发展要求看，生产过程自动化与企业管理信息化的融合越来越成为必然。

2.2 油田信息化架构设计

近两年大型油服公司纷纷把人工智能、数据分析和自动化多个技术领域的优势集合在一起，构建工业互联一体化环境平台。基于海量的数据和云计算，构建多专业可操作、数据共享的平台环境，可以为各专业和各流程的数据、模型和解释建立公共工作空间，将团队、系统、软件、旧数据和新数据输入到该环境中，即可通过融合实现协作效果最大化。

油气工业互联网环境平台真正地实现了多学科的交互融合和勘探开发一体化，打破了各专业领域之间的壁垒，使专业间合作更加紧密无间。类似于操作系统的工作环境，使整个勘探开发流程从过去的线性流程化过渡到基于共同数据与标准的集约化系统模式，不仅节省了各环节衔接所造成的时间与成本损耗、提高系统应对安全风险的能力，还通过开放的工作流促进协同创新，开创了未来油气行业的新纪元。

未来新的产业生态中，大型企业将通过云化向轻资产平台型企业转型，打造行业重度垂直业务平台。其中，PaaS（平台即服务）建设是承上（应用）启下（资源）、促进商业模式转变、加速转型的一环。企业通过构建完整的云计算体系架构（如标准规范、资源管控、服务供应、运营管理等），使信息化发展趋势呈现平台化、服务化、敏捷化、移动化新特点（图 5）。云计算是一种方便灵活的计算模式，利用可配置的资源共享池（包括网络、服务器、存储、应用软件、服务）实现分布式计算、异地存储和使用的服务化，云计算是企业全面数字化转型的重要基础。

胜利油田"十三五"信息化规划可以简要概况为：建设三大智能系统决策支

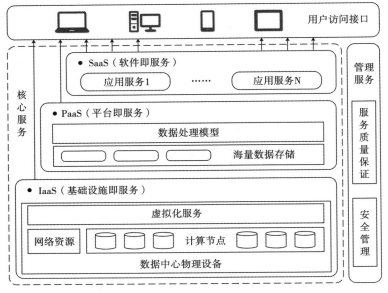

图5　企业云平台架构体系

持平台和一个信息云服务环境。

三大智能系统决策支持平台：包括以模型化、大数据应用为基础的科学决策系统平台，以"管控实时化、运行一体化、分析智能化、应急快捷化、效率更优化"为目标的智能生产指挥平台，以经营业务的全生命周期的"闭环管理"和业务节点有效监管为目的的精细管控优化平台。

一个信息云服务环境：引入平台化理念，信息化技术架构全面向云计算架构模式转变，建立创新敏捷的信息化生态环境，驱动并引领业务创新发展。打造胜利油田统一的信息生态综合应用集成服务云平台（图6），推进软件组件化开发、按岗位定制、系统统一登录，实现软件应用共享、数据服务共享、信息安全可控。

集成服务云平台建设了用户、权限、流程、日志、短信、视频等六大类公共服务，解决了跨应用的消息通信和数据交换的难题，支持信息资源的共享复用和业务协同；实现了业务组件、技术组件等软件资源的统一管理、网络发布、授权共享和效果评价；建成胜利油田统一的软件集成开发环境，固化六大类公共服务和78个技术组件，解决了开发架构不一致、开发周期长、运维成本高、监控审计弱等问题，实现了软件敏捷开发和快速交付；实现了按岗位定制的集成化应用模式，为"一切系统皆上云、一切开发上平台"提供全面解决方案，有效解决了重复建设和信息孤岛等问题。

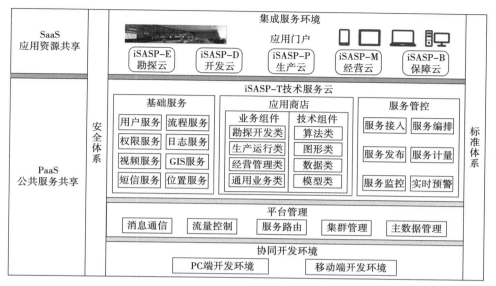

图6 胜利油田勘探开发集成服务云平台架构

3 油田信息化值得关注的技术

从 Gartner 技术成熟度模型可以看到，数字化的生态系统技术正在成熟度曲线上快速移动，机器学习技术和人工智能正走向顶峰，区块链和物联网平台现在已经越过了顶峰，数字孪生和知识图紧随其后，这些技术的应用将使传统石油石化行业发生革命性变化（图7和图8）。国内外石油公司或服务公司在油气技术持续取得新进展，特别是利用信息技术创新方面，主要有地质云、DNA 测序油藏描述、基于机器学习的地震解释、全电动机器人钻井系统、工业互联网环境平台等创新技术。

面对油田企业人多油少、资源接替矛盾突出等困难，将先进的理念、管理模式与信息技术结合，迫切需要以创新发展的思路构建最优的组织架构、管理流程和工作模式，促进管理模式的创新、生产模式的转变、生产效率的提升、劳动条件和强度的改善。就油气行业而言，个人认为以下几个技术方向值得关注。

一是油气生产物联网技术。传统石油行业应用于生产现场的设施设备都缺少智能化功能模块，利用射频、传感、通信等科学技术，来实现对油田、物资、仓库、设备和人员等方面的全面感知是石油行业信息化的基础，反过来进一步促进油田所用设施设备自动化、智能化水平的不断提高。

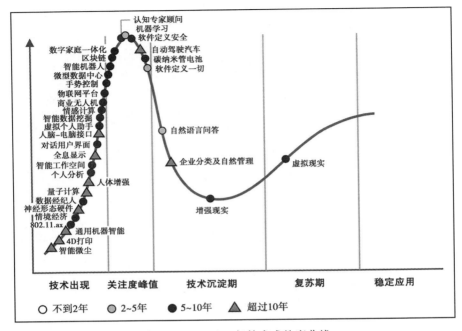

图 7　Gartner2016 年技术成熟度曲线

图 8　Gartner 预测的十大科技趋势

二是基于大数据的智能生产技术。利用功图、工况、视频、温度、压力等数据，实时监控油田生产运行动态，利用数字孪生技术，实现生产现场虚拟现实、生产过程远程诊断、设备预测性维护、视频智能预警、能耗智能管控等，创新传统石油工业劳动组织运行方式。

三是三维地震数据智能解释技术。三维地震勘探方法得到了广泛应用，断层的识别和建模是油气勘探开发中最重要的工作之一，如何利用机器学习实现层位追踪是下一步攻关方向。

四是"数字盆地"及油气成藏模拟技术。利用"数字盆地"身临其境般地观察、分析盆地构造格架和构造之间的相互关系，以及地层格架和地层之间的相互关系，进而开展油气成藏条件和成藏模式分析，以及诸如断层封堵性分析、精细油藏描述、水平井可视化设计和剩余油分布分析等工作，利用三维可视化技术和虚拟现实技术实现综合研究可视化。

五是经营的动态模拟技术。通过资金、财务、人力等经营方面的分析模型，利用数字自愈技术、群智技术等，实现更加直观、多角度地把控整个企业的实际运营情况。同时，企业通过运用该技术能够构建运行预警系统，依据企业经营管理的各项指标，实时监控、诊断企业的经营情况，完善经济运行状态下的动态预警功能，并及时发现和解决经济运行过程中可能存在的问题或矛盾，从而有效提高企业的经济效益。

六是勘探开发决策一体化技术。以最新石油地质理论为指导，充分利用神经网络、人工智能等技术，针对不同勘探阶段和不同勘探对象，设计并建立不同的决策模型。引进以经济评价衡量项目盈利能力的风险决策方法，建立一个包括注采方案调整、储层预测、油藏描述等在内的，融勘探评价、开发评价、工程技术评价、经济评价、投资与部署方案优选和风险决策为一体的快速评价系统。

4 结束语

信息技术革命正迅猛改变人们所生存的社会环境，人类开始从工业社会进入信息时代。信息技术在石油工业不仅作为一项独立的技术而存在，还广泛渗透到石油勘探、开发、生产、经营管理的全过程，成为石油工业发展的基本依据和重要手段。油田信息化技术的应用，能够在关键技术层面与劳动岗位、生产质量以及安全内容相结合，对工艺技术的进步产生推动作用，优化劳动组织架构，同时降低劳动的强度和环保风险，提高了工人的生产效率以及相应的生产管理水平，对总的用工数量进行了控制，达到了低成本开发的目的等，这些内容都是当代油田管理所需要的内容，同时对油田管理现代化的促进也有着十分积极的影响。信息技术正从整体上引导着油田经济和社会发展的进程，将成为石油工业发展的关键因素和倍增器。

5 寄语

高志亮教授希望我在中国数字油田 20 年总结上写点东西，以此作为送给"数字油田在中国"的一个"成人礼"。说实话我琢磨了好久，感觉怎么写也很难表达我的心情。我自 2002 年进入胜利油田博士后工作站以来，一直在油田从事信息化工作，同时也见证了"数字油田在中国"从"星星之火、单点应用"蹒跚学步到"燎原之势、全面融合"快速崛起的成长历程，应该说信息技术逐渐成为企业可持续发展的有力抓手，成为油田高效勘探、效益开发的利器，成为油田企业转型升级、高质量发展的助推器。谨以胜利油田信息化建设的实践和对石油工业信息化发展的思考，作为对"数字油田在中国"的祝愿，愿信息化在油田企业持续发展中发挥更重要的作用，愿从事信息化的同仁们志存高远、再创辉煌。

数字油田之创新

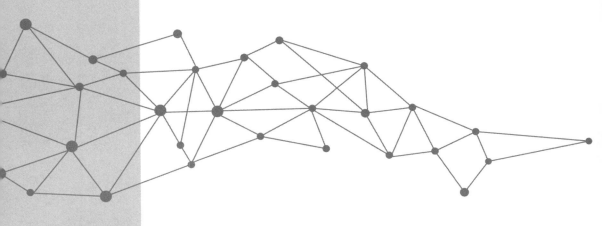

数字油田：新的开始　新的征程

孙旭东

中国石化石油工程技术研究院

1　引言

中国数字油田建设与发展 20 年，在这 20 年当中发生了很多重要事件，也有很多人参与，我作为在数字油田建设与发展过程中参与国家级 863 计划重点项目的研发人员，倍感欣慰。今天，让我代表我们的技术研发团队，针对启动自 2008 年的国家 863 重点项目——"数字油田关键技术研究"的发展历程做思考与总结。感谢长安大学的邀请，使我们能够有机会将这一项目的实施成果与经验进行一次较为系统的整理，同时也将这篇建议献给依旧奋战在数字油田理论与实践中的各位专家，希望能对数字油田的发展提供参考。

863 计划是国家高技术研究发展计划，于 1986 年 3 月，由王大珩、王淦昌、杨嘉墀、陈芳允四位老科学家给中共中央写信，提出要跟踪世界先进水平、发展我国高技术的建议。在邓小平同志高度重视和亲自批示下，该提议经过广泛、全面和极为严格的科学和技术论证后，中共中央、国务院批准了《高技术研究发展计划（863 计划）纲要》。从此，中国的高技术研究发展进入了一个新阶段。在数字油田进程中，中国石化胜利油田非常有幸获得了"数字油田关键技术研究"项目，成为中国数字油田建设与发展中一个重要的里程碑。

2　数字油田理论发展与 863 计划项目的诞生

国内数字油田的概念来源于数字地球，于 1999 年末由大庆油田提出。在随后大庆油田的王权在其研究生论文中对此进行了较为详细的论述，将数字油田整理为广义的数字油田和狭义的数字油田。在数字油田的构想之初，它的概念还比较模糊，但在中国石油、中国石化与中国海油推动下，尤其是大庆油田、新疆油田、胜利油田、长庆油田以及各大学研究机构的共同推动下，数字油田的理论与定义不断丰富。虽然这些定义出发点不同，表述不一，内容亦有所差别，但是都对数字油田的概念进行了细化与扩展。

自 2005 年始，长安大学成立了以高志亮教授为引领的"数字油田研究所"，该研发团队从数字油田的概念体系出发，针对各家的数字油田理论进行了持续的总结、提升与发展。尤其 2009 年以来，高志亮教授引领长安大学数字油田研究所，通过撰写《数字油田在中国》系列专著，有序地阐述了数字油田的概念、业务体系、信息技术、理论发展路线和建设效果评价方法，针对数字油田从总体架构、数据集成、物联网和应用软件展开了研发和实践，有重点地突出了数字油田建设中"服务勘探开发"核心业务的重要理念。

"数字油气田关键技术研究"这一国家 863 计划项目（以下简称"863 数字油田项目"），就是在此基础上形成的一次总结和重要实践。

2008 年，中国石化以蔡希源总地质师带队的立项小组，经过长期的交流研讨与专家汇报，终于完成了项目立项。年中，国家科技部通过了《数字油气田关键技术研究项目立项指南》，随后在多家油田公司参与项目竞争陈述中，以胜利油田为主要成员的项目组，代表中国石化集团公司承担了这一项目的攻关任务。

2008 年年底，以胜利油田张善文副总经理为项目长、油田首席专家赵铭海为技术首席、多个业务部门与大学研究机构参与的研究团队快速组建起来，项目组经过紧锣密鼓的方案设计与开题汇报后，从基础数据与软件平台、数据融合与可视化关键技术、勘探开发应用与实践三个方向，建立了三个研究课题并展开了技术攻关与研发历程。

3 "863 数字油田项目"的重大历史意义

"数字油田关键技术研究"这一"863 数字油田项目"对于国内油田信息化发展意义十分重大，而今，我们从不同的维度来回顾这次大规模的研究工作，可以感受到以下几个方面的巨大变化。

3.1 数字油田关键技术研究在数字油田发展中的地位

3.1.1 行业技术到国家科技战略的层次提升

首先，这是从局部技术研究到系统工程的跃升。

这一项目，是数字油田研究领域的第一次国家级项目立项。这一项目的立项，将数字油田从行业研究层次，提升到了国家高科技领域的层面上，使其在数字油田领域的研究上升到一个新的高度。不仅如此，数字油田由民间、企业一般意义上的应用探索，提升到国家科技核心的关键技术研究，具有往深度上的探索。

其次，这是一次专家智慧的汇聚与碰撞。

项目的研究通过团队与专家的汇聚，实现了理论和技术的汇聚。以段鸿杰为代表的胜利油田信息中心团队，带来了长期大型企业信息化架构设计的丰富经验；以梁党卫、陈历胜为代表的物探院团队，具有勘探数据及软件研发的丰富经验；以卞法敏、屈冰为代表的地质院团队，具有油藏开发决策的长期积累经验；以李洪奇教授为代表的中国石油大学（北京）团队，具有知识管理与智能化的长期研究经验；以刘展教授为代表的中国石油大学（华东）团队，带来了三维地学模型与可视化技术；以王宗杰教授为代表的北京科技大学团队，带来了知识表征与数据服务定制技术；此外，与斯伦贝谢、哈里伯顿等国际油服公司的合作也积累了勘探开发信息建设的科学体系。所有这些理论与技术，得以在项目中汇聚和碰撞，在无数次研讨和攻关中，新的技术方法不断丰富，新的理论体系渐渐成熟。

最后，这是一次发展方向的梳理与统一。

以长安大学高志亮教授、西南石油大学杜志敏教授等为核心的项目督导小组，受国家科技部委托，为项目研究和实施过程提供全过程的审核与督导；胜利油田张善文副总经理与赵铭海首席、隋志强高级专家作为国内知名的石油地质专家，为项目规划了从理论到实践的实施路线。这一系列的组织模式使得项目能够最终以业务核心实现系统科学的规划，从而实现油田信息化技术的一次有效梳理和统一。

3.1.2　实现了数字油田理论与技术体系的系统化设计

"数字油田关键技术研究"作为国家高技术研究发展计划 863 项目（项目编号：2009AA0628），是一个在前人研究成果基础上设计构建、研发集成、业务支撑并起示范应用的项目。作为迄今为止石油行业唯一的国家高技术研究发展计划（863 计划）重点项目，"数字油田关键技术研究"的研究内容包括：（1）建设油气田信息资源集成服务平台，实现多源、异构数据的共享，满足勘探开发专业应用个性化数据服务的需要；（2）建立一套集勘探、开发、地下、地质信息于一体的三维油藏模型数字化描述方法；（3）围绕勘探井位部署及开发方案优化进行示范应用，为数字油气田理论完善和油气田信息化实践提供指导。

2012 年，这一项目基于中国石化数据中心的数据模型，正式完成并推出了统一数据与软件架构，进而形成了油气勘探、开发与工程管理与辅助决策等一系列软件工具。2013 年开始，该项目研究成果与产品在中国石化胜利油田、西北油田、西南油田及北京相关研究院进行了推广应用。此后，研发团队基于这一研究经验编写的《油气勘探数据集成与应用集成》《数字盆地》等系列专著也陆续出版，为国内数字油田的理论建设与实践探索，提供了理论基础与实践经验。

3.1.3　实现了从理论方法到实践活动的循环发展

基于理论上突破的业务落地一直是大型信息项目研究的难点和重点，特别是同油田勘探开发生产进行有力地结合、融合，促进行业发展和企业效益。

"863数字油田项目"是数字油田从诞生到发展，从概念化到理论化，从理论化到实践化的一个过程。国家"863数字油田项目"在理论与技术研发成果发布后，也迅速地应用到油田的勘探开发生产实践中。

项目推广以来，这一项目研究中的新方法、新技术和新产品，从理论到产品，均成为中国石化企业级信息建设的基础理论与应用架构，其理论体系持续发展并开枝散叶延伸到了多个油田的信息化建设中。随着时间的推移，这些技术方法与软件模块不断改进与发展，有些依旧在企业信息框架中起到关键的支撑作用；有些通过不断改造提升，实现了软件产品的技术升级；有些模块突出业务导向，逐步整合并融入明确的业务主题方案中。但无论哪种方式，"863数字油田项目"的研究成果实现了对各油田信息化建设不同层次、不同业务板块有力的、长足的支持。

而基于实践产生的反馈和经验，同时也成为理论体系不断完善和发展的动力，项目的理论设计与实践反馈从而进入一个良性的循环，实现了研究和应用两个方面的不断相互促进和协同发展。

3.2　项目推广应用中经验总结

2019年是项目正式开题的第十年。

由于受到数字油田是新生事物、没有前人探索的历史局限性，当时将其定位在软件开发上，为此，虽然取得了极大成就，但也存在几个问题。在解决这些问题的过程中，我们针对数字油田技术在行业应用的难点进行了总结，这同时也是油田数字化技术及应用软件在推广应用中面临的薄弱环节和普遍问题。

3.2.1　数据问题依然是最为基础、最为关键的问题

数据的采集管理与共享建设是一个不断升级的持续过程。随着国内各油田数字油田理论体系的持续推进，数据管理作为传统信息技术的重要一环，其重大作用重新受到认识。随着行业的技术发展与产业升级，数据管理的职能和重点也在不断变化，这些变化主要来自：（1）不同采集业务和采集方法的不断提升；（2）数据量提升导致管理方法和管理技术的变化；（3）海量数据的管理共享技术的应

用；（4）大量非结构化和实时化数据带来的大数据管理与处理的需求。所有这些，都是数据领域不断产生的新的挑战，这就需要我们企业永远将数据工作作为数字油田技术平台的重中之重来展开。

3.2.2 业务结合点与落脚点的问题尤为突出

数字油田平台的应用必须充分考虑与业务的融合。一个完整的数字油田技术平台往往是基于特定背景和环境下的设计结果，当应用环境和业务特点产生变化时，这种平台往往会水土不服。

关注于问题的解决而不是新技术的应用，这是在长期的数字油田建设中最需要建立的思维模式，也是当前最为普遍的技术应用误区。随着业务服务的深入，我们的油田数字化面对勘探开发细分的无数生产、科研和管理环节，其针对数据处理和分析的工作方法不同，需要具有足够业务深度的解决方案，或者需要针对已有专业软件提供特定的信息化服务支撑。这就要求我们的数字油田技术平台能够深度结合每一个关键角色和关键节点，切入到业务的每一个环节中，从公共层和关键点建立有针对性的解决方案，而这种平淡、普通但极其重要的工作，恰恰是我们数字油田技术发展过程中被忽略的部分。

3.2.3 数字油田技术平台关于其迭代发展的挑战

石油的勘探开发是一个极其复杂的过程，不同油田的业务需求和重心不同，这需要数字油田技术要在"宏观的标准规范"与"微观的技术实践"中做好平衡。数字油田技术架构在具体实施过程中，要考虑不同油田由于历史、地域和地质特点不同带来的运营流程差异。如果核心的服务目标产生变化，整体的应用体系中也应该对应地变动、扩展、调整。

行业技术平台并非一个单一的技术体系，而是要根据行业的生态现状，通过不同层次的业务领域和流程界定，自上而下划分为标准、规范、技术框架、实现方法等多个层次的约束机制。因此，数字油田技术平台的架构迭代发展问题，本质上是根据业务应用需求进行持续改造和不断升级的过程，这种不断优化和迭代，是需要多学科、多技术合作的。这是技术实施过程中的必然，也是一种管理上的必然，更是实施过程中无法跨越的阶段。

4 数字油田发展需求及未来展望

4.1 数字油田理论体系到了重新规划的时刻

我们的数字油田建设，长期以来就是一个科学的架构体系下逐步成长的过程。近年来，随着数字油田建设的蓬勃开展，新技术如何集成应用、新思维模式如何体现、与石油业务如何深度整合等，这些新的问题不断涌现，对以两化融合为重要特征的数字油田理论提出了新的要求。

与此同时，随着石油企业数字油田技术的深入应用以及国际石油行业的形势变化下，非常规油气业务的发展、强烈的成本控制要求、多变的区域业务与工作流程、高效勘探开发的要求等，这些技术与应用环境的变化彰显出数字油田在某些理论领域的空白。

面对这些发展与实践过程中带来的诸多挑战，国际油企已经启动了系列的油田信息化架构设计尝试，如哈里伯顿等公司应用 ToGAF 进行的油田信息化新架构设计，就是在探索一个更为复杂情况下的理论体系设计。是的，数字油田理论体系发展到一定程度，已经远远超出了一个技术框架的概念。我们需要清晰地认识到，数字油田作为上游勘探开发的业务信息化解决方案，已经成为一个复杂的系统，它有业务目标，有价值链，有业务过程，有工作与实现方法，所有这一切需要数据的支持、需要逻辑的整合、需要应用的支持，这些众多的因素，需要通过新的理论方法，分领域、分层次构建一个新的框架体系。

4.2 数字油田需要突出业务价值链和业务融合

美国战略管理学家迈克尔·波特（Michael E. Porter）在《竞争力》中提出了价值链概念，指出行业竞争力不仅是企业单一环节，更是相互依存的各部分形成价值链的能力竞争。置身于石油上游行业中的数字油田技术，其本身就是促进勘探开发各个价值环节的局部能力和整体协作能力的提升，也就是针对整体行业价值链的提升方法。因此，数字油田的生命力，就要将业务需求作为核心，融合到业务点和业务价值链中去，通过促进整体价值链的流转发挥其作用。

我们需要改变以信息技术应用为出发点的思维方法，从业务角度来明确需求、建立方案、解决问题。过去，我们关注于数据架构、应用架构和技术架构，但是却忽略了我们做平台的初心是为了解决某个环节以及环节之间的整合问题，从而可以实现企业价值最大化。因此，只有从业务现状与需求的角度出现，才能实现合理的数字油田技术架构的选择、搭建和裁剪，才能实现以最小成本解决最核心的业务痛点。从这个角度，我们的数字油田在落地这个环节，还有很长的路要走。

4.3 数字油田渴望一个新技术应用的方法指导

解决方案的本质，是一个面向目标的多要素的有机组合和实施过程，因此，新技术的应用必然需要一个明确目标、技术选择、方案拟定和效果评估的过程。

近年来，随着物联网、大数据、云平台、移动计算、人工智能等新技术的兴起，使数字油田技术在油企的应用创造了新的高峰。习近平总书记在党的十九大报告中提出要"善于运用互联网技术和信息化手段开展工作""推动互联网、大数据、人工智能和实体经济深度融合"，这为油田企业的数字化、信息化、智能化的提速吹响了冲锋的号角。技术升级带动产业升级，已经成为不争的事实，石油企业借此机遇发展数字油田，运用信息化技术进行产业改革和升级已是必然的道路。然而，我们曾经认为云计算、物联网或者大数据可以改变油田的勘探开发，实际上过去几年里的应用结果证明，改变油田勘探开发的从来不是一种单一的技术，而是在诸多技术逐步成熟后，能够使勘探开发业务链中的一部分或者某个节点形成更加高效的闭环，从而实现提升价值链的价值。

数字油田领域需要建立一个新技术与业务需求结合并产生效益的实施方法论和路线图。新技术的应用，需要新一代的数字油田建设者同时具备新技术的深度和业务理解的广度，这种更加复合型、立体化的知识体系才是形成新技术应用的基础；在此基础上，进一步针对不同的技术，确定可行的业务应用点，明确应用的数据条件、应用流程和提升方法，进而形成一种新技术落地的方法指导，是目前数字油田技术走向实践，形成行业应用指导的重要过程。

4.4 数字油田呼唤一个开放共享的产业联盟

过去十年，国际油企对于数字油田的理论研究逐步落实到具体的信息化平台上。在数据层面，除了 PPDM、POSC 这样的产业联盟，国内外各大油企均致力于建立自有的数据模型与数据平台。在应用软件体系上，以斯伦贝谢的 OCEAN、哈里伯顿的 DecisionSpace 及贝克休斯的 JewelEarth 为代表的行业软件平台也开始获得商业化应用，这些平台中的多数都是将更多的油公司、信息集成商、数据服务商、技术团队和业务方案提供商整合在一个统一的环境中，通过数据与应用的共享，建立了一种行业化的市场联盟。

通过行业联盟建立一种开放、互助、共享的业内协作生态，是目前国内油田信息化发展方面最为需要的举措。通过这种数字油田业内协作生态的建立，可以实现数字油田理论的整合，实现数字油田基础发展能力的判定，实现数字油田的开放、公开的技术交流，实现数字油田技术与方法的共享机制。

当前，各个石油公司以及油田分公司内部都构建了一系列相对局部的数据标准、平台架构和技术体系，这种局部的技术体系具有一定的脆弱性与不兼容性，国内外各类技术研发和企业内部的技术服务队伍的研究也受限于公司内部标准，增加了研发成本，在成果的交流和共享方面也非常困难，实现大规模的企业协作更是一个难题。产业联盟的出现是解决公共技术统一与共享的有效方法，通过公有技术标准、流程和应用规范的制订，可实现让更多的技术与专业能够跨越企业界限展开协作，进而促进油田信息技术更加快速地发展与成熟。

夯实数字油田基础　助力油田企业发展

刘喜荣

中国石化江苏油田分公司信息管理中心

1　引言

信息化是经济社会发展新的生产力，"数字油田"是推动油田企业发展的新引擎。

江苏油田地处长三角地区的江苏省扬州市，是我国南方最大的陆上油田。油区分布于江淮流域，地面水网纵横，村镇密布，被誉为"水乡油田"。有三分之一的油田处于湖区和泄洪道内。油区经济发达，人口众多，工农业与养殖业繁盛，故安全生产、环境保护、土地征用的要求高，生产组织的难度大。油田地下构造复杂，断块破碎，具有油藏规模小、构造破碎、资源丰度低、含油层位散等"小、碎、贫、散"的地质特征，素有"地质家考场"之称，为复杂小断块油田。

江苏油田在"数字油田"建设的道路上，通过技术创新和理念创新，通过8年的艰辛探索和努力，建成了具有完全自主知识产权的"油田勘探开发一体化数据中心及业务协同平台（EDIBC）"，突破了数据关，夯实了数字油田基础，2015年提升为中国石化油田勘探开发业务协同平台（EPBP，以下均称EPBP），成为中国石化油田板块信息化基础平台。多年来，我们发挥EPBP的优势，推动信息化与勘探开发、生产科研、经营管理的深度融合，走出了一条依托信息化助力提质增效升级的特色新路。

2　创立 EPBP，建成一项伟大工程

2.1　EPBP 建设历程

石油勘探开发涉及物探、地质研究、钻井、录井、测井、采油（气）、油气集输、井下作业、生产管理等大致 9 个方面的专业领域，并且专业之间相互关联、错综复杂。"十一五"前，国内石油勘探开发领域都采用分专业、条块式信息化建设模式，往往一个专业建几套甚至十几套信息系统，系统难以集成、数据无法共享，导致大量的"信息孤岛"，成为当时公认的制约油田企业信息化发展的瓶颈和难题，也是摆在各大油田面前迈不过去的一道坎。

面对这一难题，2006 年江苏油田在信息资源大调查和研究的基础上，认真剖析"信息孤岛"产生的深层次原因，以前瞻的眼光和不畏艰难的魄力，决策建设"油田勘探开发业务协同平台"（EPBP），下定决心将勘探开发九大专业的业务和数据集成整合到一个平台上，并拉开了一场考验意志和智慧的信息化攻坚战、持久战。

EPBP 涉及石油勘探开发各个专业，业务十分庞大，数据非常复杂，要建成如此浩大的工程，任何一个单位、任何一个部门、任何一个人都不可能独立完成，必须全油田勘探、开发、工程一起发力，领导、机关、基层上下同心。

2007 年年初，江苏油田从各单位抽调精兵强将成立项目组，凝聚动员全油田各方力量，在没有任何先例可供参照、没有任何经验可以学习的情况下，打破部门界限、打破专业壁垒、打破传统的信息化建设路径，按照全油田"一盘棋"的思路，采用"标准一致、源头唯一、集中集成、共建共享"的策略，运用先进的信息资源规划（IRP）理论，耗时整整一年，制订了总体方案，为 EPBP 建设做好了顶层设计。2008—2010 年，技术人员突破了一个又一个技术难关，用三年时间，分步骤完成了 EPBP 各专业模块建设。2011 年开始完善各模块功能，并进行历史数据迁移补录。

通过 8 年艰辛探索和不懈努力，于 2014 年全面建成 EPBP 并取得了一系列丰硕成果：一是创建了一套基于 IRP 的一体化数据标准体系，研究、探索出勘探开发一体化核心数据元素 4400 多个，破解了集成整合难题，统一了数据标准，确定了数据源头；二是规范了勘探、开发、工程一体化业务流程，用一个平台实现了油田勘探开发工程相关业务的闭环管理；三是建成了勘探开发工程一体化数据中心，整合了数据资源，突破了数据关；四是创建了"用一套数据、一个平台支撑多种应用"的云化专业应用体系，解决了"信息孤岛"问题，避免了重复

建设；五是稳定了技术架构和数据源，实现了全油田在同一个平台上进行业务协同，使江苏油田的信息化从此走上了可持续高质量发展的轨道。截至目前，EPBP 已获得国家版权局 53 项软件自主知识产权。

EPBP 的成功创立，得到了国内各方的认同和赞誉。2010 年 4 月，曹湘洪院士在听完汇报后说："油田企业的'信息孤岛'问题始终没有解决好，但是现在你们已经把这'孤岛'问题解决了，建成了一体化的平台，你们确实创造了经验，做得非常好！"。2013 年 11 月，由国内知名专家包括三位院士参与的评审鉴定专家组给予 EPBP 高度评价，认为达到国际先进水平，鉴定组组长倪光南院士盛赞："我参加过很多信息化项目评审，像这样的项目还是第一次，是两化融合的典范，江苏油田建成了一项伟大的工程。"鉴定组副组长韩大匡院士称赞："油田信息化就是要围绕生产、分析研究展开，要为油田增储上产服务，这个项目结合得很好，用一个平台把勘探、开发、工程真正一体化了，十分有意义"。

2015 年中国石化集团公司做出决定，将江苏油田自主研发的 EPBP 在中国石化上游各油田企业推广，并在江苏油田设立"中国石化 EPBP 支持中心"。

2.2　通过 EPBP，变革业务协同模式

数据是"数字油田"的基础，数据源自业务，"数字油田"离不开广大业务岗位人员的参与。长期以来，油田企业的信息化更多的是关注专业技术层面的应用，解决的是专业技术层面的问题，而广大的业务岗位人员，特别是基层业务岗位自身的信息化问题如何去解决关注不够，导致很多信息系统基层不愿意使用，其可持续的生命力也就不长，而 EPBP 解决了这些问题。

EPBP 立足于业务岗位，根植于业务过程，与岗位业务、管理实际深度融合，解决了业务岗位自身的信息化问题，减轻了岗位负担，成为岗位员工喜爱的业务工作平台，其模式如图 1 所示。

油田勘探开发业务流程有 200 多个，图 1 是其中的"地质录井业务流程"模型，说明了数据与业务及其对象的关系。通过将勘探开发各专业的流程固化到 EPBP 平台，不仅保证了岗位业务的标准化、流程化、精细化，而且在同一个平台上实现了横向覆盖油田勘探、开发、工程所有九大专业数据自动流转，纵向贯通基层、厂处、油田等各管理层级的业务协同和数据共享，打破了传统的信息化模式，使江苏油田的勘探开发、生产科研发生了深刻变革，也成为中国石化精细管理的样板。

通过 EPBP，解决了业务协同问题。EPBP 涵盖勘探开发业务流程 200 多个，涉及业务岗位角色 480 多个，地震队、钻井队、采油区、作业队等近 200 个基层单位以及各级管理人员共 4400 多人，全部在 EPBP 上处理业务，每个岗位只要

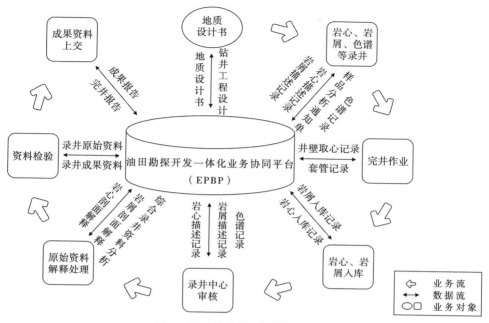

图 1　地质录井业务与数据流程图

在平台上完成自己的业务工作，数据就能自动流转存入平台。一线基层岗位、二级厂处、油田机关部门，甚至中国石化总部，各个管理层面的数据统计、各类报表自动生成，真正实现了一体化业务协同。例如，以前常规井的"井下作业结算"最快要 1 周，而探井需要 1 个月以后才能完成；现在只要登录 EPBP，随时都可以看见施工进度和作业成本、费用等，点击"导出"按钮，就可以自动生成"井下作业结算书"。以前生产情况需要通过电话、邮件、报表逐级汇报，现在各级管理人员通过 EPBP 就能实时掌握现场每个施工队伍、每口井甚至每个岗位的运行动态，及时制订相应的对策和措施，大幅提升了业务岗位的工作效率和管理层级的管理水平。

通过 EPBP，解决了数据资源共享问题。通过 EPBP 的业务协同工作，实现了勘探开发工程各专业数据的一体化集中集成，真正解决了勘探开发一体化数据中心的数据来源问题，EPBP 成为"数据资产"中心。过去科研人员在科研工作中需要花费 60%~70%的时间收集数据和资料，真正用于研究分析的时间较少，并且很多数据要找不同的部门要，不同专业的数据格式和标准都不一样，甚至有些数据还不一定准确。EPBP 建成后，作为油田勘探开发工程数据的存储中心、交换中心、管理中心和共享服务中心，所有数据均来自数据的源头岗位，不仅准确性得到了保证，而且各种业务数据都能在 EPBP 中授权共享、自动获取，大大减少了查资料、找数据的时间，科研人员用于分析研究的时间比例提升到了70%，不仅促进了工作效率、提高了研究质量，而且也用活了一批系统，带来了直接的经济效益。例如，江苏油田基于 EPBP 研发的钻头型号优选系统，通过对 EPBP 中海量的钻井数据进行统计分析，优选出最合适的钻头型号，不仅提高了技术人员的工作效率，而且加快了钻进速度，降低了钻井成本。截至目前，江苏油田利用 EPBP 一套数据支撑了 200 多个基础应用和 50 多个深化应用，真正做到了数据资源全方位、多维度共享。

3 用好 EPBP，油田步入一个崭新时代

EPBP 不仅是一个岗位业务协同平台、数据资源存储中心，而且是江苏油田的信息化基础平台。近年来，江苏油田发挥 EPBP 优势，利用其稳定、统一的技术架构和海量的数据资源，坚持"数据是资产，不准是垃圾，不用是浪费"的理念，在生产、经营、管理等各领域深化应用，推动了模式变革，提升了质量效益，使油田的发展步入了一个崭新的时代。

在生产领域，基于 EPBP 推进生产信息化建设，加快油气生产现场、站库、钻井井场、油船码头、湖区、泄洪道等关键部位的可视化、自动化改造，实现了生产自动化数据实时采集和现场视频监控，并将这些自动化数据和视频数据全部纳入 EPBP 集中管理，不仅避免了"信息孤岛"，而且通过现场视频监测、电子围栏、电子巡井以及异常情况自动报警、快速响应等功能应用，为及时掌握生产情况装上了"千里眼"和"顺风耳"，大量的人工巡井被取消，过去 1 个采油工当班只能巡检 20~30 口油水井，现在只需坐在中控值班室就能实时动态巡检整个采油管理区所有 300 多口油水井，大幅提高了管理效率和劳动生产率，为压扁管理层级、降低用工成本提供了有力支撑，有效推动了油公司体制机制改革。

在经营领域，通过 EPBP 与财务经营系统 ERP 集成应用，生产数据直接从 EPBP 提取，经营数据直接从 ERP 提取，实现价值量与工作量有机统一，并在此基础上实验效益配产、井下作业工程结算、资产优化调剂等一系列的应用，让信息化成为经营管理人员的"铁算盘"，为降本增效提供手段。2015 年以来，原油价格"断崖式"下跌，并持续处于低位运行，迫使油田企业改变过去按原油产能、开发技术指标配产的传统管理模式，通过基于 EPBP 的效益配产应用，建立 19 个区块、36 个油田、2000 多口油井的效益分级评价体系，对当时油价条件下的边际效益进行精准测算，并在此基础上关停低效无效油井，取消高成本措施，累计节约开发成本 1.5 亿元，做到先算效益账、再采效益油。

在管理领域，基于 EPBP 建立生产运行指挥应用，将各类生产自动化、视频监控等数据整合到 EPBP，并且开发单井动态展示、风险隐患跟踪、应急演练处置等 27 个功能，各级管理人员坐在油田机关办公楼，就可以通过 EPBP 平台对生产现场、应急现场进行实时调度、远程指挥。如今油田生产运行指挥中心，就像"联合作战指挥部"，生产管理、安全环保、勘探开发等部门管理人员统一到这里值班，通过大屏对整个油田的生产现场进行远程调度指挥，为构建信息化条件下的生产运行指挥模式提供了支撑。同时，运用大数据、国家北斗、人工智能等前沿技术，建立基于 EPBP 的 QHSSE 大监督平台，用信息化手段，对各类视频进行智能分析，自动识别预警不戴安全帽、明火等现场违章行为和异常状态，改变了过去"人盯人"的安全监管模式，显著提升了安全监管的效率和质量。

随着智能手机普及，江苏油田利用 EPBP 统一的技术架构，建立基于 EPBP 的移动办公平台，将日常业务从 PC 端迁移到手机终端上，各级管理人员通过手机可以随时随地处理各项业务，为管理人员提供了"掌上宝""百事通"，有效提升了工作响应速度和管理效率。

EPBP 的成功创立和深化应用，使江苏油田的信息化建设步入了可持续良性循环发展的新道路。"数字油田"建设促进江苏油田勘探开发、生产经营各领域管理水平的创新提升，为提质增效升级注入了新动能。如今的江苏油田正朝着"数据资源共享化、生产科研协同化、生产过程自动化、分析决策科学化、生产管控智能化"的"智能油田"迈进，信息化与工业化的深度融合必将给江苏油田带来新的更大发展。

长庆油田：数字智能油藏建设（RDMS）的历程

石玉江

中国石油长庆油田公司勘探开发研究院

当今世界，以信息技术为核心的新一轮科技革命飞速发展，信息技术日益成为创新驱动发展的先导力量，信息技术与各行各业的融合发展，带来了一场深刻的"数字革命"。国际先进油气公司都在加快数字化、智能化实践和创新，推动企业转型升级和创新发展。

长庆油田始终高度重视数字化、智能化油田建设，把数字化作为建设管理5000万吨级大油气田的重要配套工程，通过前端油气生产管理、中端生产运行指挥、后端油气藏研究与决策系统建设，改造企业信息传递、控制与反馈方式，重构生产操作、运行指挥和经营决策系统，优化劳动组织架构。通过10余年持续建设与完善，取得了显著成效，促进了生产组织方式和管理模式变革与创新。

油气勘探开发是典型的技术密集、资金密集和多学科集成的产业。在油气田勘探开发中，油气藏的研究与决策起着举足轻重的作用，对油田企业的经济效益和经营管理水平具有基础性、先导性和全局性的影响。

长庆油田在数字化建设总体框架下，提出了建设油田企业级"大科研"环境平台构想，核心是以油气藏研究为主线，通过现代信息技术与勘探开发业务深度融合，开发一套运行于油田企业私有云的"一体化、协同化、实时化、可视化"油气藏研究与决策支持系统（Reservoir Decision-making and Management System，简称RDMS），促进油气藏研究方式从"人工+计算机辅助"向数字化、智能化升级，组织模式从个人或小项目团队向网络化协同共享升级，达到室内现场远程互动、生产过程实时监控、方案部署动态优化，有效提升研究决策的质量和效率。

油田数字化建设是对传统油气生产、研究和管理方式的一场深刻变革，道路并不是一帆风顺的，"只见树木、不见森林"或"年年植树、不见成林"是对过去状况的写照。以往的信息化建设为什么没有达到预期的效果？一是过去以数据库建设为核心，以信息人员为主导，数据流与业务流分离，对业务应用关注不够，导致建成的系统无法有效支撑油气田生产与研究；二是缺乏权威统一的顶层设计，各业务部门各自为政，形成了大量的"烟囱式"系统和"信息孤岛"，系统之间兼容性差、集成难度大，无法有效支撑综合性业务。

为避免重走过去的老路，长庆油田提出了"以用户为中心，走产品化之路，业务主导、资源整合、技术集成、自主研发"的建设原则，以及业务与信息技术深度融合、业务流与数据流相统一的建设与应用模式。系统建设中按照标准化设计、定制化开发、模块化封装的技术路线，引入高内聚低耦合的软件工程方法，按需求定制服务，做到了油气藏研究从数据、业务到岗位的全面一体化，实现了智能数字油藏理念在特大型油气田企业的落地和工业化应用，为数字油田建设探索出了一条新路。

1 历程回顾

中国数字油田历经 20 余年的建设与应用探索，油田企业利用数字化技术改进和创新了前端生产运行方式与管理模式，有效提升了企业管理效率。对于后端油气藏研究与决策，一直以来都是一个难题，主要体现在：数据流与业务流不统一，数据建设与应用脱节，数据时效性和质量缺乏有效保障；专业软件门类繁多、软件集成度低，数据标准、格式不统一，油藏模型与数据传递难度大；多学科一体化受管理体制及时间地域制约，研究工作局限于专业部门或小项目团队的"单兵作战"模式，协同与共享程度低。为此，长庆油田在 2010 年 8 月依托长庆油田勘探开发研究院成立数字化油气藏研究中心建设项目组，全面启动 RDMS 建设，按照"边建设、边应用、边完善"的原则有序推进，项目建设可划分三个阶段（图 1）。

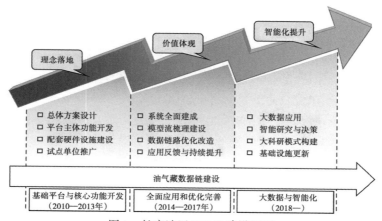

图 1　长庆油田 RDMS 建设历程

1.1 控制性工程开发阶段（2010—2013年）

基础平台与核心功能开发，实现理念落地。立足长庆低渗透油气藏地质特点和工作实际，全面梳理勘探开发业务，对油气藏研究涉及的工作流程、专业软件、成果数据进行标准化、规范化、定型化，建立系统业务模型和数据模型。研发以油气藏数据链为核心的勘探开发数据整合、专业软件接口、地质图件导航和空间智能分析等关键核心技术，搭建系统基础框架。开发覆盖油田研究院、工艺院以及采油气厂地质所、工艺所的29个研究环境，建设勘探生产管理、水平井监控与导向、油气田生产管理等决策主题系统，开展试点应用。

2012年3月第一阶段的控制性工程完成后，在长庆油田实现油气当量4000万吨庆祝大会期间，向中国石油天然气集团公司领导和与会专家进行了汇报演示，得到高度评价，认为平台有利于勘探开发一体化、有利于加快科研成果转化、有利于提高油气藏研究质量和效率，体现了技术创新与管理创新的统一。2013年起RDMS面向长庆油田勘探开发研究院实现了全面上线，用户超过500人。

1.2 优化完善阶段（2014—2017年）

全面应用和优化完善，彰显系统价值。建成井位部署论证，水平井远程监控，油气藏动态分析，储量、矿权、经济评价等四大类16个决策支持子系统，并面向长庆油田业务管理部门、科研体系和采油气厂进行推广，使不同专业、不同部门、不同地域的技术和管理人员基于同一平台开展工作，共享最新数据和研究成果，对油气藏进行实时监测、在线诊断、动态预警和智能决策。

项目成果获2014年度石油化工自动化协会科技进步一等奖，获2015年度长庆油田科技进步特等奖；2016年大型一体化油气藏研究与决策支持系统（RDMS）经中国石油天然气集团公司科技成果鉴定，认为该成果是国内上游第一个实现工业化应用的大型一体化油气藏研究与决策支持系统，技术创新突出，应用效果显著，总体达到国际先进水平，获集团公司科技进步二等奖。系统在全油田56个科研生产单位全面上线，用户超过3000人。2015年6月3日，中国石油勘探与生产分公司组织上游13个油气田在长庆召开RDMS现场观摩会，决定以RDMS为蓝本规划建设勘探开发一体化协同研究及应用平台A6。

1.3 智能化提升阶段（2018—）

引进基于大数据分析的机器学习与认知计算技术，开展以油藏智能诊断预警、测井快速智能解释、钻井试油气风险提示为示范的先导试验。攻关快速地质建模技术和超大网格数据体的网格剖分、拼接和分布式管理技术，构建盆地级三维地质模型和四维油藏模型，实现油气藏模型共享与智能研究决策。

2018 年 3 月长庆油田以长庆油田勘探开发研究院为依托成立勘探开发数据中心，全面负责油田勘探开发数据资产管理，统筹推进 RDMS 建设与应用。2018 年 8 月长庆油田公司召开勘探开发大数据建设与应用推进会，标志着 RDMS 建设步入智能化新阶段。2018 年 8 月 11 日，累计访问量突破 100 万人次，RDMS 成为油田技术人员不可替代的日常工作平台。

2 主要建设成果

2.1 基本理念与模型

RDMS 按照"建设大数据、开发大平台、构建大科研"的目标，在对勘探开发业务规范化、标准化的基础上，历经 9 年的持续建设与应用，全面建成了包含数据服务、基础管理、协同研究、决策支持和云软件五大平台的协同化、一体化系统（图 2），形成了盆地级数据服务中心，企业级协同共享平台，一体化油藏分析环境，实现多源异构数据的高效组织、国内外专业软件的集成应用和油气藏快速在线智能分析。

2.2 主要成果

2.2.1 突破油气藏数据链技术

按照单井、油藏、项目全生命周期理念，全面梳理勘探开发各阶段业务数据及标准规范，面向油气藏研究与决策，以规范的业务流程、标准的数据存储为基础，通过搭建数据和业务之间的逻辑关联，构建了服务型数据应用环境（图 3），实现了数据智能推送、导航、清洗，形成了面向应用、可定制的数据组织和应用方式。

数据推送：RDMS 面向研究岗位、应用场景、专业软件自组织定制数据，并进行快速推送，改变了以往从分散的各专业数据库中查找、下载数据的应用方式。

数据关联：通过区块、层位、深度等空间信息，将多学科、多维度资料在线关联展现，实现了测井蓝图关联分层、岩心照片、铸体薄片、扫描电镜、压汞、试油气等井筒数据相互关联。

矢量化成图：采用"数据+模板"方式绘制测井图、综合录井图、岩心扫描柱状图，多信息集成，方便研究人员开展单井综合分析。

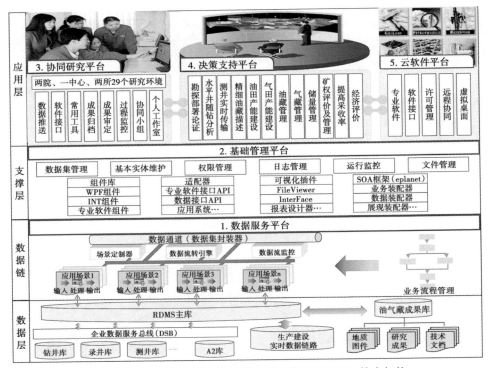

图 2　数字化油气藏研究与决策支持系统（RDMS）技术架构

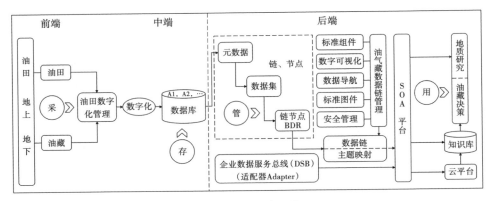

图 3　油气藏数据链模型

数字井史：以图表方式完整、直观展现单井"设计—钻井—录井—测井—试油—投产—报废"全生命历程，将多维度、多专业、多类型井筒数据整合集成，实现基于时间轴、深度轴的单井资料透明化管理。

四维可视化：采用可视化技术，直观展示油藏孔隙度、渗透率、含砂比等属性的空间展布和压力、流体随时间的变化，动态再现油藏开发历程，开展开发趋势预测分析、方案论证和剩余油挖潜。

2.2.2　构建盆地级勘探开发数据资源池

通过数据集成、数据交换、数据同步、数据迁移等技术，实现油气田勘探开发过程中多种异构数据源的融合、交互，做到数据在数据库、专业软件和应用系统间便捷地访问、查询、搜索、格式转换与共享。

（1）主数据库：主数据又称公共实体数据，主要包括油田名、区块名、井名、测线号等核心实体数据，以主数据为关键字建立索引，逻辑关联各数据源，实现勘探开发各类数据统一管控和集成应用。

（2）基础专业数据：通过设计数据集成、数据访问、数据迁移、同步更新等多项规则和流程，应用触发器、DBLINK 等技术，整合集成长庆油田地震、钻井、录井、测井、试油气、油气生产（A2 系统）等 18 类基础数据库，数据量达到 121968 口井、4.6 亿多条记录、15TB 容量。

（3）实时数据：按照单井全生命周期理念，以作业链的方式建立钻井、测井、录井、试油等现场实时报表数据通道，实现全流程数据采集、传输和应用；开发水平井远程监控系统、测井传输平台，实现对大块体数据的实时、及时采集传输。

（4）研究成果数据：新建生产支撑类、统计报表类、方案设计类、地质图件类和项目文档类五大成果库，包含 460 个数据集，对分散在科研人员个人手中的 300 多万份成果进行标准化管理。

（5）地质露头数据：收集整理露头宏观剖面、地层岩性、沉积构造、古生物等资料，再现宏观区域地质格局，中观岩石组构、沉积、成岩现象，微观镜下矿物构成、孔隙结构等各类成果。

（6）全尺寸薄片图像：应用最新 ICT 及智能图像处理技术，完成中生界 406 张典型铸体薄片全尺寸图像采集、分析处理、拼接融合，实现超高分辨率图像的在线展示，克服了以往薄片照片只能展示局部特征的局限性。

2.2.3　开发一体化油藏分析环境（CQGIS）

以国内石油行业普遍使用的 GeoMap 地质图件为基础，将现有地质图件与地理信息 GIS 技术相融合，研发地质要素的快速查询定位、动静态图层叠加、空间分析、智能成图等技术，实现 8300 余幅生产图件的在线管理与应用，在生产性地质图件上做到了点、线、面图元导航和快速智能成图，构建了一体化的地质综合研究环境（图4）。

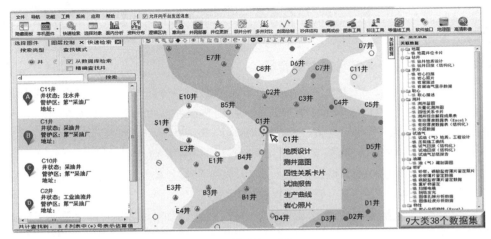

图4　一体化油藏分析环境（CQGIS）

（1）全空间数据导航。

"点"——单井：基于任意GeoMap地质图件，通过点选、快速检索等方式，精确定位单井位置，快速获取单井九大类38余项基础资料及研究成果。

"线"——地震测线：在平面地质图件定位测线位置，实时链接地震数据库在线展示地震剖面，并可将意向井及邻井投影到地震剖面，通过平剖联动进行综合分析，落实部署井的砂体厚度及含油气性。

"面"——储量单元、开发单元：在平面地质图件上通过选定储量面积和开发单元图元，在线查看储量上报年度、油气田、区块、层位、面积、地质储量、采收率、经济可采储量等40余项基本信息，以及油气田、区块、生产层位、单井产能、年产量等23项基本信息。

（2）快速智能成图。

连井剖面图：开发底层数据适配器技术，集成长庆在用主流平面、剖面制图软件，在线绘制地层对比、油气藏剖面、电性插值、油层对比、小层对比、栅状图等六类连井剖面。

平面专题图：底层关联岩矿分析、测井曲线，快速绘制物源分析图、砂体结构图；关联油井、水井生产数据，快速绘制油田开采现状图，标注地层压力/吸水剖面/生产层位等功能，支持导航查看单井钻井、录井、测井、试油气等动静态数据。

油藏等值线图：以油气生产、动态监测数据为基础，融合水线、砂体边界线、物源方向等地质认识，自动绘制含水率、日产液（油）、累产油等平面等值线图，在线展示油藏动态演化过程。

（3）动态组图。

基于 Oracle Spatial 组件搭建空间数据库，建立长庆油田空间数据库，将管护区、勘探区带、油气开发单元、储量单元等八大类空间数据进行入库管理。在任意平面地质图件上叠加多类型、多要素空间数据进行动态组图，实时查看空间分布及属性数据，有效支撑了区块开发现状分析、矿权内工作量统计、储量快速劈分、图件智能化绘制等工作。可动态关联 A2 系统生产数据，在线绘制区块综合开采曲线、开发指标和开采现状图，实时开展油藏开发动态分析。

（4）联动分析。

多图联动：在井位部署中，可以在砂体图、烃源岩图等多类型、多层系地质图件上同步布井，结合地理图、遥感卫星影像图查看部署井的地理位置和地貌特征，提高了井位部署的针对性和有效性。

图表联动：按照年度地震、钻井、试油等实物工作量完成情况，动态生成各类"活数字"统计报表，图表联动，实时掌握勘探生产进展。

平剖联动：通过时窗同步、CDP 定位、多源数据加载、数据缓存等技术，研发地震剖面连动功能，实现同一视窗部署井过井测线与已知井地震剖面在线切割对比研究。

多井对比：关联测井体数据在线绘制矢量化测井曲线，支持按层位、油层海拔拉齐，并可在线调用区块测井解释图版，辅助对比分析油层特征。

测录综合对比：通过集成测井曲线、岩屑描述、气测、取心井段物性数据，并按深度关联岩心照片、铸体薄片、压汞曲线等分析实验资料，实现了单井多维资料的在线交互分析。

2.2.4 建成企业级协同研究平台

以岗位研究环境和自组织项目团队创建为核心，开发专业软件适配器、模型工具和协同工作环境，通过提供个人工作室和自组织项目团队定制功能，构建了覆盖全油田科研、生产、管理部门和单位的企业级大科研平台。

勘探开发专业软件接口：基于国内外勘探开发主流专业软件集成方法，对于结构化数据、非结构化数据以及半结构化数据自动读取、解析、抽取所需数据项，按照交互界面提供的参数，进行模式分析、公式计算、格式转换，实现国内外勘探开发主流软件之间以及专业软件与数字化油气藏研究平台之间数据发送、接收与交换，打通专业软件数据收集、整理、加载等各个环节，将研究人员从烦琐的数据收集整理工作中解放出来，极大地提高了油气藏研究的工作效率。

平台采用 SOA 框架，提供开放的授权控制、业务处理及数据通信标准接口，并通过与厂商合作、基于 SDK 扩展开发及应用第三方产品（OSP）等多种模式，研发了专业软件适配器，实现跨平台、跨语言、跨网段的专业软件整合应用。共开发了 24 款主流专业软件接口（图 5），包括地质绘图类 GeoMap、Gxplorer、Sharewin、ResForm、HoriView、GeoWorks、GPTMap，测井解释类 FORWARD、Geolog、Techlog，地质建模类 PETREL，数值模拟类 Eclipse，产能分析类 FracproPT、F. A. S. T RTA，地球物理类 GeoView、Jason、GeoFrame、OpenWorks、GeoEast、3DseisHW。

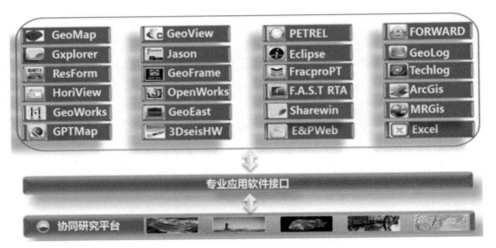

图 5 RDMS 开发专业软件接口

云软件：建立基于 Livequest，包含 5 个 PETREL 许可、10 个 Eclipse 许可的精描软件资源池，实现了软件集中部署、许可动态调度和远程共享应用，有效节约了软硬件成本。

自组织项目团队定制：按照课题或生产任务，创建跨界协同工作群，突破过去的行政组织方式，建立类似"微信朋友圈"的协同小组，群内成员通过分享发布，共享研究成果和生产动态信息，开展远程互动交流，提高沟通时效。

3 应用案例

油气藏研究与决策支持系统（RDMS）建立的企业内部网络环境下的油气藏协同工作环境，可实现多学科、多领域、多部门的协同共享研究，用户涉及长庆油田 56 个单位部门共 3400 多人，并延伸到项目组、作业区一线人员日常科研工作中，在地质研究、井位部署、随钻跟踪、油气藏动态分析、老井复查以及水平井监控与导向等方面发挥了重要作用，有力支撑了 5000 万吨上产稳产超大规模科研生产工作。

3.1 井位部署论证

井位部署是油田勘探开发过程中的关键环节，对部署井位进行科学论证决定了勘探成败和开发效益。井位部署论证具体工作流程为：在井位部署阶段，科研人员结合目标区烃源岩、储层、运聚条件等地质认识确定有利勘探目标，综合分析地震资料、矿权以及邻井相关资料并提出意向井位；在井位论证阶段，在油田公司主管领导主持下，以会议决策方式逐级对意向井位进行论证，确定井位后下发现场实施。

RDMS 按照井位部署论证工作流程建立了一种数字化的工作模式：基于平面地质图件可以快速绘制砂体结构图、岩性饼状图、岩性柱状图等图件，辅助支撑研究人员对区块骨架砂体进行分析，优选部署区块，提出意向井位；通过多图联动分析功能，实现在多层系砂体图、多种类型地质图件和地理图、卫星遥感影像图上同步进行意向井位部署，做到井位部署地上地下兼顾（图6），提高了部署效率；通过邻井分析、图表联动、关联分析等功能，研究人员可以快速获取邻井的钻井、录井、测井、试油气等各类单井资料，并进行在线图面作业，达到对油藏纵横向变化的在线实时分析；在生产实施阶段按照系统定制的项目、区块、单井标准化动态分析流程，研究人员可通过数据链快速获取相关基础资料、生产运行报表及研究成果，实现生产运行实时跟踪分析。

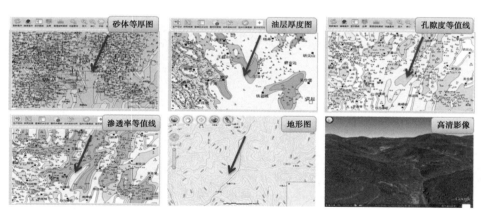

图 6　RDMS 多图联动综合布井示意图

3.2 水平井远程监控与导向

水平井地质导向是在地质建模的基础上，基于随钻测井技术，结合录井、钻井等工程技术，对井眼轨迹进行检测和控制，保证实钻井眼轨迹处于储层有利区带，最大限度提高油气层钻遇率与开发效益。RDMS搭建了水平井地质设计、数据采集传输、随钻分析与调整的一体化工作平台，通过现场数据自动采集、远程实时传输，实现了多井集中监控和多学科协同决策（图7），改变了过去技术人员派驻现场进行生产支撑的工作方式，有效促进科研生产一体化、地质工程一体化，助推了水平井开发提速提效。

在水平井钻进过程中，RDMS可以自动采集随钻定向LWD、MWD、综合录井仪实时数据，跟踪钻井、录井工程参数，集中监控钻井过程。通过系统自动生成的地质导向图，地质、工程、油藏等多专业技术专家可在远程监控中心集中监控地层钻遇情况，并利用岩性自动判识、油层自动解释、钻遇率统计、地层模型修正等功能，综合分析油气层变化，实时调整实钻井眼轨迹。

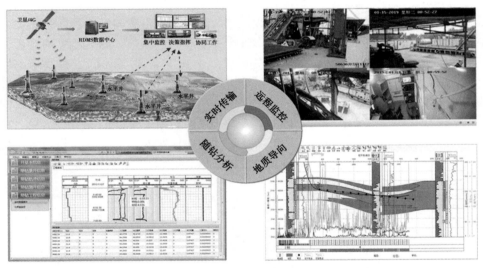

图7　水平井远程监控与导向

3.3　油气藏动态分析

油气藏动态分析是油气井生产与管理的一项日常工作，其主要目的是在大量可靠资料的基础上，运用多学科知识和技术，综合分析已投入开发油气藏的动态变化规律，寻找各类动静态参数之间的关系，提出油气田开发的总体规划和调整措施，并根据动态参数的变化特点修正方案，使油气藏达到较高的最终采收率和较高的开发水平，取得较好的经济效益。

RDMS围绕油气田开发业务，按照开发单元及时间尺度建立了油气藏动态分析决策支持环境，实现了生产动态在线跟踪、生产状况实时监控，辅助开展油藏工程研究，为区块开发调整提供决策支持。在油气藏动态分析过程中，可在线实时调用 RDMS 整合的各类数据源，按照行政单元和地质单元两条主线，生成油田、区块、单井及自定义单元的各级动态图件，实时跟踪油田开发动态；并综合调用动静态资料，应用系统集成的水驱分析、递减分析、产能预测等上百种油藏工程算法，快速对油藏开发效果进行综合研究，分析油藏开发存在的问题，制订合理的开发技术政策及调整意见。

4 认识与体会

智能数字油藏建设是一项需要在实践中不断探索和完善的系统工程，作为项目主要负责人和建设者，我本人亲历了 RDMS 开发与应用近 10 年的艰辛历程，深刻体会到：理念创新、顶层设计是项目得以实施的关键；业务主导、资源整合、技术集成是最有效的建设模式；目标引领、价值驱动是系统持续完善的恒久动力；清晰定位、不绝对化是信息化建设的科学态度。

（1）要始终坚持"以用户为中心"的建设宗旨。任何信息系统建设目的都是要为业务提供支持，脱离了业务的信息系统就成了无源之水、无本之木，过去建成的很多系统都因为对用户需求把握不好，仅仅根据领导的一些想法或理念去实施，指挥建设的人往往不是最终用户，脱离实际需求，这样的系统建成之日也就是废弃之时，项目验收结束就再也无人问津了。RDMS 建设始终坚持以用户需求和体验为中心，把满足用户需求作为最终目标，从细节入手，从岗位开始调研，做了大量的原型开发，反复讨论，几经波折甚至推倒重来，才有了今天用户的口碑和认可，这绝不是一句空话。

（2）要把数据建设作为基础性工程。有人说信息化是"三分技术、七分管理、十二分数据"，充分说明了数据的重要性。数据的完整性、准确性、及时性、规范性是信息系统有效运行的前提。要牢固树立"油田数据是资源，是资产""数据公有""共建共享"的理念，把数据工作作为勘探开发的一项基础工程，从管理、技术、制度等方面采取有力措施，实现数据的科学管理；要坚持建设与治理并重，做到盘活存量、实时增量、补录缺量，达到全面正常化。

（3）要发扬工匠精神，走产品化发展之路。RDMS 不是普通的专题性管理或应用系统，而是一个高度综合、涉及海量数据资源、多学科集成的企业级大型一体化油气藏研究与决策支持系统，开发过程不可能一蹴而就，要有"十年磨一剑"的信念，把 RDMS 作为一个产品，坚持以用促建、建用相长，积极跟进信息化前沿技术和需求的变化，用全生命周期的理念，持续推进系统升级和优化完善。

（4）要加大信息化业务骨干和专家人才培养。在信息时代，软件开发和数据的采集、传输、管理、挖掘与应用已经成为一门综合性很强的工程技术学科，技术更新发展速度很快，需要加强油田业务和信息化复合型人才的培养。在油田企业，信息化属于非主体专业，从事的大多是幕后工作，员工工作价值主要体现在服务基层用户上，台前亮相的机会比较少，对这部分人才更要关心爱护，给他们成长成才搭建舞台，尊重他们的劳动成果，保持技术研发和支撑团队的相对稳定。

面向勘探的"智慧油田"的关键技术

刘 展 白永良 盛 洁

中国石油大学（华东）地球科学与技术学院

中国数字油气田建设发展 20 年，在油气勘探中即将走向一个新的高度，这就是"智慧油田"的"智慧勘探"新领域。

"智慧油田"是在数字油田的基础上，利用大数据、机器学习等先进技术，借助于业务和专家系统，全面感知油田动态，自动操控油田活动，预测油田变化趋势，持续优化油田管理，虚拟专家辅助油田决策，用计算机系统智能地管理油田。"智慧油田"提供信息（知识）服务，是"数字油田"的发展。在油田的勘探开发领域，从生产施工、处理解释、综合研究到储层评价的各个油田业务，研究的对象均是石油地质体。因此面向勘探的"智慧油田"的关键基础是多尺度的三维地质可视化表征技术，即多尺度三维地质建模与可视化表征是"智慧勘探"的基础，采用智能化信息技术帮助勘探专家快速提取信息、高效分析、智能决策。

1 面向勘探的"智慧油田"的技术构架

由图 1 可知，油气田勘探从生产施工、处理解释、综合研究到储层评价涉及众多的业务，归纳起来，其核心业务主要有三部分：一是三维地质模型，二是地质信息的提取与分析，三是储层评价与井位部署。因此"智慧勘探"技术研究应该围绕这三部分核心业务进行。据此我们设计了图 2 所示的面向勘探的"智慧油田"的技术体系。该技术体系由三部分组成：（1）三维地质建模与可视化表征技术，能够根据地质、物探、钻井、测井等方法获取地层、火成岩、构造、断裂、储层、岩性、油气等数据，通过多尺度三维地质建模技术实现三维地质体的多尺度可视化表达；（2）基于大数据深度学习的分析技术，实现在可视化的三维地质体上进行地层分析、断层分析、构造分析、岩性分析、储层分析等石油地质分析，提取相关知识，为油气藏评价服务；（3）基于深度学习和人工智能的储层评价技术，利用深度学习和人工智能技术进行油气藏构造综合评价、剩余油动态评价、虚拟钻井模拟分析与评价等。

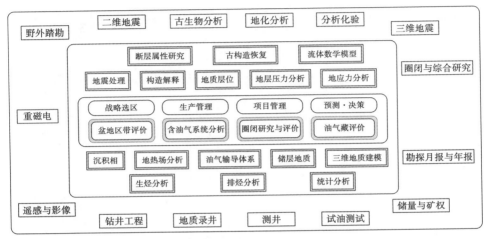

图 1　油田勘探业务系统

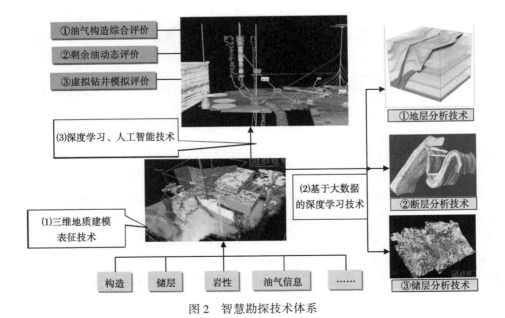

图 2　智慧勘探技术体系

2 多尺度三维地质建模与可视化表征技术

为了实现"智慧勘探",必须建立适合多尺度地质信息表征的三维空间数据模型和地质场数据模型,形成三维地质体信息分类规范,建立三维地质体信息的空间组织及空间聚集模型和表征规则。在此基础上研究能够集成勘探成果信息的三维地质建模技术,实现不同尺度、不同类型、不同格式、不同生产环节的动静态数据的一体化管理和综合展示,实现对三维地质体旋转、切片、钻取等多维分析和可视化功能,实现三维地质信息综合分析、提取(识别),为井位部署、钻井模拟、开采模拟等综合智能决策提供知识信息条件。为此我们按照图 3 所示的技术方案开展了多尺度三维地质建模与可视化表征技术研究与软件开发。

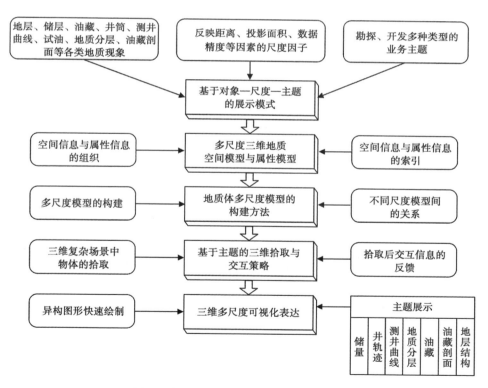

图 3　多尺度三维地质建模与可视化技术

2.1　基于主题的多尺度展示模式及数据组织

地学空间系统是由各种不同级别的子系统组成的复杂巨系统，各种规模的系统都有尺度概念。尺度也是与地学信息相关的最基本的概念之一。在地学研究中，尺度既可以用来指研究范围的大小（如地理范围），也用于指详细程度（如分辨率的层次、大小），还用于表明时间的长短以及频率（时间尺度）。不同尺度上所表达的信息密度有很大的差异。一般地，尺度变大则信息密度变小，但不是均匀变化。对于描述地学现象和过程的空间数据广义尺度，可以细分为空间尺度、时间尺度和语义尺度。

2.1.1　空间尺度

空间数据以其表达空间范围大小和地学系统中各部分规模的大小分为不同的层次，即不同的尺度。这种特征表明，根据数据内容表达的规律性、相关性及其自身规则，可由相同的数据源形成并再现不同尺度规律的数据，即派生具有内在一致性的多个尺度的数据集。

2.1.2　时间尺度

时间尺度指数据表示的时间周期及数据形成的周期有长短不同。从一定意义上讲，时间尺度与空间尺度有一定的联系，即较大的空间尺度对应较长的时间周期，如全球范围内的地质演化可能是几亿年；而某一地区的地质演化可能以万年为周期。正是因为地学特征和规律有一定的自然节律性，才导致空间数据具有时间多尺度。孤立的数据时间尺度研究意义不大，只有结合空间尺度研究，才能表达地学特征和过程的内在规律。

根据时间周期的长短，空间数据由时间尺度可分为季节尺度数据、年尺度数据、时段尺度数据和地质历史数据。不同尺度的空间数据在处理上应区别对待，如地质历史尺度大区域的数据在处理上可以作为常量使用。因为地学过程的连续性，在数据中可以用细小时刻的瞬时状态表示时段的平均状况。可见空间数据的多尺度处理方法也是尺度依赖的。

2.1.3　语义尺度

语义尺度描述地学实体语义变化的强弱幅度以及属性内容的层次性。在地学空间数据集中它反映了某类空间目标的抽象程度，表明了该空间数据集所能表达的语义类层次中最低的类级别。

总而言之，尺度是指信息被观察、表示、分析和传输的详细程度，它反映了人们看待客观世界的粒度和广度。勘探开发获取信息的多尺度特征主要表现在：获取的信息由宏观到微观，使用低精度勘探方法只能获取到大型宏观地质体的分布，使用高精度勘探或者使用钻井、录井、测井的方法可以获取微观地质体的信息；地质构造的精度由低到高，油气勘探时首先进行区域性地质调查，获取大型构造的展布特征，再对重点区域进行详细勘探，获取地质构造较为详细的分布特征，随着勘探程度的提高，对地质构造特征的了解会逐步加深；地质年代的分辨率由粗到细，随着勘探开发程度的提高，钻井、录井、测井的精度会逐步提高，对同一位置处各套地层地质年代的划分也会越来越精细，因此勘探开发获取的信息具有多尺度特征。

进行油气勘探时，首先要利用低精度的勘探方法从区域性的范围来普查油气分布，获取大尺度的数据后，圈定有利区块作为重点勘探对象，使用高精度勘探方法进行重点勘探，有必要时使用钻井的方法获取地质构造的详细信息；找到有利圈闭后逐步进入开发阶段。按此顺序，整个勘探开发过程中使用方法的精度由低到高、所获取数据的尺度由大变小。因此，三维地质可视化表达作为"智慧勘探"的核心基础，必须满足以下需要。

（1）业务活动的尺度需求。

油气勘探开发人员在进行各种活动时涉及各种各样的数据，不同的业务活动需要不同尺度的数据，如在进行构造演化史分析时，常常需要地震等大尺度的资料进行，而不使用岩心等小尺度的资料。进行标准层与层序界面确定，就需要测井、岩心等小尺度的资料。因此，不同的业务活动有不同的数据要求，数据有很强的尺度特征，业务活动与尺度有必然的内在联系。

（2）计算机可视化技术与尺度。

具有尺度的数据在进行三维可视化时，首先要考虑人对三维场景中三维对象可视化表达的关注内容，在为区域勘探服务时，应采用多尺度的粗化信息展示，而在进行储层评价时则应采用小尺度高精度信息展示；其次要考虑计算机图形表达的能力和实时性，展示地质体范围越大，信息应越粗化，范围越小，信息就越细化；最后从视觉和关注度方面考虑目标与投影平面的距离，如查看井资料时，如果是展示一个油田区块的井筒信息，就需要对对象的展示进行控制，如果是理解一个井段信息，就应以多尺度、高精度进行展示。

空间数据的多尺度展示是利用自动综合的方法，将一个特定尺度下的空间数据转换到另一个尺度下的空间数据，转换的结果必然带来空间数据的变化。空间数据的多尺度表达是解决在不同尺度下以相适应的不同详细程度来表达空间数据的。随着信息系统应用领域的不断扩展和需求层次的多样化，空间数据的多尺度表达问题成了当前地理信息科学研究的热点问题。有关空间数据的多尺度表达问题，国内外的研究主要集中在以下几个主题：变尺度空间数据的存取与多重表示、面向空间数据多尺度处理的自动综合与自适应可视化、空间数据的多尺度处理模型与层次数据结构、多尺度空间数据的一致性等。尽管前人已做了很多这方面的工作，但这些研究并没有涉及多尺度数据进行展示时的数据组织模式，特别是没有考虑业务的需求，因此在进行多尺度三维展示时有很大的局限性。我们在分析三维地质模型展示多尺度需求的基础上，提出一种基于主题的三维多尺度展示模式。

根据勘探数据、专业分析需求及计算机技术与尺度的关系需求，在进行三维地质建模与展示时需要考虑数据的尺度特征。综合考虑各方面的需求，采用概念模型——TES 矩阵模型，将上述决定图形展示的要素分成三个方面，分别为主题（Themes）、元素（Elements）、尺度（Scale）。

主题即业务主题，主要是考虑三维地质模型展示的专业需求，依据不同的业务活动定义不同的业务主题，如井位部署主题、测井分析主题、油藏分析主题等。

元素指元素类型，即将要展示的各种三维地质对象按照专业分成不同的类型，如地层面、地层体、断层面、油藏数模结果、井迹、岩心等。

尺度指尺度因子，是综合数据及计算机可视化各个方面的要求计算得到的一个显示控制算子。

将主题、元素、尺度综合在一起即可构建一个三维坐标系统（T，E，S），如图 4 所示。

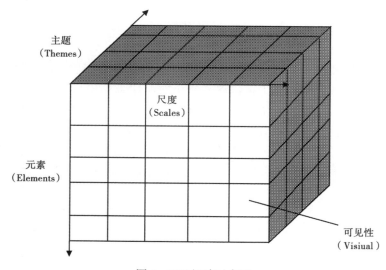

图 4　TES 矩阵示意图

可见性 V（Visiual）为一个控制值，可以选择可见、不可见两种状态（0，1）。在 TES 矩阵的控制下，三维模型的展示步骤如下：获取需要展示的元素，判断元素的类型；计算其尺度因子；根据当前的主题从 TES 矩阵中得到该元素的可见性。根据可见性控制模型加载与否。

2.2 地质体多尺度建模与数据组织

进行地质体多尺度数据组织时，在每个尺度下将整个地质数据体分割成为大小相同的若干块体（称之为瓦块），瓦块是多尺度建模与展示的基本单元。具体地，在每个尺度下，将整个地质体分割成若干个块体，瓦块间相互邻接但不重叠（图5a）；相邻尺度下，同一空间范围内的瓦块间具有八叉树结构（图5b）；每个瓦块内包含一定数量的地质网格单元（图5c）；每个瓦块是进行地质体展示与计算的基本单元（图5d）。以瓦块为基本单元组织油藏数据，有助于高效地完成数据体抽取、展示、相关计算等复杂任务。

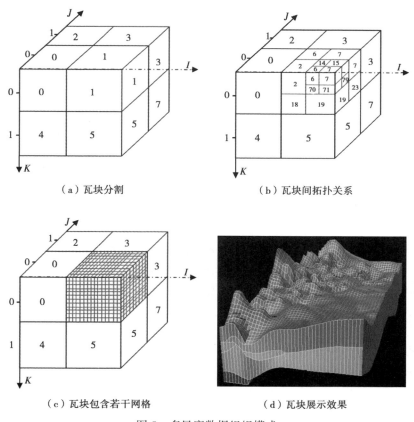

（a）瓦块分割　　　　　　　　　　　（b）瓦块间拓扑关系

（c）瓦块包含若干网格　　　　　　　（d）瓦块展示效果

图5　多尺度数据组织模式

瓦块是多尺度建模与展示的基本单元，利用八叉树结构表达同一空间范围内不同尺度下各个瓦块间的拓扑关系。本文提出了一类无冗余的瓦块数据组织模型。利用所有网格的八个角点坐标构建互不重合的坐标数据集（坐标相同的所有点只被存储一次），并对每个坐标顺序赋予一个索引值。以 I、J、K 三个方向的先后顺序，以网格为单元，计算每个网格的八个角点在坐标数据集中所在的位置，每个网格八个角点的坐标索引值，构成坐标索引数据集，并由此表达网格单元的空间数据结构。因此，每个网格单元只需要存储其八个角点坐标的索引值（共八个整型数据），而非八个角点坐标（24 个浮点型数据）。

在油藏模型中使用五面体表达地层尖灭，在尖灭处网格单元（六面体）同侧的两条棱边相互重合。为了统一数据组织方式，按照与其他网格单元相同的方式，存储地层尖灭处网格单元的八个角点坐标索引值（有两对角点相互重合）。利用网格单元间的空间相邻关系及坐标索引数据集，构建三维场景中的可见面。进行瓦块数据体的展示时只绘制可见面，忽略所有被遮挡的内容，可以大大提高展示效率。首先，按顺序存储各类静态属性的属性值；其次，按照时间顺序存储各类动态属性的属性值。为了便于快速掌握地质体多尺度模型的整体信息以及各个尺度下每个瓦块数据体的整体信息，需要存储地质多尺度数据集的总述信息，称之为"元数据"。存储的具体内容为：（1）地质多尺度模型的尺度个数；（2）每个尺度下在 I、J、K 三个方向包含的瓦块个数；（3）每个瓦块在 I、J、K 三个方向上包含的网格个数；（4）每个瓦块中心点坐标；（5）每个瓦块对角线长度。

2.3　井筒信息多尺度建模与实际组织

采用多细节层次（Level of Detail，简称 LOD）模型，也称分层细化模型，是记录场景或场景中物体不同细节的一组模型。其工作原理是：视点离物体近时，能观察的模型细节丰富，视点远离模型时，观察到的细节逐渐模糊，系统绘图程序根据一定的判断条件，适时地选择相应的细节进行显示，这样就避免了因绘制那些意义相对不大的细节而造成的时间浪费，从而有效地协调了画面连续性与模型分辨率的关系。

离散分辨率的 LOD 模型是独立于三维仿真系统的具有不同细节层次的一组物体模型，它以文件形式存放在磁盘中。为了节约存储空间，离散分辨率 LOD 模型的细节层次一般不会太多。采用离散分辨率 LOD 模型的优点是：各层模型已经定制，免去了实时构造模型的系统开销；各细节层模型间的简化程度已知，容易计算和判断模型的临界使用条件。缺点是：供选择的细节层数有限，模型在不同层间变化时，图像有明显的跳动感。通过插值处理能平滑模型图像，但这意味着新的系统开销。

连续分辨率的 LOD 模型是系统运行过程中根据临界条件和一定算法自动生成的一组模型。从理论上讲，系统程序可以构造任意细节层的模型，故称为连续分辨率 LOD 模型。在实际应用中，考虑到实时构造模型需要占用 CPU 时间，一般新构造的模型与前一层模型的分辨率差别较大，以求低分辨率模型的构造与绘制时间之和小于高分辨率模型的绘制时间。比较实用的自动生成 LOD 模型的技术方法有：Dehaemer 的自适应递归方法，Schroeder 的顶点移动的网络简化方法，Greg 的网络重新划分的多边形简化方法，Hoppe 的整体网络优化方法，Rossigee 的多分辨率近似简化模型，Eck 利用小波变换把多面体模型表示为多分辨率形式，Kalvin 的面片合成方法等。保真、快速是仿真系统对这些方法的最基本要求，某些特殊用途的系统还要求保持模型的拓扑关系不变。与离散分辨率 LOD 模型相比，连续分辨率 LOD 模型只需存储一层最高分辨率的模型，节约了磁盘空间；它能提供更多的细节层数，且细节层的分辨率可动态调整，因而不会引起图像跳跃。缺点是：动态构造模型需要额外的内存和时间开销。

在一个油田工区中会涉及较多的探井、开发井，每口井的钻井、录井、测井、试油和分析化验数据较多，在有限的三维空间中展示这些井筒数据会使用户无法看清关心的信息，因此需要对井筒数据在不同显示尺度下显示的三维对象进行分级处理。即在大的尺度下，只显示用户关心的重点井，随着尺度的逐渐减小，显示的井数目逐渐增多，直到尺度足够小，才显示所有的井信息。对于分级显示，有多种解决方案，在这里是基于距离的，即当相机的距离与整个场景的距离从大变小时，显示的井数目就越多，井的信息就越详细。

基于 LOD 技术，将井信息分为若干个离散的细节层次。例如按照尺度由大到小的顺序，前五个细节层次分别为 1:200000、1:100000、1:50000、1:25000、1:10000 五种比例尺下的图件应该包含的井位数据，且都使用"井圈+井名"的方式表示，仅用于标志油气井的位置与井的名称。后两个细节层次中绘制的井位数据与 1:10000 比例尺下的图件包含的井位数据相同，都含有 2363 口油气井；其中较大尺度的细节层次使用"低精度井轨迹+井圈+井名+地质分层+油气层"的方式绘制井信息，最小尺度的细节层次使用"高精度井轨迹+井圈+井名+地质分层+油气层+测井曲线等"方式绘制井信息。

钻井作业中的测斜数据只是各离散测点处的基本参数，并不反映井眼轨迹的实际形态，井眼空间位置的确定需要在此基础上通过某种测斜计算方法得到。井轨迹数据使用 12.5 米或者更小精度来进行数据的采集，这样产生的井轨迹数据会包括大量的数据点。如果在井轨迹三维展示时使用全部采样点进行展示，不仅消耗大量内存空间，也降低了系统的运行效率，因此，我们针对井斜数据设计了数据点粗化算法。通过引入两个参数：阈值参数 *angle* 以及抽稀度参数 N。对于

阈值参数 *angle*，参考原始井斜数据相邻两点的偏离角度，当该角度大于某个给定值的时候，该点作为关键点不能进行粗化操作；当该点小于给定值的时候，我们可以对其进行粗化操作。对于粗化参数 N，考虑到多个相邻点连续角度都有变化，而且变化范围都没有超过给定值的时候，可以使用从 N 个点抽取一个点的规则进行粗化，这样可以避免将大量连续偏离角度小的变化点进行粗化，从而导致井轨迹失真。粗化后的井轨迹虽然精度上不如原始数据，但是用在井筒低精度级别显示时，可以有效地提升系统的运行效率并降低内存的消耗。

对于录井数据和测井数据，它们的采集精度非常高，通常都是 0.125 米一个采样点，但是这些数据往往不是全程测量的，仅仅是针对井筒的某一段进行测量。因而，对于这些数据并没有将其强制降低精度跟井轨迹一起显示，而是采用显示多个井轨迹的方案进行处理。原始的井轨迹数据可以采用井筒直径为 1 进行三维展示，属性数据可以使用井筒直径大于 1 的方式进行展示。这样的处理既不影响原始井轨迹的展示，还可以清晰地展示相关的属性数据。

2.4 多尺度三维地质体的可视化表达

依托 863 重点课题与胜利油田合作开展了"数字油田"三维地质体的多尺度展示关键技术研究。可视化平台选择 Open Inventor 作为三维可视化的软件工具，Open Inventor 是由一套面向对象的跨平台三维图形软件开发工具包组成。

油田勘探所需的尺度由大到小，业务应用所需展示地质对象的类型也不尽相同。具体地，将区域地质调查业务所需信息的尺度定义为大尺度，将开发方案调整业务需要展示信息的尺度定义为小尺度。区域地质调查前，对目标区域掌握的信息有限，一般只能获取到大比例尺的构造分布图和少量的钻井信息。进行开发方案调整时，能够收集到多种类型且精度较高、尺度较小的信息，包括精细的地层格架信息、钻井信息、录井信息、测井信息、油藏剖面图、油藏数值模拟结果等。选择某油田区块的数据，依据业务主题需求，对关键地质体进行多尺度展示，采用多尺度展示模式，在可视化平台 Open Inventor 上进行了油藏地质体多尺度可视化软件开发。图 6 是为开发方案调整提供决策辅助支持的地质对象关键信息综合展示，图 7 是三维复杂地层展示效果图，图 8 是储量计算单元展示效果图，图 9 是某油田 CB20#附近井集三维展示图，图 10 是某油田储层与油藏数模不同尺度三维可视化结果，图 11 是从 26 井到 32 井的一张油藏剖面图。利用基于"业务主题—信息尺度—地质对象"矩阵（TES 矩阵）的三维地质体多尺度展示模式，可以实现海量大数据实时快速展示不同主题、不同尺度的地层、构造、钻井等三维地质体空间与属性，为业务应用提供适当尺度下业务人员所感兴趣的地质信息，大大提高了三维地质可视化的实用性。

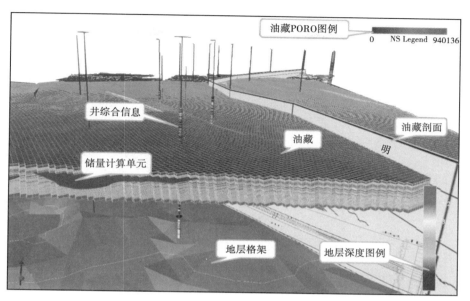

图 6　地质体关键信息综合展示图

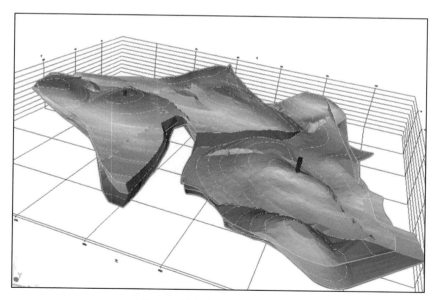

图 7　三维复杂地层展示效果图

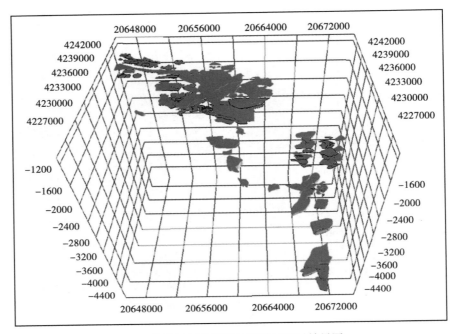

图8 某油田区块储量计算单元展示效果图

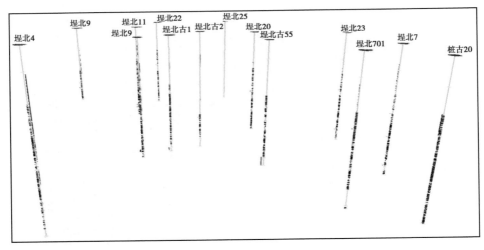

图9 某油田 CB20#附近井集三维展示图

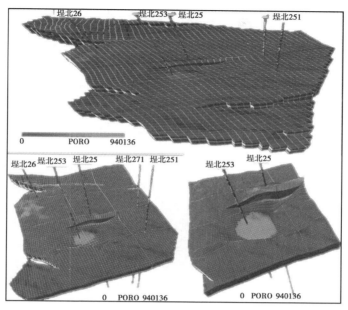

（a）储层不同尺度展示

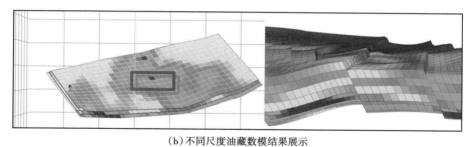

（b）不同尺度油藏数模结果展示

图10　某油田储层与油藏数模不同尺度展示图

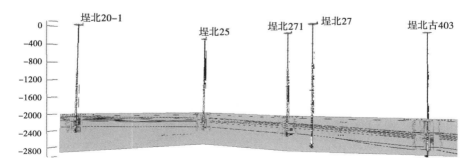

图11　油藏剖面（20-27-403井）与井筒综合展示效果图

3 基于机器学习的储层评价技术

在三维地质体可视化表达的技术支持下，实现油气藏构造综合评价、剩余油动态评价、虚拟钻井模拟分析与评价等是"智慧勘探"的关键，也是能否得到油田勘探开发工程师认可的关键。基于大数据的机器学习技术是实现"智能勘探"的非常有效的支撑技术。

大数据时代的到来，是全球信息化发展到高级阶段的产物。大数据具有 5V 特征：数据量大（Volume）、数据类型多（Variety）、增长速度快（Velocity）、允许数据不准确（Veracity）、隐含价值高（Value）。目前，一般大数据分析框架包括数据层、数据分析层和数据应用层。数据层存储了海量、高维、多源、异构的多种格式的数据。原始数据在经过数据预处理之后，可被用于数据挖掘，提取数据中隐含的信息和知识。数据预处理过程包括数据清洗、格式转换、数据归一化、特征提取与选择。机器学习方法包括分类、回归、聚类和神经网络等。随着计算机硬件水平的提高、云计算和并行计算的发展，数据存储和计算能力不再是大数据分析中的决定性因素。总的来说，大数据的研究必须以明确的需求为先导，以不同应用需求为目的，开展各种数据的搜集、数据特征分析、机器学习及应用整个过程的相关技术与方法体系研究。

机器学习其实是一门多领域交叉学科，它涉及计算机科学、概率统计、函数逼近论、最优化理论、控制论、决策论、算法复杂度理论、实验科学等多个学科，它能够发现大数据中的复杂结构，在图像识别、语音识别、主题分类、情感分析、自动问答和语言翻译等多类应用中取得突破性的进展，机器学习成为解决大数据分析问题的重要工具。随着计算能力和数据量的增加，以及新的学习算法和架构的出现，机器学习会发挥越来越重要的作用。近年来，陆续发展了一些新型的机器学习技术，主要有深度学习、强化学习、对抗学习、对偶学习、迁移学习、分布式学习，以及元学习等，受到人们的广泛关注，也在解决实际问题中提供了有效的方案。随着大数据分析方法的发展，机器学习领域中的深度学习逐渐在图像识别、语音识别等领域取得较好的效果。

深度学习方法主要有：卷积神经网络（Convolutional Neural Network，CNN）、深度信念网络（Deep Belief Network，DBN）、堆栈自编码（Stacked Auto Encoder，SAE）、深度递归网络（Recurrent Neural Network，RNN）、贝叶斯深度学习（Bayesian Deep Learning，BDL）、深度强化学习（Deep Reinforcement Learning，DRL）等。近年来国内外学者将深度学习方法引入地学领域，主要有：（1）地质特征提取和分类，利用 CNN 在模拟的地震属性体上提取断层、构造特征，并作为先验模型用于全波形反演，利用 DBN 方法对地震图像进行含气层和无气层的特征提取，并进行岩性分类，为气藏识别提供了依据；（2）储层预测及评价，采用多层感知器和 CNN 方法，结合经验模态分解和傅里叶谱来提取多尺度特征（趋势、周期、随机），通过多尺度深度特征学习来进行储层预测。

因此，从不同的业务目标出发，基于多尺度三维地质建模与可视化平台，构建油气勘探开发不同业务的地学模型，研究相应的机器学习策略，是实现"智能勘探"的有效技术。

多年来，我们与青岛海洋地质研究所合作开展了海洋地质信息服务集成、三维地质建模与展示、海洋地质数据挖掘与分析等"数字海洋"的关键技术研究，实现了一站式平台提供多样化海洋地质信息服务；基于海域油气地质调查的多尺度三维地质体可视化展示，开发了基于深度学习的海洋地质数据挖掘分析模块。

3.1 天然气水合物数据挖掘服务组件

在水合物数据挖掘业务需求分析的基础上，开发了天然气水合物数据分析与挖掘系统（图 12 和图 13）。该系统具有水合物数据挖掘分析、数据分析、分析结果展示等功能。SPSS Modeler 软件平台提供了批处理模式（流文件方式和脚本

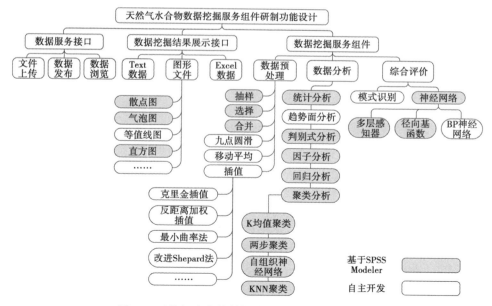

图 12　天然气水合物数据分析与挖掘组件功能图

文件方式），在软件模块开发时，可以方便地调用 SPSS Modeler 提供的分析与挖掘方法模块，从而快速实现基于 SPSS Modeler 的数据挖掘服务平台构建和实现。因此，我们在服务组件开发时，采用了基于 SPSS Modeler 的开发和底层开发相结合的方式。

（1）数据服务，实现与三维地质体的数据交换服务功能，主要包括文件上传、数据发布和数据浏览等功能。

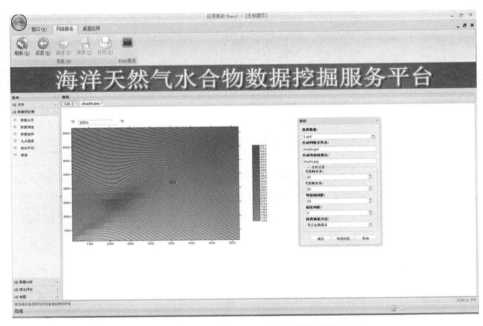

图13　天然气水合物数据分析与挖掘服务平台

（2）数据挖掘结果展示，实现对数据挖掘结果的展示功能，根据结果的分类，对 Text 数据、图形文件和 Excel 数据分别按照散点图、气泡图、等值线图、直方图等专业图件方式展示。

（3）数据挖掘服务组件，实现对数据进行不同方法的数据挖掘功能，按照数据挖掘流程，分为数据预处理、数据分析和综合评价三大模块。根据其功能不同，数据预处理分为抽样、选择、合并、插值等功能组件，其中插值组件包含克里金插值、反距离加权插值、最小曲率法插值等功能。数据分析由统计分析、趋势面分析、判别式分析、因子分析、回归分析和聚类分析功能组件构成。其中回归分析包含线性回归分析和非线性回归分析功能，聚类分析包含 K 均值聚类分析、两步聚类分析、自组织神经网络分析和 KNN 聚类分析等功能。综合评价模块主要由自学模式识别和神经网络两种功能模块组成，其中神经网络包含径向基函数神经网络、多层感知器和 BP 神经网络等三个功能模块。

3.2 海洋地质信息服务集成

按照海洋地质信息资源分类与接口规范的要求，将在线地图、海洋地质三维可视化、海岸带监测实时监控、数据产品定制与服务等应用进行服务封装，并集成到海洋地质数据资源共享平台（图 14）。

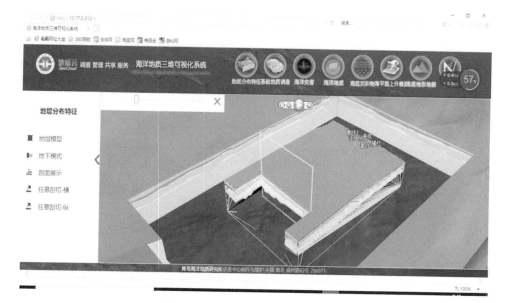

图 14　海洋地质数据资源共享平台

以海洋油气勘探业务过程为基础，提取海洋油气勘探大数据的油气指示，以构造含油气性评价业务为驱动，结合研究区油气成藏模式，开展了基于油气勘探大数据和深度学习的综合评价应用。在某海域研究区对 5 个局部构造提取了 15 个评价指标，构成圈闭评价的评价指标体系，形成海洋油气资源综合评价方案，采用自学模式识别方法和灰色关联分析方法进行了油气评价，其结果如图 15 和图 16 所示。综合应用效果表明，利用多尺度三维可视化及大数据深度学习方法，可以实现构造含油气性评价的快速化和智能化。

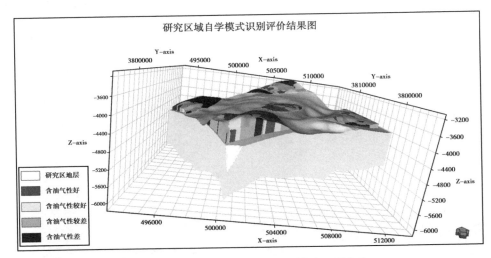

图15 局部构造油气评价（自学模式识别方法）

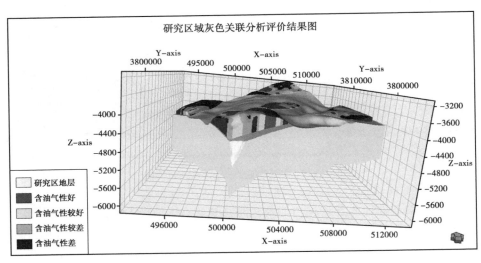

图16 局部构造油气评价（灰色关联分析方法）

4 几点认识

（1）目前国内各大油田都开展了"数字油田"建设，开发了各具特色的"数字油田"平台，在油田勘探开发中发挥了很好的作用，为开展"智慧油田"的建设奠定了良好基础。"智慧油田"的建设与勘探开发业务联系更加紧密，勘探开发工程师能否成为建设的"主角"是关键，信息工程师应该想办法调动勘探开发工程师的积极性，让他们直接领导和参与"智慧油田"的建设。

（2）多尺度三维地质体可视化展示、分析、信息提取技术是"智慧油田"的核心技术，一定要按照"既好看又好用"的标准，研究基于大数据的多尺度三维地质体可视化表征、分析、知识提取技术，研究三维地震解释系统融合的多源信息三维地质建模与可视化技术，实现地震数据体—地质体一体化的构造、储层的空间和属性分析，是实现"智慧勘探"的有效途径。

（3）机器学习所涉及的数理统计类和"黑箱"类的方法，就单一方法而言，大都已经在地学领域得到广泛应用。但机器学习是一种创新理念支配下的新技术，在地学中的应用才刚刚起步。将机器学习应用于"智慧勘探"系统建设中，要解决的核心问题有：一是正确认识和理解大数据和机器学习的理论和方法实质，改变我们对单一信息的处理和解释的模式；二是要以业务模型为驱动开展相关研究，离开业务模型的机器学习是解决不了勘探开发问题的。

在中国石油勘探开发研究院见证和
亲历中国数字油田 20 年

李大伟

中国石油勘探开发研究院全球所

  我国石油工业信息化建设从 1980 年左右就已经开始，经过约 40 年的发展，已经取得了可喜的成果。目前在油气勘探、开发、生产、管道、炼油、化工、销售等上游、中游、下游各个业务环节和领域中都广泛使用着各类信息系统，各单位在各业务领域基本都有自建、合建或统一建设的信息系统。以中国石油天然气集团公司（以下简称为"中国石油"）为例，其信息化一直坚持"统一、成熟、实用、兼容、高效"的十字方针，贯彻"化是过程、统是原则、建是重点、用是目的"的工作要求，按照"业务主导、部门协调"的信息化工作机制，稳步推进其信息化建设。在"十三五"信息规划中，统建的信息系统（项目）已经达到 80 多个。这些系统在各自的业务领域对改造传统模式、加快结构调整发挥着非常重要的作用，同时也与国际石油公司的信息化水平差距不断缩小。中国石油旗下的新疆油田和长庆油田等都已宣布完成了部分或全部数字油田建设。总体来看，中国石油的信息化经过分散建设、集中建设和集成应用几大阶段的发展，正在向全面共享推进，成为推动整个行业发展的巨大动力。

  本文主要根据作者所掌握的材料，介绍中国石油勘探开发研究院（以下简称为"勘探院"）的基本情况，特别是在中国数字油田发展中所做的主要工作，以及个人对中国数字油田和石油工业信息化的一些比较粗浅的理解和认识。

  谨以此文献给中国数字油田 20 年，并与中国数字油田的建设者共勉。

1 勘探院简介与油田数字化建设经历

1.1 勘探院简介

勘探院是中国石油面向全球油气勘探开发的综合性研究机构，包括北京院区、廊坊院区、西北分院和杭州地质研究院，业务领域涵盖油气勘探、开发、工程、信息化与标准化、新能源勘探开发、技术培训与研究生教育等。

勘探院共有员工3000多名，其中科研人员近2000人，包括两院院士8人、教授级高级工程师150余人。

勘探院理论技术实力雄厚。具有比较完整的地质学、地质资源与地质工程、石油与天然气工程、能源战略与信息工程的学科体系，自主研发和集成创新了一系列重大配套技术和专项特色技术。

勘探院科研条件完善。拥有多个国家级和公司级重点实验室和众多仪器设备，特别是中国石油数据中心、中国石油勘探开发资料中心等与数字油田有关的机构设在勘探院（图1），保管有大量的勘探开发数据资料和科技文献，配备有先进的计算机软硬件资源及强大的信息网络系统，从而为勘探院参与中国石油的数字油田和信息化建设提供了良好的软件和硬件条件。

图 1　中国石油数据中心大楼

勘探院目前从事中国石油信息化的二级单位主要有计算机应用技术研究所、石油工业标准化研究所、科技文献中心、档案处，共有相关技术人员约 300 人。从事的信息化与标准化工作包括：计算机应用技术应用，信息基础设施建设与运维管理，信息综合管理系统建设，勘探开发应用系统技术支持与服务，勘探数据总库管理与数据服务，信息技术支持及应用服务，科技信息资源研究及服务，国内与海外油气田勘探开发资料管理，石油工业国家标准、行业标准体系研究等。

1.2　我的数字油田相关经历

我个人先后从事过石油地质、地球物理、软件设计开发、油气资源评价、信息化建设和应用等方面的学习和研究工作。真正参与中国石油的信息化和数字油田建设是 2003 年在中国石油勘探院做博士后研究结束，于当年留在勘探院工作后开始的。

我从硕士研究生开始，因研究方向的关系（油气运移和盆地模拟），便接触和自学了软件设计、软件开发等与数字油田有关的技术和思想，由此与石油工业信息化结下了不解之缘。但我个人的专业背景是油气勘探，因此并不算真正的信息化专业人员，只是一个信息化战线的"半路出家人"。不过，这反倒让我可以更多地从油气勘探开发信息化的应用角度，认识和参与信息化和数字油田的建设和应用。

我先后参与或负责过多个大、中型应用软件和信息系统的研制和应用，如地震解释系统（GRIstation 4.0，GeoEast 1.0）、盆地综合分析系统、油藏综合描述系统（RICH）、中国石油第三次油气资源评价系统（PASYS）、勘探与生产技术数据管理系统（A1）、全球油气资源信息系统（GRIS）等。

在勘探院工作近 20 年，勘探院为我提供了一个见证和亲历中国数字油田发展的大平台，在此过程中个人也不断学习和成长，并努力作出了自己应有的贡献。

2　勘探院在中国数字油田发展中的作用

勘探院依托自身独特的地理优势、资源优势、人才优势等，积极参与中国石油的数字油田建设，并发挥了重要的作用。以下试举几方面的工作，说明勘探院在中国石油的数字油田和信息化建设中所发挥的作用。

2.1　勘探院参与的数字油田建设相关工作

2.1.1　勘探开发数据模型研制等基础工作

数据模型及数据标准建设是信息化和数字油田的最基础工作之一。国际上已有许多比较成熟的油气行业数据模型和标准，如 POSC、PPDM、SeaBed、EDM 等，但它们并不能完全满足国内油气行业的需求，因此从 20 世纪 90 年代开始，国内几家石油公司就开始研制自己的数据模型。

勘探院计算机应用技术研究所的一些专家一直参与了国内油气行业数据模型 PCDM（中国石油勘探开发数据模型，PetroChina Data Model）、PCEDM（中石油勘探开发一体化数据字典）和 EPDM（PCEDM 的升级版）等模型的研制。以 PCEDM 为例，它是以 POSC EPICENTRE 国际标准为指导，借鉴了 Landmark 公司 EDM（Engineering Data Model）井筒模型标准，融合了中国石油 PCDM 2002 版数据字典，结合中国石油实际业务与管理需要，在大量调研与分析的基础上所研制的，其中的基本实体表约有 19 张，涉及数据项约 510 项，实现了勘探、开发各专业数据的一体化管理，可以满足钻完井、地质录井、测井、试油试采、井筒作业、油气水井生产等业务中的各种数据及数据管理需求，为后来的 EPDM 模型及其在海外业务的模型扩展打下了非常好的基础，也为中国石油勘探开发业务的信息化从模型和标准层面提供了最基础的保障。

2.1.2 中国石油物探测井总库建设

勘探院虽然自己基本不产生数字油田相关的各类原始数据（非地震物化探、地震、钻井、录井、测井、试油、试采、井下作业等），但会产生大量的研究成果（如成果数据体、研究报告、汇报材料等），以及全国范围内的许多分析化验数据和报告。

勘探院计算机应用技术研究所以中国石油物探测井总库建设项目为依托，完成了中国石油下属 14 个油气田（1997 年之前是全国 24 个油气田）的地震数据和测井数据的整理、转储、建库、开发及应用研究。其中的地震数据库包括 40 多年（1970 年以来）、约 10 万条地震测线数据，二维地震数据约 200 万千米，三维地震数据约 20 万平方千米，共有数据量约 200TB。测井数据包括中国石油各油田 1940 年以来的数据，其中 1996 年之前的数据是纸质的，计算机应用技术研究所已经完成了部分纸质测井资料的电子化整理。1996 年之后的测井数据都是电子化的，大约有 30000 口井、1TB 的数据量。国内仪器采集的测井数据格式统一为 LA716。

中国石油物探测井总库的建设，不仅保护了宝贵的地震和测井数据资产，也为后来的 A1、A2 等信息系统建设打下了很好的基础，在中国石油数字油田建设中发挥了重要作用。

2.1.3 中国石油信息规划

中国石油为了对本公司的信息化建设统筹规划，先后编制了"十五""十一五""十二五""十三五"规划。而勘探院的信息技术人员一直积极参与中国石油信息规划的编制和实施，为中国石油信息化和数字油田建设做好了顶层设计，从规划层面为中国石油信息化的"六统一"（统一规划、统一设计、统一标准、统一投资、统一建设、统一管理）提供了保证。

以中国石油"十三五"信息规划为例，勘探院负责其中勘探与生产板块的信息规划编制和滚动完善。在此过程中，遵循"突出重点、强化应用、逐步完善、稳步推进"的战略方针，坚持"目标引领、需求导向、业务驱动、以用促建、急用先建、边建边用、逐步完善"的建设原则，搭建规范统一数据库、统一管理平台、通用应用功能的信息系统，为油气田"增储上产、节能降耗、降本增效、安全环保"提供技术支持和系统支撑。规划目标以产品化、商业化、工业化为建设目标，以提供标准、平台、接口、工具为重点方向，认真做好需求再梳理、设计再优化、性能再提升、速度再提高、基础再加强等工作，突出系统共性、实用、通用，使所建系统在生产及管理中发挥作用。重点是围绕如下的"两统一、一通用"开展工作。

（1）建立统一的勘探开发主数据库环境（打基础）：统一数据标准，规范数据采集和管理；建设标准的勘探开发主数据库，夯实勘探开发数据基础。

（2）搭建统一的勘探开发信息基础平台（建平台）：建设统一、开放、安全、稳定的信息技术平台，实现功能模块复用、开发部署灵活、实用软件集成整合。

（3）建设通用的业务应用系统（强应用）：关注主营业务活动，建设一系列可推广、共性通用的重点业务应用。

2.2 勘探院数字油田建设成果

如前所述，勘探院本身并没有油气田，所以不直接建设自己的数字油田。其在中国石油信息化和数字油田建设中的主要作用是作为中国石油主要的内部信息队伍之一，参加相关项目的组织、管理和运维。在此过程中取得了许多成果，下面试举几例。

2.2.1 A1、A2、A11 等项目建设和应用

勘探院信息技术人员除了完成本单位的信息化建设和应用推进外，也积极参与、负责中国石油与数字油田上游业务有关的统建系统，主要有 A1 项目（勘探与生产技术数据管理系统，曾用名"地球科学与钻井系统"）、A2 项目（油气水井生产数据管理系统，曾用名"上游生产信息系统"）、A11 项目（油气生产物联网系统）、E8（认知计算分析系统）等。其中的 A1 系统是中国石油信息化建设的重要项目，对进一步提高油气勘探开发地学研究及生产管理水平，全面提升企业核心竞争力，都具有非常重要的意义。

笔者从 2004 年 8 月 13 日的 A1、A2 项目启动会开始，即正式加入到了中国石油的信息化建设大潮中，先后参加了 A1 项目的大庆试点、辽河油田推广（作为项目经理，2006—2007 年）、华北油田推广（作为项目经理，2007—2008 年）、勘探院推广（2008—2009 年），以及担任 A1 项目的应用组组长。由于工作出色，本人于 2008 年获中国石油信息管理部优秀项目经理称号。

A1 系统的核心功能是管理中国石油下属各油气田和研究院的勘探开发技术类数据。目前 A1 系统管理的地震数据覆盖约 5000 个地震工区，井筒结构化数据 7 亿多条，涉及勘探评价开发井 40 万余口，井筒 51.2 万余个，测井数据 7.3TB，地震数据 1600TB 以上，成果文档 410 余万份，建成的项目研究环境为约 2000 个项目提供了数据服务。

A1 系统的建设和应用在中国石油上游信息化建设中具有重要的位置。随着 A1 系统建设和应用的不断推进，A1 系统数据服务的高效、便捷、准确、可靠的优势逐渐显现，油田对 A1 系统的认识逐步加深。同时，A1 系统也为后来的 A6 系统（勘探开发一体化协同研究及应用平台，曾用名"数字盆地系统"）等相关系统的建设和应用打下了良好的数据模型、数据资源、运行维护、人才队伍等方面的坚实基础。

2.2.2 海外信息化基本情况

随着国内剩余油气资源的不断减少，合理有效利用国外油气资源是中国的石油企业进行国际化经营和保障国家能源安全的重要战略，中国的石油公司走出去成为必然。

自 1993 年中国石油开始在国外开展油气勘探开发以来，到 2018 年年底，中国石油在全球 32 个国家共运作着 92 个油气合作项目，其中勘探项目 6 个、勘探开发项目 32 个、开发项目 32 个、中下游项目 22 个；建成了三大油气运营中心、四大油气运营通道和中亚—俄罗斯、中东、非洲、美洲和亚太五大油气合作区。自 2011 年海外油气生产获历史性突破，权益产量当量达到 5175 万吨，成功建成了中国石油工业的首个"海外大庆"以来，每年都有增长，2018 年海外权益产量当量达到 9818 万吨。此外，截止到 2018 年年底，中国石化在 24 个国家有 45 个项目、251 个区块，年产权益油气 4000 多万吨油当量；中国海油在 22 个国家有勘探项目 20 余个、160 余个区块，开发项目 12 个、120 余个区块。

随着中国石油海外业务的不断扩展，海外信息化也成为其降本增效、保障能源安全的必由之路。中国石油的海外信息化主要由中国石油国际勘探开发有限公司（CNODC）负责组织和管理，具体实施主要由中油瑞飞公司等内部信息队伍和一些外部信息公司承担。

中国石油海外信息化也遵循中国石油信息化的"六统一"原则，同时结合海外信息化基础状况、特殊需求和 CNODC 信息化发展战略，并继承中国石油国内信息化的相关成果，研制开发了海外勘探开发信息管理系统（EPIMS）等多个大、中型信息系统，为中国石油的海外业务发展提供了信息技术支持和强劲动力。

2.2.3 个人在海外信息化所做主要工作

自 2011 年 9 月，根据工作需要和个人意愿，我从勘探院计算机应用技术研究所调动到海外研究中心的全球油气资源与勘探规划研究所（简称为"全球所"），从事中国石油海外信息化和数字油田的建设和应用。

2011 年以来完成的主要工作是负责"全球油气资源信息系统"（简称为"全球库"）的建设和应用。全球库是于 2008 年开始，以国家科技专项"全球油气资源评价与利用研究"（"十一五"项目）和"全球剩余油气资源研究及油气资产快速评价技术"（"十二五"项目）、"全球油气资源评价与选区选带研究"（"十三五"项目）为依托，从无到有，不断研制和发展起来的。自"十一五"以来，经过约十年的建设，目前全球库中已建成各类子库约 20 个，管理了海量的勘探开发技术数据和文档资料。仅以其中的"海外中心知识信息共享平台"为例，截至 2019 年 2 月底，其管理的各类非结构化资料达 212 万个（套）、1240GB。

全球库目前的最新版本是 2.0。它集全球油气资源相关数据、资源评价应用软件、GIS 地质制图等于一体，为全球油气资源评价及海外业务发展提供了软件和数据支持，已经成为勘探院从事海外勘探开发业务的一个重要数据、信息、知识获取平台和工作平台。

全球库所属课题先后获勘探院 2011 年科技进步一等奖、2013 年度海外中心十大技术支持成果和勘探院 2015 年科技进步一等奖，所属项目获中国石油 2018 年科学技术进步一等奖。这些荣誉充分说明了中国石油和勘探院管理层对全球库的认可和海外信息化的重大意义和作用。

个人在全球库项目的主要贡献：负责系统需求分析、原型设计开发、数据资源建设和应用等。

此外，从 2016 年开始，作为项目长，本人带领团队连续三年开展了海外五大合作区勘探数据库建设、海外勘探数据资源与 EPIMS 集成等项目的实施，共向 EPIMS 系统加载海外勘探开发技术资料约 10000GB、30 万份，并完成了 EPIMS 和"海外中心知识信息共享平台"之间双向共享接口的研制，不仅保护了宝贵的海外数据资产，还大大提高了数据共享水平。

3 对中国数字油田的一些思考

中国数字油田发展之路艰巨而漫长，是许许多多信息技术人员和业务人员、管理人员和技术人员共同努力的目标。作为一名普通的科研工作者，我也一直在思考和探索中国数字油田在发展过程中面临的一些关键问题和对策。限于篇幅，下面仅简述个人对中国数字油田的一些思考。

3.1 中国石油工业信息化之十大关系

根据笔者多年从事中国石油上游信息系统建设和运行维护的体会，将信息化建设过程中的各种错综复杂的主要关系概括为以下十大关系：

信息与业务，安全与共享，继承与发展，建设与应用，数量与质量，统一与个性，甲方与乙方，总部与地方，试点与推广，软件与硬件。

同时，对如何处理这些关键的关系进行了深入探讨（详见参考文献36）。

例如，对于"信息与业务"的关系，笔者认为：处理好信息与业务的关系对于信息化建设和应用的成败至关重要。业务部门和信息部门应加强合作，实行规范的项目管理，共同协商解决项目实施中遇到的各种问题。信息系统应用的主体是业务部门，系统建成后能不能用好，关键在于业务部门。业务部门应从需求、可研、设计、实施、管理、应用等环节，自始至终参与到信息系统的建设和运维之中；要充分发挥业务部门在信息系统应用中的主导作用，由业务主管部门下发专门文件要求在相关业务领域全面应用，使系统应用常态化、业务化。信息部门要努力做好系统应用的技术支持和服务，及时解决系统运行中出现的各种问题，保证系统的平稳运行。同时，"业务驱动"是各种数据管理系统建设和应用的原则之一，是解决数据质量和深化信息系统应用的有效手段。

3.2 中国石油工业信息化之二十大策略

通过分析中国石油信息化的现状及存在问题，从管理和技术角度，笔者提出和论述了中国石油工业信息化的二十大策略（详见参考文献37）：

以人为本，领导挂帅，坚持统一，允许个性，步步为营，风险管理，制度保证，平衡关系，集成协作，量质并重，软硬兼施，建用互促，稳定易用，创新拓业，先试后推，安全保证，最大共享，优存劣汰，正视问题，持久战略。

例如对于其中的"平衡关系"策略，笔者认为：石油工业的信息化涉及的单位、部门、业务、专业都比较多，需要平衡的关系也很多，诸如信息与业务、安全与共享、继承与发展、内部队伍与外部队伍等之间的关系。例如"安全与共享"就是一把双刃剑，如果通过管理、技术手段保证数据安全的前提下，大家能积极、充分共享数据，就能真正发挥信息系统建设的价值。应坚持以安全保应用、以应用促安全的思路，将信息安全与信息系统建设应用有机结合起来，同步推进，协调发展。"最大共享"是笔者认为对这一关系处理的正确原则。

3.3 中国石油工业信息化之数据"8C"标准

对于石油工业信息化，无论是过去的"小数据"还是现在的"大数据"，数据都是其中最基础、最核心的组成部分。目前非常热的人工智能的基本"食物"无疑也是数据。数据可以说是我们这个时代的另一种"看不见的石油"。过去曾有"Money talk"一说（类似于中国俗语中的"有钱能使鬼推磨"），在大数据时代，笔者认为可以"Data talk"（即大家现在说的：听数据说话，靠数据说话）。但由于管理和技术两大方面的原因，石油工业信息化涉及的数据仍存在各种各样的问题，诸如数据不准确、不及时、不全面、不一致、不安全、不规范等，严重制约了石油工业信息化的发展和应用。为此，基于多年从事油气勘探开发和信息化的研究和工作经验，笔者提出了在大数据时代，石油工业信息化之数据标准化的"8C"标准（详见参考文献38），即：Correctness（正确性）、Currency（及时性）、Completeness（完整性）、Consistency（一致性）、Confidentiality（保密性）、Conciseness（简洁性）、Concentration（专注性）、Criterion（规范性）。

4 未来展望

过去属于历史，中国数字油田还将继续向智能油田和智慧油田迈进。而数字油田的良性可持续发展，需要信息技术人员、勘探开发等业务人员，以及管理人员之间的通力协作。同时，要及时将有关学科的最新技术吸纳进来，诸如大数据、人工智能（含机器学习、深度学习等）、边缘计算、云计算、物联网、区块链等，并将其应用于油气行业。目前这些新技术发展迅速，但在油气行业的应用还处于起步阶段，需要大力发展和应用，从而更全面、更高效地掌握全球油气富集规律与资源潜力，保障国家能源安全。

中国石油未来的海外信息化和数字油田建设，也需要进一步统筹规划，充分继承国内信息化的成果，吸取国内信息化的经验和教训。同时，充分利用通过海外项目与国际知名油公司合作的机会，学习其信息化和数字油田建设的最佳实践，并引入到国内的信息化和数字油田建设中，使得国内外两条战线相辅相成、共同发展（图2）。

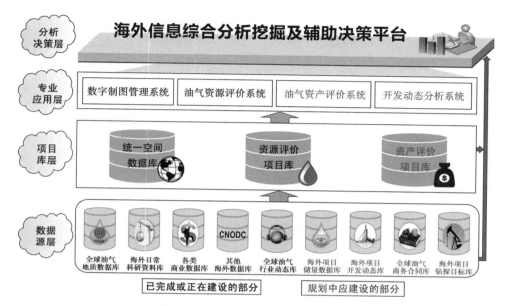

图2　勘探院海外中心信息平台规划图

　　此外，中国从事海外业务的几大石油公司在海外油气勘探开发和信息化建设中应当加强合作，充分共享数据、信息资源和研究成果，实现国家和公司利益的最大化。

　　作为个人，在以后的工作中，我会继续将所熟悉和掌握的地质、物探、计算机等知识紧密结合起来，在信息化建设和应用、地学大数据挖掘等研究领域力争取得创新成果，为中国石油工业的信息化和数字油田继续尽职尽责，贡献微薄之力。

5　致谢

　　本文在编写过程中，得到勘探院周相广、石桂栋，中油瑞飞公司刘景义等专家的热心帮助；长安大学数字油田研究所高志亮所长也提出了很好的修改意见，特此一并致谢！

数字化让长庆油田插上腾飞的翅膀

牛彩云

中国石油长庆油田油气工艺研究院

长庆油田，这个横跨陕甘宁蒙晋省（区）15个市61个县（区、旗），勘探开发面积37万平方千米的广袤油田，北部是荒原大漠，南部是黄土高原，山大沟深、沟壑纵横、梁峁交错（图1）。这个外部条件艰苦，盆地资源丰富，堪称世界级难度的低渗透乃至超低渗透油田，承载了长庆几代人的希望，也洒下了长庆人的艰辛。从开发初期到现在，经历了创业期的艰辛、开发调整期的迷茫，直至西峰油田发现，才彻底扭转了产量停滞不前的困境，快速建产成为长庆特有模式，短短几年内产量不断刷新，长庆从无人知晓的小油田一跃成为中国石油的当家花旦。这一切，科技创新与技术的进步功不可没！数字化应用更是助推剂，让

图1　长庆油田黄土塬地貌和丛式井组

长庆油田插上腾飞的翅膀，推动长庆油田轻装上阵，实现了"用最少的人管理最大的油气田"。

所谓数字化油田，从广义角度看，指以信息技术为手段全面实现油田实体和企业的数字化、网络化、智能化和可视化；从狭义角度看，数字油田是一个以数字地球为技术导向，以油田实体为对象，以地理空间坐标为依据，具有多分辨率、海量数据和多种数据融合，可用多媒体和虚拟技术进行多维表达，具有空间化、数字化、网络化、智能化和可视化特征的技术系统，即一个以数字地球技术为主干，实现油田实体全面信息化的技术系统。数字油田概念起源于中国，大庆油田1999年首次提出了数字油田的概念。大庆油田高瞻远瞩的构想，得到了国内外石油和IT领域众多技术专家、学者以及管理人员的普遍认可！

长庆油田，虽然认知度上没有国内其他油田高，但科研研究仍具有前瞻性，开展的"抽油机井优化设计和诊断""抽油机井功图计产"等技术，是长庆油田迈向数字油田的重要技术，其成功开发和完善，为数字油田前期软件的开发做好了储备。

抽油机井优化设计和诊断技术——其雏形是1986年编制的一套PC-1500计算机程序，主要针对直井。安塞油田开发后，定向井成为长庆油田主要开发模式，后又对软件进行修改与完善，将原有的PC-1500计算机参数优选程序经过修改、移植到"诊断"系统中，研发出"定向井优化设计和诊断"软件。在安塞油田应用50口井，采取现场诊断分析和现场检泵跟踪调查的办法进行了验证，诊断结果符合率达90%以上。经过十多年的开发，软件由单机版向网络版发展，功能涉及抽油杆柱组合设计、抽汲参数设计、抽油机选型、抽油机运动和平衡分析、泵功图的识别与诊断等，至2000年，该软件已在长庆油田全面推广，累计应用井数超过10000口，成为长庆油田设计与管理定向井的一项重要手段。

抽油机井功图计产技术——助推长庆油田数字化发展的里程碑技术，1999年由长庆油田油气工艺研究院科研人员提出，其思路是将井口实测功图转化为井下泵功图，然后对此泵功图进行定量分析，判断游动阀、固定阀开闭点的位置，确定泵的有效冲程、充满系数、气体影响等参数，计算泵的排液量，进而求出地面折算的有效排量。最早研制了便携式"CKZY-Ⅱ抽油机井多功能液量测试仪"和便携式"无线传输液量测试仪"。后由于开发的便携式测试仪在现场应用中受仪器本身、天气、测试时间等因素的制约，特别是低产、间歇出油的油井，无法利用某一时刻测试的示功图反映油井实际生产能力，为此提出了采用全天候、自动采集示功图数据的方法，研制了集测试技术、通信技术、计算机技术为一体的无线传输式油井计量技术。抽油机井功图计产技术在长庆油田进行了108井次的现场测试试验，试验结果与同期单量液量相对比，测试平均误差为6.17%，达到了油气集输设计规范规定的计量精度±10%以内的要求。至此，该技术成功实现了功图计产，取消了计量间，实现了抽油机井远程自动监测、实时示功图数据采集、油井工况诊断、产液量计量等综合功能。

"十年磨一剑，砺得梅花香"，这两项技术的创新研发并推广应用，为高效化、智能化的管理提供了技术支撑。对于当时正在建设的西峰油田，时任长庆油田分公司总经理、党委书记的胡文瑞在第二采油厂召开的"陇东石油勘探开发座谈会"上，提出了西峰油田"采油工艺高科化、工艺流程最简化、开发系统环保化、现场管理数字化"的高起点开发的"四化"要求。2004年9月30日，中国石油天然气集团公司副总经理、股份有限公司总裁到西峰油田检查指导工作时要求，把西峰油田建设成一流水平的油田、管理成一流水平的油田，打造成中国石油21世纪的示范油田。正是在这种高标准、高质量的要求下，西峰油田建立成集生产组织协调、信息处理、日常管理于一体的生产指挥中心。实现了对油水井、站库的实时监控、生产历史参数查询、生产报表的自动生成等功能。将生产、技术、协调指挥有机结合，缩短了管理链节，加快了生产组织节奏，降低了员工劳动强度，减少了用工总量。以"数字油田、绿色油田、人文油田、和谐油田"为目标的"西峰模式"被中国石油天然气股份有限公司确定为中国石油对外展示企业形象的外事接待点，树立起"中国陆上低渗透油田现代化管理的一面旗帜"，得到国内外专家的认同。2005年，西峰油田年产突破100万吨，成为陇东油区、甘肃境内唯一的年产百万吨级的大油田，建设速度之高、产量攀升之快，创长庆油田发展史上的新纪录。

可以肯定地说，西峰油田在数字化建设中扮演了"探路者"的角色，数字化的应用刷新了长庆速度，短短几年时间，姬塬油田、白豹油田、合水油田等一大批新油田按"西峰模式"建成，长庆油田产量也突飞猛进。2003年，长庆油田油气当量突破1000万吨，跻身我国千万吨级油气田的行列。2007年，跨越2000万吨；2009年，攀登3000万吨。2013年，是长庆油田发展史上具有里程碑意义的一年，产量突破5000万吨，这一时间比中国石油天然气集团公司总裁调研长庆油田提出的5000万吨目标整整提前两年完成（2008年7月17日，集团公司总裁调研长庆时要求，把鄂尔多斯盆地建设成我国重要的油气生产基地，"发展大油田，建设大气田，到2015年实现5000万吨时，用工总量控制在7万人以内"），这一结果完美诠释了长庆速度！

作为中国目前最大的油气田，长庆油田在年产油气当量3000万吨时的用工为7万名，而到年产5000多万吨的发展规模时，用工仍然没有增加。在井多人少，人力资源严重短缺的情况下，连续六年稳产5000万吨！这一切，得益于长庆人自身的努力，也得益于长庆数字化油田的推行。借助"数字化管理"，长庆油田沉着应对"三低"油气藏（低压力、低渗透、低丰度）和控制用工总量，提出了"五统一、三结合、一转变"实施原则（五统一，即标准统一、技术统一、平台统一、设备统一、管理统一；三结合，即与工艺流程的优化相结合，与劳动组织架构设置相结合，与生产安全相结合；一转变，即转变我们的思维方式）。加快老油田数字化改造升级，坚持"两高、一低、三优化、两提升"的建设思路（两高，即高水平、高效率；一低，即低成本；三优化，即优化工艺流程、优化地面设施、优化管理模式；两提升，即提升工艺过程的监控水平、提升生产管理过程的智能化水平），全面推进生产一线的油气井、管线、站（库）管理过程实现数字化。建立了全油田统一的生产管理、综合研究的数字化管理系统，逐步实现了"同一平台、信息共享、多级监视、分散控制"的目标，降低了生产成本，节约了人力资源，降低了油田员工的劳动强度，改善了员工的工作环境，提高了工作效率。

如今的长庆，气田数字化覆盖率达到100%。具有代表性的苏里格气田已形成一套智能化、数字化生产管理控制系统，包括生产运行管理、地质专家、采气工艺、管网优化、电子巡井、远程紧急关井、应急抢险七大子系统，实现了数据自动录入、方案自动生成、运行自动控制。这套完整、快速、稳定、安全、可控的数字化管理平台，在长庆油田其他气区得到了很好的推广应用。如今的技术人员坐在办公室，通过点击鼠标，可以把上千口气井、上百座集气站的生产情况尽收眼底（图2）。

油田数字化覆盖率也达到90%。通过数字化建设，实现了"生产实时监测、数据自动统计、工况智能分析、方案自动生成、安全智能监控、应急救援协调"等现代化管理决策辅助系统；建立了人员闯入井场预警、抽油机远程启停、注水

图2　长庆油田数字化管理

井远程配注、自动投球、增压点变频连续输油、输油泵自动启停等操作系统；形成了"电子巡井、人工巡站、远程监控、中心值守"的新的生产组织方式，生产效率和开发效益显著提高，一线用工大幅减少。单井综合用人由2.61人下降到0.86人，百万吨油田用人由1700人减少至1000人，人均油气当量从339吨上升到772吨。数字化管理还极大地降低了一线员工的劳动强度，以往需要几个小时收集资料、更新资料，现在利用这个平台几秒钟就能实现数据更新，并能快速发现问题和解决问题。数字化视频监控系统的运用，实现了对全站和井组24小时监控，员工在值班室通过视频监控就能了解井场情况，任何不法分子进入井场都会被摄像，如果他们不听警告，一意孤行，他们的犯罪行为会被全程记录，并成为他们违法犯罪的铁证。

继生产数字化、管理数字化后，长庆油田敢为人先，在一些偏远井场、井站实现无人值守，目前已建立无人值守站超过1200座。2018年，建成了我国第一座无人值守联合站。这是继在油田推广无人值守单站之后的又一大突破，标志着长庆智能化油田建设迈入新阶段。与此同时，长庆油田在全国石油系统首推无人机巡井工程，有效解决了油田管线多、站点多、人员少、地面环境复杂给巡井带来的困难。目前，长庆油田的无人机巡井已应用到油气田油气区治安、井站及输油气管线安全及泄漏监控等多个方面。

数字化系统的投用，不仅大大提高了生产管理效率，减轻了员工劳动强度，降低了安全风险，同时也节省了人力，有效降低了生产成本。这种以网络传输、自动控制等手段为核心的数字化，正在把长庆鄂尔多斯盆地7万口油井、气井、水井，上千座站、库，数千千米长输管道，控制在鼠标之中。"听数字指挥、让数字说话"成为长庆一道靓丽的风景，融入长庆的管理、生产与生活之中，成为长庆油田最大的民生工程。

据官方消息称，长庆油田发展目标将分为两个阶段实施。第一阶段是在5000万吨已经持续稳产6年的基础上，全面实现"十三五"规划目标。第二阶段时间是2021年至2035年，5000万吨再稳产15年，最终实现稳产20年以上。这个目标也预示着长庆油田不断挑战"三低"油气田开发极限，突破技术瓶颈，持续提升数字化运维服务能力，逐步实现前端、中端、后端信息集成与一体化应用，促使数字化与油田的勘探、开发、地面设计、采油工艺、生产管理、油田服务相结合，同大数据、物联网、云计算、移动互联网联合，为油田发展提供精准的预测、诊断，为企业决策提供最优解决方案。也许有朝一日，长庆不单单是低渗透的代名词，也将是一个数字化、智能化油田的典范。

从数字油田到智能油田

——新疆油田论坛助推数字油田发展作贡献

袁耀岚

中国石油新疆油田数据公司

1 数字油田

新疆油田是国内第一批进行信息化建设的石油企业，于 20 世纪 90 年代初起步，随即开始了漫漫信息化之路。信息化工作的第一步就是采集、整理近 40 余年勘探开发过程中的所有历史数据，这在当时并不是一件容易的事。新疆油田各二级单位都相继投入了大量的人力和物力，将油田生产的动静态数据整理入库。面对如此浩瀚的数据，信息化是其唯一出路。所以，几任油田领导班子都将信息化建设放到与勘探开发主营业务同等重要的位置来抓。信息化助力新疆油田走出了一条科学发展和高效开发的新路子。并在 2001 年提出了建设数字油田的目标。

克拉玛依数字油田建设，是将油田业务与计算机、网络、自动化设施、各类数据、应用系统、专业软件高度融合，完全在计算机上来研究和管理油田实体。其目标是实现勘探、开发、储运等油田业务全过程的数字化管理，内容包括网络、系统、数据、标准、管理等五个方面。

新疆油田公司数字油田建设工程在 2002 年正式提出后，整个工程按照"统一规划、统一标准、统一平台、统一管理"的"四统一"原则进行，具体工作目标是：2006 年实现数据正常化，2007 年实现系统集成化，2008 年实现档案资料桌面化、业务工作桌面化和生产自动化，2009 年实现决策智能化，2010 年全面建成数字油田，并向智能油田迈进。在建设过程中严格执行"边建边用、急用先建、建用结合、以用促建"的实施策略，并将数字油田建设任务分解为五大类，共 78 项建设任务分步推进。

1.1　建立了较为完善的信息化基础设施，为信息系统推广应用铺路搭桥

在基础设施方面，通过光缆链路、无线网络、卫星通道等方式，已经建成覆盖整个准噶尔盆地 13 万平方千米的新疆油田公司生产区域的计算机网络，在油田内形成了地面光缆、空中无线、天上卫星（即"两环一星"）的计算机网络。已建成传输光缆 2199 千米，无线接入点 126 个，200 多个重点站库接入网络，野外探井施工现场也通过卫星信道接入油田网络，油田网络已经从办公区域延伸到油田生产一线。为了保证油田信息化的持续、稳定推进，油田公司建立了集中统一的计算机数据中心和生产指挥中心，并建立了异地容灾备份机制，全部数据均在异地备份，确保了数据集中存储管理、应用系统统一部署，提高了资源利用率、安全可靠性，大幅度降低了生产成本。

1.2　自主创新，研发了数字油田应用软件体系，实现油田数据电子化、正常化

克拉玛依油田自 1941 年以来的勘探、开发历史资料和数据已经完全实现电子化正常入库，数据总量已达到 626TB。数据资源种类齐全、质量可靠、规范统一，涵盖 28 个专业类别，涉及 56 个数据源单位近 3.5 万个数据采集点，实现了数据从静态到动态、从人工到自动、从简单到深入、从被动到主动的全方位管理。围绕如此丰富的数据，需要一系列的应用软件把这些数据利用起来。克拉玛依油田始终坚持建设自己的信息队伍，掌握关键技术、核心技术，培养信息化专业人才近千人。其中，中国石油天然气集团公司高级技术专家 2 人，新疆油田公司技术专家 4 人、学科技术带头人 15 人。采用自主研发的由 130 余套应用系统组成的软件定制平台，定制投用了 91 套数字油田应用系统。这些系统技术成熟、应用广泛，覆盖数字勘探、数字化管理等多个领域，包括中国石油总部生产指挥系统、勘探生产信息系统，以及新疆维吾尔、自治区数字城市等，而且还走出国门，服务于哈萨克斯坦等海外油气田。

1.3　建立了完善的信息化标准体系

数字油田信息化标准体系支撑着数据建设和系统应用。该体系包括六大类、68 个子类的信息标准和管理规范，共 344 个，其中有 152 个是油田公司自主开发制订的。其中，4 个标准成为石油行业标准，5 个标准成为中国石油企业标准。覆盖了勘探开发、科学研究、经营管理等油田业务全过程，实现新疆油田从信息采集录入、传输加载、系统开发、网络建设、信息安全到信息运维全过程的标准化建设和规范化管理。

1.4 形成了科学的信息化管理体系

信息化管理体系包括：决策层（公司领导）、管理层（机关处室）、执行层（数据公司）及支撑层（二级生产单位、信息专家团队、电信运营商、IT公司等）。该体系的建立，标志着油田信息化由项目管理到工业化生产的根本性转变，油田信息化已经与油田发展实现了深度融合。

数字油田的全面建成和广泛应用，为油田提供了丰富的数据资源和便捷应用，极大地支持了油田生产管理和研究，在油田生产、科研中发挥了积极作用。

具体来说，一是便于掌握信息，能及时、全面、深入掌握生产情况；二是便于业务管理，油田机关生产经营管理业务实现了计算机化；三是实现了实时监测，探井、开发井、重点站库实现实时采集传输发布；四是为油田深入科学研究，提供了完整丰富的数据资源；五是有利于决策支持，提供全方位的生产经营信息，辅助决策；六是初步实现了油田可视化管理。

在信息化建设过程中，新疆油田公司不仅在信息技术应用方面走在国内油田的前列，而且在信息管理体系和战略规划上都站在了石油信息化建设的前沿。目前，已有14套应用软件系统通过国家软件著作权登记，其中包括油气勘探生产信息系统、油田空间数字平台、油气田地面工程系统等。《石油天然气勘探信息管理规程》获批成为中国石油企业标准。

2 智能油田

随着新疆数字油田的全面建成，从2010年开始正式启动智能油田建设，计划用5年时间全面建成。智能油田是数字油田的高级阶段，是在油田充分完成数字化的基础上，借助业务模型和专家系统，全面感知油田动态，自动操控油田活动，预测油田变化趋势，持续优化油田管理，虚拟专家辅助油田生产的智能分析和决策。也就是说，数字油田重在油田的数字化，以数据来表示和管理油田；而智能油田则是基于这些数据做分析、做决策。智能油田建设的最终目标是实现数据知识共享化、科研工作协同化、生产流程自动化、系统应用一体化、生产指挥可视化、分析决策科学化。

智能油田的主要特征：一是智能化（包括远程诊断自动处理，即时预警、预测趋势，模拟分析、优化生产，虚拟专家、辅助决策），二是物联化（包括实时感知、全面联系）。

按照新疆油田公司的总体部署和工作规划，智能油田建设主要有四项攻关任务：一是开展智能油田信息平台研究和建设，为智能化油田应用提供协同工作环境和决策平台，达到在计算机桌面上完成油气勘探设计部署、油田地面工程设计与施工监督、工艺流程模拟优化、远程生产监控和专家故障诊断、勘探开发协同研究和实时决策；二是开展油田生产运行预警体系研究，建立油田生产现场和管理过程的预警关键指标库，实现基于数字化的生产趋势预测，关键指标告警和最优方案模拟；三是开展油田专家知识信息体系研究，建立覆盖油田勘探开发生产过程的计算机辅助决策模型库，研发计算机辅助决策支持系统，将勘探地震、测井解释、分析化验方面的知识、数据数字化入库，提供基于计算机知识库的辅助决策；四是开展油田生产数据挖掘和集成分析研究，以油田数据中心为核心，按照基于资源中心的星形集成共享应用模式对数据进行深度挖掘，获取油藏地质新认识，实现油田高产稳产。

3 论坛助推油城信息化发展

根据国际、国内发展形势和新疆维吾尔自治区、中国石油天然气集团公司的发展部署，结合克拉玛依拥有的雄厚工业基础优势、石油技术人才聚集优势、位于中亚油气富集区中心的区位优势、"克拉玛依"的城市品牌优势，2010年，克拉玛依市委、市人民政府提出了把克拉玛依打造成为世界石油城的战略目标，具体内容包括以下几点。

建设五大基地：一是依托新疆油田公司建设油气生产基地；二是依托新疆油田公司、西部钻探公司、CPE新疆油建公司和新疆设计院，以及地方油气服务企业建设油气技术服务基地；三是依托独山子石化公司、克拉玛依石化公司和克拉玛依石化工业园区建设炼油化工基地；四是依托独山子石化公司、新疆油田公司、西部管道公司建设国家石油战略储备基地；五是依托克拉玛依技师培训学院、克拉玛依职业技术学院建设石油技术工人培训基地。

发展三大产业：一是依托中国石油昆仑银行落户克拉玛依，并积极争取昆仑保险公司、证券公司、基金公司落户克拉玛依，突出发展金融产业；二是依托数字油田、数字城市建设，突出发展信息产业；三是依托丰富的工业旅游资源、独特的地质地貌资源和人文资源，突出发展旅游产业。

搭建两个平台：一是"高品质的城市"，重点要打造功能完善、设施一流、信息畅通、管理有序、秀美宜居的生活环境，大力发展教育、医疗、文化、体育等社会事业，不断提升城市的文明度、美誉度；二是"最安全的城市"，重点要最大限度降低城市犯罪率，切实加强民族团结，主动消融不同地区、群体、阶层之间的隔阂，不断增强城市的融合性、包容性。

作为一座资源型城市，克拉玛依要打造世界石油城，建设五大基地是立足之本、发展之基；发展三大产业是现实之选、转型之需；搭建两个平台是人文之要、和谐之本。贯穿于其中的灵魂就是信息化。于是，"首届信息化创新克拉玛依国际学术论坛"应运而生，其中最主要的目的就是推动信息产业加快发展。

3.1 首届信息化创新克拉玛依国际学术论坛

首届信息化创新克拉玛依国际学术论坛于 2010 年 8 月 12—13 日在克拉玛依市成功举办（图 1）。

图 1　首届信息化创新克拉玛依国际学术论坛（来源：人民网）

论坛由克拉玛依市人民政府联合中国科学技术协会学会学术部、新疆维吾尔自治区科学技术协会、中国科学院院士工作局、中国工程院学部工作局、中国石油学会联合举办。

中国科学院、中国工程院的 12 名院士，来自美国、英国、加拿大、法国、日本、韩国、新加坡等 7 个国家的专家，来自俄罗斯、伊朗的 2 个高级访问团，来自中国石油大学、IBM 公司等国内外 10 余个城市的嘉宾，共 760 多人参加了论坛，共同探讨数字油田、数字城市和信息化发展问题。新疆维吾尔自治区党委常委宋爱荣、中国科学技术协会书记处书记冯长根、中国石油天然气集团公司副总经理王宜林、国家工信部信息化推进司副司长董宝青、中国科学院院士工作局局长周德进、中国工程院学部工作局副局长阮宝君参加论坛。

论坛以"信息化城市与数字油田"为主题，旨在就打造克拉玛依"世界石油城"的战略目标进行深入研讨，依托数字油田建设，带动数字城市建设，推进克拉玛依信息产业集群发展。

首届信息化创新克拉玛依国际学术论坛为期两天，主要活动包括主题演讲、专题讲座、展览展示、交流研讨、示范成果考察等。开幕式上，还举行了对克拉玛依市的自治区信息化示范城市，自治区级工业化、信息化融合试验区授牌仪式。

这是新疆第一个以信息化与工业化融合、信息化与城市发展及油田建设相结合为主要内容的国际性学术论坛，也是 2010 年天山南北院士行活动的重要内容，为国内外数字城市、数字油田建设搭建了一个高端的合作交流平台，推进了新疆的信息建设和信息产业发展。

3.2　第二届信息化创新克拉玛依国际学术论坛

第二届信息化创新克拉玛依国际学术论坛于 2012 年 8 月 27—28 日在克拉玛依市成功举办（图 2）。

图 2　第二届信息化创新克拉玛依国际学术论坛开幕现场（来源：中国日报网）

本届论坛由中国科学技术协会学会学术部、新疆维吾尔自治区科学技术协会、工业和信息化部信息化推进司、住房和城乡建设部城市建设司、中国科学院院士工作局、中国工程院三局、中国石油学会和新疆克拉玛依市人民政府共同主办。克拉玛依市科学技术协会、新疆石油学会、新疆油田公司数据公司、克拉玛依信息技术协会、克拉玛依红有软件有限责任公司具体承办。

中国科学技术协会党组成员、学会学术部部长沈爱民，新疆油田公司党委书记徐卫喜出席并分别致开幕辞和欢迎辞。新疆维吾尔自治区党委常委、副主席库热西·买合苏提，中国石油天然气集团公司副总经理喻宝才，中国科学院副院长詹文龙等出席了开幕式并致辞。新疆维吾尔自治区人大常委会原副主任、自治区科学技术学会主席张国梁，中国石油天然气集团公司信息管理部总经理刘希俭等出席了开幕式。

来自中国科学院、中国工程院的 6 名院士，美国、俄罗斯、英国、新加坡、墨西哥等 12 个国家的 55 位嘉宾以及留学生代表，日本长崎综合科学大学等高等学府、研究机构的众多知名专家、学者，IBM、华为、惠普、国内三大石油公司、三大电信运营商的企业家和研究人员，以及国内外40余个城市的700余名代表齐聚克拉玛依市，参加了这次论坛。

论坛以"智慧城市、智能油田"为主题，旨在就信息化创新的前沿理论、先进技术、智慧城市和智能油田建设的理念与模式，信息产业发展思路，政府宏观决策指导及政策导向等方面，交流看法、激发思路、商议对策，促进城市和油田企业各方之间的广泛合作，共同推进信息化和数字化的持续健康发展。

论坛主要由主题演讲、专题讲座、展览展示、交流研讨、现场发布、示范成果考察等活动组成。设有三个专题论坛：智慧城市专题论坛、智能油田专题论坛和云计算专题论坛。其中，智能油田专题论坛主要围绕智能油田建设理念及方法，物联网与智能油田，数字油田应用系统研发，数据库建设与管理，地理信息技术，网络与信息安全，油气田勘探开发专业软件及数据应用，数据采集、传输与质量控制技术等内容进行交流。云计算专题论坛主要围绕云计算与智能油田、云计算产业发展等内容进行交流。

在论坛期间，同步举行了信息技术和产品博览会，展览内容包括数字城市建设成果、数字油田建设成果、最新信息技术产品、IT新技术和新设备等。

本届论坛是在国家持续深化对口支援新疆工作、新疆各族人民奋力推进跨越式发展和长治久安之际举行的，对于深入推进两化融合、助力新疆发展具有十分现实的意义。

3.3 第三届信息化创新克拉玛依国际学术论坛

第三届信息化创新克拉玛依国际学术论坛于2014年9月3—4日在世界石油城克拉玛依成功举办（图3）。

本届论坛由中国科学技术协会、中国工程院、新疆维吾尔自治区人民政府共同主办，由中国科学技术协会学会学术部、新疆维吾尔自治区科学技术协会、国家工业和信息化部信息化推进司、国家住房和城乡建设部建筑节能与科技司、中国科学院学部工作局、中国工程院三局、中国石油学会，以及新疆维吾尔自治区经济和信息化委员会、住房和城乡建设厅、科学技术厅、克拉玛依市人民政府等承办。

新疆维吾尔自治区副主席田文，中国科学技术协会党组成员、书记处书记沈爱民，国家工业和信息化部副部长杨学山等领导出席论坛开幕式并做重要讲话。来自中国科学院、中国工程院、部分国家部委所属研究机构和高校以及中外知名企业的近100名知名专家学者，美国、俄罗斯、土库曼斯坦、法国、新加坡、沙特阿拉伯等9个国家及国内17个省市（自治区）37家数字城市建设典型城市（区）的嘉宾，中国石油、中国石化、中国海油、中国石化等国内四大石油公司

图3　第三届信息化创新克拉玛依国际学术论坛开幕式现场（来源：中国科协网）

的企业家和研究人员，包括香港特别行政区在内的国内外近百家 IT 企业的 1200 余名代表参加论坛。

第三届信息化创新克拉玛依国际学术论坛以"智慧城市、智能油田"为主题，定位为国际化的数字城市、数字油田技术交流的盛典；国际化的智慧城市、智能油田研究者的交流平台；中国数字城市、数字油田建设者和最终用户的年度盛会；信息产业、数字城市、数字油田建设技术与设备的洽谈交易会。

论坛主要由主题报告、专题演讲、展览展示、交流研讨、现场发布、示范成果考察等活动组成，设立了智慧城市、智能油田、智慧社区、智慧医疗、最安全城市、卫星应用、地理信息等 7 个专题分论坛。论坛积极实践创新驱动发展战略，努力推动信息化创新与经济社会发展相结合，围绕信息化建设与创新等问题，在政府宏观决策指导、政策法规配套、建设运作机制、科技创新攻关、行业应用实践、产业发展思路等方面开展协商、研讨和创新。论坛期间同步举办了 IT 技术设备展，53 家企业参展，直观展示中外数字油田、数字城市建设现状与成果。期间，组委会还组织了以"信息化创新助推丝绸之路上的智慧城市"为主题的"科学家与媒体面对面"活动，探讨新疆作为丝绸之路经济带上的"重镇"、丝绸之路经济带建设与科技支撑的内涵、意义、现实发展及挑战。

本届论坛规模和规格均超过前两届，首次升级为省部级论坛。

3.4　第四届信息化创新克拉玛依国际学术论坛

第四届信息化创新克拉玛依国际学术论坛于 2016 年 9 月 21—22 日在克拉玛

依市会展中心成功举办（图4）。

图4　第四届信息化创新克拉玛依国际学术论坛开幕式现场（来源：中国日报）

本届论坛由新疆维吾尔自治区人民政府、中国科学技术协会、中国科学院、中国工程院、克拉玛依市人民政府共同主办，新疆维吾尔自治区科学技术协会、新疆维吾尔自治区经济和信息化委员会、克拉玛依市科学技术协会等多家单位具体承办。

来自中国科学院、中国工程院的近百名院士专家，美国、英国、俄罗斯、巴基斯坦、韩国等9个国家的46名外宾、留学生代表，IBM、华为、国内三大电信运营商的企业家和研究人员，以及国内外多个城市的1000余名嘉宾齐聚克拉玛依，继续就事关信息产业发展的战略性、方向性问题进行深入探讨研究。

新疆维吾尔自治区人大常委会党组副书记、副主任，自治区科学技术协会主席王永明出席开幕式并讲话。新疆维吾尔自治区人民政府副秘书长于欢、中国石油天然气集团公司总经理助理李鹭光、巴基斯坦瓜达尔区主席巴布·古拉卜先生、IBM全球副总裁Peter Murchison（马智仁）、克拉玛依市委书记陈新发及中国科学技术协会学会学术部、国家卫生和计划生育委员会统计信息中心的有关领导参加开幕式。新疆维吾尔自治区科学技术协会党组书记李春阳主持开幕式，克拉玛依市委副书记、市长张红彦致欢迎词。

论坛继续以"智慧城市、智能油田"为主题，主要由主题演讲、专题讲座、展览展示、交流研讨、现场发布、示范成果考察等活动组成。围绕论坛主题，开设了智能油田专题论坛、云计算与大数据高峰论坛、智慧医疗专题论坛、公安科技信息化专题论坛、卫星应用专题论坛、空间信息与大数据专题论坛、网络安全专题论坛、新型智慧城市建设专题论坛。中国科学院院士、中国工程院院士李德仁，中国科学院院士高德利，IBM全球副总裁马智仁等106名院士专家做了108

个主题报告。论坛为国内外有关城市和地区、石油石化行业信息化建设和研究人员、IT企业界人士创造了互动研讨的平台，并就信息化建设与创新等问题，在政府宏观决策指导、政策法规配套、建设运作机制、科技创新攻关、行业应用实践、产业发展思路等方面，激发创新、商议对策。

开幕式上，还集中进行了新疆维吾尔自治区经济和信息化委员会与华为公司战略合作等三项重大项目签约仪式。论坛期间，还同步举办了信息技术和产品博览会，展览内容包括数字城市建设成果、数字油田建设成果、最新信息技术产品、IT新技术和新设备等。

论坛还组织了学术论文征集评选工作，经中国科学技术协会学会学术部组织专家评审，出版《第四届信息化创新克拉玛依国际学术论坛论文集》，收录优秀论文64篇。

第四届信息化创新克拉玛依国际学术论坛专注于做精做强，特点更加突出。一是规格层级更高，中国科学院加入主办单位行列，由上一届的3家省部级单位提升为4家省部级单位主办。二是学术水平更高，中国科学院、中国工程院两院同时作为主办单位，李德仁、高德利、方滨兴、沈昌祥等业内权威一流的院士专家与会做报告，北京大学、中国石油大学、上海财经大学、厦门大学、中国信息通信研究院等高校和科研机构学者专家参会并作报告，分论坛报告专家更加高端。三是针对性更强，聚焦前沿技术、紧需技术、关键技术和紧缺人才，组织云计算与大数据、空间信息与大数据、卫星应用和网络安全等专题论坛，服务产业发展。四是国际化更突出，美国、英国、俄罗斯、巴基斯坦、韩国、哈萨克斯坦、吉尔吉斯斯坦、塔吉克斯坦、蒙古等9个国家的40余名外宾和IBM、微软、斯伦贝谢等外企代表参加论坛，IBM全球副总裁马智仁在主论坛做报告。六是本地受益更高，信息产业项目落地克拉玛依，签订了2个合作协议。本地信息化科技工作者踊跃参会，中国石油大学（北京）克拉玛依校区、克拉玛依职业技术学院、新疆油田公司等二级厂处等驻市高等院校和央企科研机构，克拉玛依石文能源科技有限公司、红有软件等地方企业纷纷参会。同时，长城网际公司下一步将在克拉玛依建设我国西部网络安全基地，中国工程院院士沈昌祥全力支持中国石油大学（北京）克拉玛依校区网络学科建设。七是精简专业，信息化程度高，本届论坛有8个分论坛，数量创历史新高，同时精简参会人数。会场设置更加合理，进一步加强了参会人员的有效交流。会议本身信息化水平高，利用微信公众号实现签到、实时互动交流、推送信息等服务。八是展示成果、提升影响，集中展示了智能油田、云医院、云计算和大数据中心建设成果，展现了克拉玛依市在丝绸之路经济带核心区的信息服务中心建设上取得的成绩，为面向全国和中亚地区提供信息服务做了有力推介。

3.5 总结

信息化创新克拉玛依国际学术论坛从 2010 年举办第一届以来，每 2 年举办一次，在 2014 年成功升级为省部级论坛。先后有美国、英国、日本、新加坡等 11 个国家的代表，中国石油、中国石化、中国海油三大石油石化企业，国内 60 个信息化建设典型城市，以及联想、华为、思科、IBM 等 110 余家国内外知名企业参会参展。

新疆油田举办会议，具有以下几点重要意义。

第一，会议在国内影响力巨大，在推动中国数字油田发展中起到了很好的引领与推动作用。

第二，会议级别高、规模大。由科学院、政府和油田公司主导，是一个能够落地的技术大会，规模大，主题明确，每次都有几个技术交流、院士报告，推动力强大。

第三，以智能油田主题，前瞻性和带动性强。新疆油田是第一个提出开启智能油田建设的企业，做了很好的顶层设计，举办了主题国际会议，为智能油田建设与发展开了一个好头。

此外，信息化创新克拉玛依国际学术论坛的举办，深化了地区间特别是与中亚国家的学术交流合作，极大地推进了新疆信息化进程、信息化融合发展和产业升级，积极助推了国家信息技术创新和信息产业健康持续发展，对于维护新疆社会稳定和实现长治久安也具有重要意义。

总的来说，信息化创新克拉玛依国际学术论坛具有一定的历史意义，相信会对中国数字油田发展具有一定的作用。但因各种原因，暂停举办。

4 结束语

一直以来，新疆油田公司通过坚持不懈的信息化建设，不断吸取外部先进技术及领先经验，结合新疆油田自身特点及业务需求，将业务发展持续提升与信息化建设充分融合，建成集成、高效、智慧的智能油田，从而实现卓越运营。

当前，在国际油价低位运行、石油行业面临十分严峻的新形势下，新疆油田作为中国石油天然气集团公司未来增储上产的主战场，发展潜力巨大，同时也面临着巨大挑战。今后一段时期，新疆油田将紧紧围绕集团公司的战略决策和总体部署，以解决油田重点难点问题、促进高质量高效益发展为目标，坚定不移地走信息化道路，深化应用数字油田成果，持续推进智能新疆油田研究与实施，发挥"数字强企"作用，为促进油田高质量发展、建设现代化大油气田提供有力支撑，为实现"共享中国石油"战略目标贡献力量。

大漠戈壁腾起智能油田

任文博

中国石化西北油田采油三厂

　　自党的十八大以来，国家提出了"以信息化带动工业化，深化两化融合"的工作方针，中国石化面对低油价、经济新常态等新形势，坚持以创新驱动发展，推进智能油气田建设，提出了"转型发展，产业结构调整，提质增效升级，建设智能油田"的战略要求，向高效勘探、效益开发转型。2013年编制了智能油气田规划报告，2014年起先期在胜利油田、中原油田、西北油田等油田企业开展生产层面数字化、自动化试点建设。采油三厂作为西北油田首个试点单位，紧紧围绕"两化融合、提质增效"中心任务，积极探索转型发展之路，以"智能采油厂"建设为目标，精简机构、促进管理体制、运行机制变革，向"先进油公司"模式转变，提升了油气生产管理精细化水平，促进了油田提质增效、减亏创效。

1　采油三厂基本情况

　　西北油田采油三厂成立于2009年10月，位于新疆维吾尔自治区库车县境内，管辖区块跨库车、沙雅两县。管辖塔河油田八区、十区南、十一区、托甫台区、T759井区等五个区块，区块总面积1511.7平方千米。

　　管理着联合站1座，轻烃站1座，负压气提装置1座，硫黄回收装置1座，计量计转站11座，计量间13座，卸油站1座，装油站1座，酸液处理站1座，蒸发池1座，注水增压站6座；油气集输管线总长3412.64千米。

　　截至目前，用工总量886人，其中合同制员工289人，油田专业化服务队伍597人，先后荣获省部级及以上荣誉25项。

2　智能化建设发展历程及主要成果

2013 年中国石化集团公司提出了"转型发展，产业结构调整，提质增效升级"的战略要求，为智能油田建设指明了方向，西北油田分公司采油三厂贯彻落实"转型发展、提质增效"要求，提出了建设"智能采油厂"的目标，制订了建设规划书和时间推进表。

2.1　建设发展历程

第一阶段是初级探索阶段。在 2013 年实现数据由人工采集变为自动采集，实现生产信息的可视化。2013 年采油三厂将十一区作为信息化建设示范区，在十一区安装远程监测设备，实现该区块数据监控全覆盖，并设立远程监测系统管理专岗，对油井生产数据进行远程监控，实现生产信息的可视化。

第二阶段是快速建设阶段。2014—2015 年完成了油井生产数据信息化全覆盖及部分油井视频监测系统的建设，实现了井口数据远程实时监测、异常报警，油井现场可视化等功能。把日常巡检转变为有异常再巡检，实时监测所有油井的生产数据，缩短了故障发现和异常处理周期，优化现场操作人员 80 人。解决了采油三厂因油井分散，工作环境差导致的路途远、管理难度大、生产现场用工量大、工作强度大、现场操作安全风险高等一系列问题。

第三阶段是智能化攻关阶段。2016—2017 年为进一步做好智能油田建设技术储备工作，采油三厂先后取得了五项技术突破，实现掺稀井的远程调节掺稀量、注水站无人值守、原油含水数据远程监测、抽油机智能控制及单井加热炉自动调温五项功能，优化现场操作用工 42 人，降低现场工作量 20%，节能降耗效果显著。在此基础上又实现了六项技术创新，实现修井作业参数远程实时监测、管道泄漏异常报警等功能，优化现场操作用工 40 人，降低现场工作量 20%，管道巡线时间由 4 小时缩短至 20 分钟，单次管道刺漏污染面积下降 62.92%。

采油三厂以助力改革、提质增效为目标，在西北油田分公司首先提出井站一体化理念。面对在应用方面，技术攻关未形成规模，深化应用不够，数据关联性差；在管理方面，井、站、线传统管理环节烦琐；承包商管理繁杂和运行效率较低的局面下，采油三厂以计转站作为前端生产核心单元，辐射至单井，实现井站一体化管理。通过信息化、自动化手段，实现"区管站、站管井"的模式，打破传统巡井、巡线、站库管理壁垒，重心前移，将计转站打造为前线关键指挥节点，辐射所辖单井，实现故障巡检，提升运行管理时效。

第四阶段是立标杆、树典范阶段。目前 10-6 井站一体化示范区树立了建设标杆，稳步推进智能八区建设，实现井站一体化到区块一体化智能管理转变（图1和图2）。

图1　2018年1月5日，厂长任文博（右二）在生产一线检查智能化建设情况（刘旭 摄）

图2　2018年，对偏远井站自动化建设后，使在用单井流程已由去年同期的25座降为12座。图为偏远井站TP187H多功能储集罐，流程已投运，目前已实现无人值守（刘亚雄 摄）

2.2　智能化建设所取得的主要成果

采油三厂秉承"敢为人先，创新不止"的塔河精神，通过创新加快发展进程，积极探索适合自己的发展道路。2013年，在西北大漠中采油三厂敢于做

"第一个吃螃蟹的人"，启动探索智能油田建设，提出智能采油厂的建设蓝图，按照总体规划、分步实施、急用先上、重点突破的建设思路，分五个阶段进行智能油气田建设，经过不断探索、实践，取得了四个突破、三大创新、三项成果。

2.2.1　"四项突破"不断夯实智能油田建设基础

智能油田建设在没有先例和经验可借鉴的情况下，采油三厂立足自身开展相关技术的研究与攻关，在建设与实践的过程中取得了"四项突破"，为智能采油厂建设夯实基础。

突破一：掺稀、注水远程调控技术。为了降低掺稀井掺稀、注水井注入现场调节的工作量，采用可调式流量计，实现了58口井掺稀远程调控和12口注水井注入远程控制，提升了异常井的响应时效，降低稀油用量，调节时间由4小时缩短至5分钟，减少了因掺稀不稳定造成的生产异常。2018年与去年同期对比，远程调整由161井次增加至249井次，节约稀油3478t，增油6105t。注采比稳定在1.1~1.2。减少井筒处理11井次，异常处置效率提升47%，节约作业费用22万元（图3）。

图3　10-6计转站值班员工正利用单井远程掺稀调控技术，对油井远程调整掺稀量，使调节时间由4小时缩短至5分钟，年节约成本39万元（刘亚雄 摄）

突破二：注水站自动化改造技术。为减少人为操作的风险，对T616、TK1001注水增压站进行无人值守智能改造，实现注水压力、注水量的智能调节，并完成了5套橇装注水设备自动化改造，打破旧的注水模式，实现无人值守，优化用工42人，年节约人工成本274万元（图4）。

突破三：含水在线监测技术。为了减少井口取样工作量，在没有油气水"三

图4　T616、TK1001注水增压站实现无人值守，可智能调节所有注水任务，
优化员工42人，年可节约成本274万元。图为西北油田分公司首座无人值守
注水站T616注水增压站（刘亚雄 摄）

相流"在线含水监测技术的前提下，采油三厂创新提出由动态变为静态的在线取
样分析监测思路，联合厂家开展试验，并取得初步成果，与人工化验对比的误差
小于5%，为全面推进故障巡井奠定基础（图5）。

图5　10-6计转站站内员工正在调试油气水"三相流"在线含水监测系统参数。
这项在线取样分析监测技术，与人工化验对比误差小于5%，为全面推进
故障巡井奠定基础（刘亚雄 摄）

突破四：加热炉温控技术。为了降低水套炉运行风险，对集输管道进行保护，采油三厂通过炉温与火焰大小的自动连锁，结合节气火嘴改造技术，实现加热炉智能温控，在 TK743、10-6 片区等 16 口井成功应用。在实现温控的基础上，平均节气 2 立方米/小时，年增效 373 万元。

2.2.2 "三项创新"不断提升智能油田建设水平

创新一：井下作业远程监控技术。为了实现井下作业的远程监控，采油三厂自主研发了井下作业远程监控系统，实现了修井工况实时监控、事件查询追溯、工作量核定、井控风险预防等功能，为作业提效和风险防控提供了保障，该项技术获得国家发明专利（图6）。

图6　安全督查正利用信息化手段在 TP274 井修井现场，
检查现场应急照明情况（刘亚雄 摄）

创新二：机抽井液面监测技术。为了实现机抽井液面数据的采集，采油三厂创新性地引入液面监测技术，实现了机采井液面数据的连续监测，优化用工 4 人、测试车 1 辆，年节约成本 38 万元。

创新三：管道泄漏监测+无人机技术。为了提升管道运行风险管控能力，对 10 条高风险站间管道运行进行音波检漏实时监测，并结合无人机巡检技术，在减少巡检工作量的同时提升了异常发现的时效，降低了管道的运行风险，管道巡检时间由 4 小时缩短至 20 分钟，单次管道刺漏污染面积下降 62.92%（图7）。

大漠戈壁腾起智能油田

· 239 ·

图7　无人机操作员蒲红斌正在巡井，无人机使管道巡检时间由4小时缩短至20分钟，
单次管道刺漏污染面积下降62.92%（刘亚雄　摄）

2.2.3　"三项成果"不断助力智能油田建设发展

2.2.3.1　成果一：智能管理给效益开发安装"智能大脑"

年产原油132万吨、天然气1.5亿立方米，完成这么重的生产任务，在国内同类油田中至少需要近万人，但采油三厂只用289名员工和597名业务外包人员。智能化油田建设不仅改变了职工们的工作环境，更为油田提质增效发挥着越来越重要的作用。

油田要发展，效益是关键。2015年以来，低油价向油田高质量发展提出了新考验。同时，人员紧缺与生产规模扩大的矛盾日益突出。

采油三厂从破解发展瓶颈出发，探索和创新智能化在油田管理中的应用，率先在10-6计转站建起了首座"井站一体化管理"示范区，试点"1个计转站+38口油井"的生产运行一体化模式，将周边井、站集中统一管理，数据集中监控、生产运行统一指挥，并通过信息化、自动化技术集成改造手段，实现"监控可视化、分析智能化、指挥精准化"，生产运行提效20%，工作量降低30%。

到2018年年底，采油工厂8个区块有6个区块实现井站一体化管理。同比2013年，有人值守单井由30口减少至4口，有人值守站由17座减少至12座，用工总量减少了452人，优化现场操作人员80人（图8和图9）。

针对智能管理带来的效益，采油三厂算了一笔账：通过智能化应用，提升用工效率年均创效960万元，年均可节约环保治理费用1173万元、稀油约3.5万

图8　采油三厂智能油田间建设五年来取得的成果（一）（刘亚雄 提供）

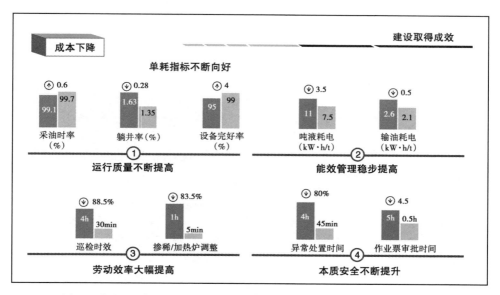

图9　采油三厂智能油田间建设五年来取得的成果（二）（刘亚雄 提供）

吨、天然气费用492万元。

2018年8月4日，8-2计转站成功实现无人值守，建成西北油田首个辖区站点无人值守油田管理平台，同时也标志着西北油田计算机系统管理油田迈上了新台阶（图 10 至图 13）。

图 10　采油三厂利用信息化手段，建成的西北油田首座无人值守
混输泵站 TP-18 计转站（刘亚雄 摄）

图 11　已经建设完毕的智能八区集中管控中心站 8-3 计转站（刘亚雄 摄）

2.2.3.2　成果二：智能安全为精准管控装"天眼"

智能化快速发展不仅促进了生产效率与效益同步提升，也为西北油田安全环

图 12　这是西北油田首座集信息采集、自动选井计量、远程启停外输泵、气体处理等功能于一体的全功能无人值守计转站——8-2 计转站（刘亚雄 摄）

图 13　这是西北油田首座井站一体化示范区 10-6 计转站俯视图（刘亚雄 摄）

保精准管控发挥着举足轻重的作用。采油三厂依托 GIS 系统，建设油气集输、注水、注气等专业系统监控，实现油井监控、远程调参、无人机巡线、在线监测含水、报表自动生成等功能，从而实现故障巡井，建立站外服从站内、地面服从地下及生产服从安全的"一体化"管理机制，实时感知各层级油气生产运行动态。

采油三厂应用单井工况诊断系统以来，诊断整体准确率达到 90% 以上，油井功图监测准确率达到 90%，单井异常影响产时同比下降 1.88 小时/次，大幅降低经济损失。

通过在井站和管网推行数据采集、监控全覆盖，油区管网实现智能诊断，异常预警提前 3.5 个小时；无人机巡检，缩短了巡检时间，增加了巡检频次，大幅降低管线刺漏造成的环境污染面积；掺稀远程调控、含水在线监测、加热炉温控自动调节等技术应用，使每口油井都可实行智能分析，减少了人员操作频次以及暴露在硫化氢、高温等高危环境时间，有效提升了本质安全。

2018 年 6 月 21 日，西北油田首个直接作业环节监控平台在采油三厂投入运行，该平台构建出以体系制度、人员资质、作业现场管控、承包商培训、业绩评价等环节全业务链管理模式，把安全管理提升到新的高度，实现了源头规范建立承包商数据库、线上施工方案的规范化上报与审批、作业许可移动终端签批，实时现场作业信息集成显示、监控。系统通过短信等方式及时提醒各级相关人员审批，便于及时掌握各单位直接作业环节信息，涉及直接作业环节包括用火作业、受限空间、破土作业、高处作业等，抓实抓牢承包商管理，提高了作业实效，规范了作业现场管理，确保 HSSE 工作运转高效顺畅、正规有序，进一步提升安全生产管理水平（图 14 至图 17）。

图 14　2018 年 6 月 21 日，QHSE 管理科干部通过平台对
施工队伍人员资质进行审查（赵云 摄）

2.2.3.3　成果三：智能财务为财务管理插上"云"翅膀

2019 年 1 月 7 日，西北油田首个智能财务系统上线运行。充分利用中国石化云平台、西北油田信息化基础建设条件，通过深度运用手持终端 App、移动互联和远程传感，建立了以日清日结为核心的敏捷核算体系，打造了统一、规范、集中、共享的数据池，实现了财务与生产运行的无缝对接。

承包商使用手持终端 App 实现日清日结，只是智能财务带来的变化之一。智

图 15　10-6 井站一体化示范区的员工正用无人机巡查管线（赵云 摄）

图 16　指挥监控中心人员正对全厂油井实施全面监控（赵云 摄）

图 17　无人机巡检的广泛应用，使工作效率和质量越来越高，员工们也越来越轻松。
图为巡完油井后，"飞手"们小憩间隙，开始了自娱自乐（刘亚雄 摄）

能财务的实施，还使财会人员实现了角色重置，由传统的"记账理数"向"读账管数"转变，从财务数据中解读业务经营异常点，管理每一个数据的计划、发生、检查、考核全过程，传递经营压力，做好财务分析、成本控制和风险管理，帮助各业务部门提质量、找效益、赚效益，实现财务核算颠覆性变革。智能财务使财务管理工作者的职能发生深刻变化，过去财会人员90%的精力用在生产工作量、成本的记录上，而现在这些烦琐的工作量交给了信息化智能处理系统。财会人员从烦琐的被动工作中解放出来后，90%的精力用在大数据分析上。

智能财务的实施，还使财务人员可以依托数据池、管理会计工具，形成厚平台、薄应用的体系架构，为不同的管理层提供决策支撑、指标分析和监控，最终实现"无人会计、人人财务"的目标。

3　智能油田未来建设展望

智能油田建设任重道远，没有现成模式可以借鉴。在中国石化集团公司和西北油田分公司领导的亲切关怀和指导帮助下，采油三厂智能化建设取得了一些成果，但目标任务依然艰巨。只有在不断总结经验的基础上，不断思考、讨论和研究，充分吸收先进思想和理念，深入挖掘油田智能化需求，聚焦企业资产价值最大化，占领高端科研领域制高点，实现智能机器和人类专家共同组成的人机一体化油气田，把目标任务当作前进的动力，才能持续推进油田智能化建设的不断发展。

一是实现随时随地掌控安全生产情况。运用物联网技术，实现所有设备设施与网络的连接，使我们在任意地点对油田的生产信息全面掌握。二是实现生产能够自动操控。生产设备和设施具备自动运行、远程操作的能力，实现井场、站库等生产场所的无人值守，选取区域中心点派驻监管维护人员，进行区域的远程管控、异常处置。三是实现地上、地下一体化优化。基于油藏、油气井各类预警、分析、预测及评价等方法与模型，对故障排除和开采优化提供优化方案，快速方便地实现对单井生产的调整和控制，实现油气井地下、地上一体化优化。四是实现工作模式发生变化。操作层和管理层能减轻劳动强度、降低劳动风险，重点是将传统的派工制度转变为信息驱动业务；代代传承的经验操作转变为知识传承固化的规范化操作；工作模式由流程驱动转变为数据驱动，有效提升劳动生产率和生产效益。五是实现研究模式发生变化。减少技术人员的重复工作量，由重复的资料整理、主观制订措施、逐级上报决策的工作模式逐步转变为依托虚拟作战室、可视化研究室实现油气藏动态模型化的多专业精准分析、研究。六是实现大数据辅助决策。减少经营决策者因信息滞后导致的决策偏差以及经验主义所犯的错误，实现第一时间全方位掌握真实的油气田生产动态、经营指标，并借助系统及时快速推送的生产异常、重要经营事件、解决方案，进行远程、在线实时指挥决策。

西北油田采油三厂智能化建设正如朝阳般焕发着勃勃生机，朝着人机一体化油田的目标大踏步前行。我们将继续发扬西北石油人"敢为人先、创新不止"的塔河精神，以互联网思维"专注+极致"的工作信念，全力推进智能采油厂建设，积极推动油田企业转型发展、提质增效，争取早日实现智能油气田的建设，为中国石化建设国际一流油公司引航开路、标杆示范！为祖国石油事业，为中国能源保障作出贡献！

参 考 文 献

［1］高志亮．数字油田在中国——理论、实践与发展［M］．北京：科学出版社，2011．

［2］高志亮，梁宝娟．数字油田在中国——油田物联网技术与进展［M］．北京：科学出版社，2013．

［3］高志亮，高倩．数字油田在中国——油田数据工程与科学［M］．北京：科学出版社，2015．

［4］高志亮，付国民．数字油田在中国——油田数据学［M］．北京：科学出版社，2017．

［5］高志亮，李忠良．系统工程方法论［M］．西安：西北工业大学出版社，2004．

［6］赵澄林，张善文等．胜利油区沉积储层与油气［M］．北京：石油工业出版社，1999．

［7］常子恒．石油勘探开发技术［M］．北京：石油工业出版社，2001．

［8］Sten Sundblad，Per Sunblad．windows DNA 可扩展设计［M］．前导工作室，译．北京：机械工业出版社，2001．

［9］韩家炜．数据挖掘：概念与技术［M］．北京：机械工业出版社，2001．

［10］刘学锋，孟令奎，赵春宇，等．基于 GIS 的地质图 3 维可视化表达及其地质意义［J］．测绘通报，2003（3）：59-61．

［11］侯溯源，危拥军，吉国杰．基于消息机制的二三维联动 GIS 系统设计与实现［J］．测绘科学与工程，2008（1）：33-36．

［12］李汉林，赵永军，王海起．石油数学地质［M］．东营：中国石油大学出版社，2008．

［13］李思田，解习农，王华，等．沉积盆地分析基础与应用［M］．北京：高等教育出版社，2004．

［14］吴冲龙．地质信息技术导论［M］．北京：高等教育出版社，2007．

［15］W. M. Telford，L. P. Geldart，R. E. Sheriff. Applied geophysics［M］．2 版．陈石，等译．北京：科学出版社，2011．

［16］F. E. Dupriest, etc. 2005. Maximizing ROP with real-time analysis of digital data and MSE. Presented at the International Petroleum Technology Conference, Doha, Qatar, 6-9 November. IPTC 10607.

[17] C. A. Reece, etc. 2005. Optimizing the Subsurface Work Environment of the Future. Presented at the SPE Annual Technical Conference and Exhibition, Dallas, Texas, 9-12 October, SPE-96944-MS.

[18] W. R. Brock, etc. Application of Intelligent-Completion Technology in a Triple-Zone Gravel-Packed Commingled Producer. Presented at the SPE Annual Technical Conference and Exhibition, San Antonio, Texas, USA, 24-27 September. SPE-101021-MS.

[19] D. M. Chomeyko. 2006. Real-Time Reservoir Surveillance Utilizing Permanent Downhole Pressures - An Operator's Experience. Presented at the SPE Annual Technical Conference and Exhibition, San Antonio, Texas, USA, 24-27 September. SPE-103213-MS.

[20] J. Jane Shyeh, etc. 2008. Examples of Right-Time Decisions from High Frequency Data. Presented at the Intelligent Energy Conference and Exhibition, Amsterdam, The Netherlands, 25-27 February. SPE-112150-MS.

[21] C. A. Reece. 2008. An Enterprise-Wide Approach to Implementing Digital Oilfield'. Presented at the Intelligent Energy Conference and Exhibition, Amsterdam, The Netherlands, 25-27 February. SPE-112151-MS.

[22] Ahmed Abdulhamid Ahmed, etc. 2017. Application of Artificial Intelligence Techniques in Estimating Oil Recovery Factor for Water Derive Sandy Reservoirs. Presented at the SPE Kuwait Oil & Gas Show and Conference, Kuwait City, Kuwait, 15-18 October. SPE-187621-MS.

[23] Anuj Subag, etc. 2017. Comparison of Shale Oil Production Forecasting using Empirical Methods and Artificial Neural Networks. Presented at the SPE Annual Technical Conference and Exhibition, San Antonio, Texas, USA, 9-11 October. SPE-187112-MS.

[24] Song Du, etc. 2017. Field Study: Embedded Discrete Fracture Modeling with Artificial Intelligence in Permian Basin for Shale Formation. Presented at the SPE Annual Technical Conference and Exhibition, San Antonio, Texas, USA, 9-11 October. SPE-187202-MS.

[25] Maureen Ani, etc. 2016. Reservoir Uncertainty Analysis: The Trends from Probability to Algorithms and Machine Learning. Presented at the SPE Intelligent Energy International Conference and Exhibition, Aberdeen, Scotland, UK, 6-8

September. SPE-181049-MS.

［26］王晶玫. 未来十年智能井技术发展趋势［J］. 石油科技论坛, 2008（2）: 32-34.

［27］陈哲, 徐庆, 范德军. 大港油田勘探开发信息化数据质控体系建设的实践 ［J］. 中国科技信息, 2013（15）: 80-81.

［28］陈欢庆. 低油价背景下油田开发研究的几点思考［J］. 西南石油大学学报, 2016（3）: 19-26.

［29］张程辉. 对油气田勘探开发信息化平台构建的探究［J］. 中外企业家, 2016（21）: 23.

［30］王保平, 贾得军. 浅析中国石油石化数字化油田建设的现状与发展方向 ［J］. 中国管理信息化, 2013（23）: 61-64.

［31］郭彦中. 新时期建设油田信息化发展策略探究［J］. 中国管理信息化, 2013（24）: 46-47.

［32］胡建武, 黄雄伟. 油气资源勘探开发信息化发展现状及其技术框架［J］. 中国国土资源经济, 2006（7）: 32-33, 48.

［33］雷雪. 油田信息化关键技术及其应用效果［J］. 中国管理信息化, 2017 （10）: 47-48.

［34］张立德. 油田信息化规划关键点探讨与实践［J］. 信息技术与信息化, 2015（10）: 228-229.

［35］仲庭祥, 李敏, 王娟娟, 等. 油田信息化建设的关键技术及应用效果评价 ［J］. 中国管理信息化, 2018, 21（10）: 56-57.

［36］李大伟. 论中国石油工业信息化建设之"十大关系"［J］. 数字石油和化工, 2009（7）: 175-178.

［37］李大伟. 纵论中国石油信息化［J］. 石油工业计算机应用, 2009（2）: 2-9, 65.

［38］李大伟, 袁满. 石油工业信息化大数据"8C"标准研究［J］. 信息技术与标准化, 2017（8）: 50-53, 61.

［39］《中国油气田开发志》总编纂委员会. 中国油气田开发志（卷12）: 长庆油气区卷［M］. 北京: 石油工业出版社, 2011.

［40］李剑峰, 李恕中, 张志檩. 数字油田［M］. 北京: 化学工业出版社, 2006.

［41］何生厚. 数字油田的理论、设计与实践［M］. 北京: 科学出版社, 2001.

［42］陈新发, 曾颖, 李清辉. 数字油田建设与实践［M］. 北京: 石油工业出版社, 2008.

［43］ 李清辉，文必龙，曾颖．数字油田信息平台构架［M］．北京：石油工业出版社，2008.

［44］ 陈新发，曾颖，李清辉，等．开启智能油田［M］．北京：科学出版社，2013.

［45］ 刘希俭．企业信息化管理实务［M］．北京：石油工业出版社，2013.

［46］ 孙旭东，毛小平．数字盆地：石油地质信息化架构与实践［M］．北京：科学出版社，2017.

［47］ 覃伟中，谢道雄，赵劲松，等．石油化工智能制造［M］．北京：化学工业出版社，2019.

［48］ 林道远，袁满，程国建，等．从企业架构到智慧油田的理论与实践［M］．北京：石油工业出版社，2017.

后　记

　　《中国数字油田 20 年回顾与展望》读完后，掩卷而思，我要特别感谢各位院士、领导给予我们的支持，我要感谢各位作者在百忙中完成写作，我要感谢各位编辑和我们研究所的各位参与者，我们终于完成了一件有意义的大事。

一

　　是的，中国数字油田建设不容易，我们要通过各种方式传播中国数字油田也不容易。但是，我们需要让石油行业领导层和油气田企业以外的读者读完这本书，如果需要告诉他们在这本书里应该获得什么时，应该如何回答？我想，应从以下几点着手。

　　（1）从国家层面上看，中国的数字油气田是全球化中"数字地球"的重要组成部分，仅从石油行业来说，中国数字油气田建设没有让中国的石油石化行业在全球范围内落后太多，或者说同世界接轨，让中国的油气田企业也能在 21 世纪与世界保持一致。

　　在国内，数字油气田作为油气田企业信息化建设的抓手，有力地推进了油气田企业的科技现代化，与国家倡导的信息化与工业化"两化"融合保持一致，为国家在"两化"融合战略中，在石油石化领域作出了应有的贡献。

　　（2）从石油行业、油气田企业领域层面上看，让油气田企业插上了信息化的翅膀，飞向数字化、智能化的远方。假如中国没有提出数字油气田建设，没有全面实施数字油气田建设，可以想象中国油气田企业的数据还装在档案盒里，大量的研究还需要人工采集、整理数据，然后输入到计算机里，效率会很低；数据建设没有数据中心，也不可能实施云计算，更不可能实现数据共享；在油气田生产管理过程中仍然是人工操作、人工传递、手工计算，就不可能有油气田物联网给企业带来的便利。

　　总之，一切都是传统的人工操作、人海作战，油气田企业职工的劳动强度很高，成本也很高，效率会很低。若在大数据时代到来以后，我们的油气田企业才觉醒，这就会比国外相差 20 年，这个差距是一个可怕的差距，所幸在今天油气田数字化、智能化建设上，我们同国外相差的并不大。

（3）从技术层面上看，中国数字油气田让中国的油气田企业不但引进了国际所有的先进技术与产品在国内油气田使用，而且还看到了我们自身的差距与不足。

据初步统计，油气田领域共有 108 个技术方向或品种（类型），而信息技术约有五大类型共 80 多种。现代化的油气田除了这 108 个技术项，还在不断创新发展，让其先进之后更先进。在数字化时代，尤其在国家倡导的"两化"融合战略中，想让油气田企业的技术更先进，就必须让信息技术、数字技术渗透在油气田企业的所有技术之中，并且让信息技术、数字技术成为油气田技术的内生要素，形成技术命运共同体，这样才能成为当今最先进的技术，从而服务于油气田企业，这就为中国油气田企业在现代油气田建设与发展中打下了良好的基础。

（4）从油气田企业的数字化人才层面上看，中国数字油气田让油气田企业人都成了数字化的员工。中国油气田企业在国际上是一个庞大的体系，尽管中国油气产量并不多，年产量在 2.0 亿吨（当量）左右，我们还不是石油产量大国，但是据 2015 年统计，中国拥有 300 万石油大军。虽然数字油气田建设减员增效发挥了一定的作用，但是，近年来由于天然气、页岩气、煤层气、可燃冰勘探开发大发展，还有走出去在全球各地大开发，估计仍然保持在 300 万人左右。而数字油气田之后，我国油气田企业无论从高层到生产一线，还是从地质科学家、勘探专家到工程技术人员，人们的数字化理念、思想与管理意识都大大提高，在数字油气田、智能油气田建设比较好的企业里，几乎人人都具备了数字化员工的素质。

中国油气田企业在培养职工数字化方面做了大量有效的工作。从 20 世纪 90 年代开始的计算机操作、互联网工作培训做起，到现代油气田信息化、数字化团队建设，成就非常显著。很多油气田企业还具有自己非常强大的研发团队、组织建设队伍，从论证、规划、设计、产品参数配置、组织建设、施工到管理运维，每一个岗位都有技术功底非常好的工程技术人员，这都是油气田企业的宝贵财富，为未来实现智慧油气田、培养数据科学家和油气田科学家打下了良好的基础。

（5）从油气田企业模式层面上看，数字油气田建设为中国油气田创建了数字化油气田的新业态。

这恐怕是最重要的一个问题，就是我们大力推行、倡导、奋发图强建设数字油气田，到底为了什么的根本问题。归根到底，建设中国数字油气田就是要彻底改变中国油气田企业的业态和经济形态。

业态，是油气田的一种业务形态，包括管理、经营、研究与勘探开发业务方式等。如果说利用信息技术、数字化手段只是为了改变油气田勘探开发技术或是在经营管理上锦上添花，那就没有太大的意义，只有通过数字化、智能化建设，彻底改变传统的作业方式和经典的管理模式，才是最重要的目的。

首先，在管理上要完成数字化的管理。长庆油田创建的油田数字化管理方式就是最好的典范，尤其在中国这样的国有企业模式下，要改变、创建新的管理方式有一定的困难，如减员增效，如何减员，怎样增效，减员后人员如何安置等，都是大问题。长庆油田5000万吨的产量，7万人的用工量就是一个很好的榜样。

其次，在经营上要完成数字化经济转型发展到智能经济。在油气田企业，其产品就是油气，采用"互联网+"是十分困难的，但是利用数字油气田、智能油气田建设，节能降耗，提高效率，降低成本，提高效益，让"效率与效益增值"，就是油气田的数字经济。

油气田数字经济让"效率与效益增值"的具体做法，就是在数字化条件下低成本管理运行。这么多年来，很多油气田企业都在探索，大庆油田的庆新油田公司就做得非常好。这个油田公司虽然很小，但是，它是一个正规、完整的开发生产主营企业，所有大油田采油厂中的所有职能机构、操作运行一个也不少。在2014年国际油价最低迷的时候，所有油气田企业都亏损，只有他们还在盈利，吨油成本可以控制在38~40美元/桶，这就是数字化建设的成就。

最后，在油气田企业的机制体制上，通过数字油气田、智能油气田建设要做一个彻底的改变，这是一场巨大的油气田革命。当然，在当前我们还做不到，也不敢做，但是未来在智慧油气田建设之后，实现"无人"油气田时必须做到。

在体制上，要坚决、彻底地打破现在油气田企业的组织建制。有人会说这不可能。是的，目前不可能，但是在智能油气田建设之后，在"让数据工作，用数据决策"后，在大数据、智能机器人、"智慧的大脑"从事上岗工作后，全部以数据为核心的工作业态，会令目前很多业务部门没工作可做，让更多的岗位无事可做，因此，使得对目前的部门进行关、撤、并、转成为可能。

在机制上，要彻底改变当前传统与经典的做法。传统的经营管理以人为中心的做法，已经不适应数字化、智能化后的最优化，人工智能的最短路径、最快速度、最少摩擦等机制。在科学研究上，"全数据、全信息、全智慧"的操作模式对经典算法、技术方法与模式发起挑战，使得经典必须让步，从而科学研究的方式会发生根本性的变化。

总之，数字油气田之后，从智能油气田走向最高境界的智慧油气田建设之后，油气田企业的体制机制都会发生革命性的变革。

二

中国数字油田 20 年建设与发展中存在哪些问题与困难？阅读《中国数字油田 20 年回顾与展望》之后，会有一些认识与思考，总的来说，可以归纳为以下几个方面。

1）粗放

中国数字油气田从理论原理到建设方法，都应该基本找到了，技术成熟，方法也成熟，但是总体上来说还是"粗放"。

在研究上的粗放，主要表现在对基础理论、原理研究不够精细，大部分人都只关注概念和市场。简单点说，就是很多企业集中利用数字化、智能化、云计算、大数据等概念，大力助推与热炒，以满足其商业行为，导致其在基本理论原理、技术与产品上不精致、不极致，甚至部分企业在推波助澜后，当油气田企业在低油价下投资趋紧之后，迅速退出与撤离，从企业道德上来说，差得很远。

在建设上的粗放主要表现在模仿、照搬。很多企业根本不具备技术能力，也没有自己独立的产品，只有人脉关系，就进入这样一个高科技的建设之中，在油气田企业做了很多这样的建设，影响非常不好，严重损坏了数字油田的声誉。很多油气田企业也存在给领导做政绩，"采、传、存、管、用"都做不全，只是安装了一些设备，用视频播放，欺上瞒下，特别不好。

在管理上的粗放主要表现在只建不管。数字化、智能化建设投资巨大，通过建设后要给油气田企业带来福祉。但是，很多油气田企业只建不管，只做不用。数字油气田应遵循"三好原则"，即建好、管好和用好。用是目的，是关键，用起来就倒逼管理好，管理好了就能让其发挥作用。在中国数字油气田的前期，建、管、用三者协调、协同都做得非常不好。

现在，我们必须大力倡导"工匠精神"，无论在建设、管理还是使用上，都要坚持既然建设了就要用心管理好，既然管理了就要用心用好，让其发挥作用，这种精神就是一种持之以恒的"工匠精神"。

2）没有国家品牌技术与产品

数字油气田、智能油气田建设大体上需要 80 多个技术与产品才能满足需要，但是据我们初步研究，20 年来大致 80% 的技术与产品来自欧美。这么多年来，在全球化的条件下，我们大量引进包括尖端、小型化、高性能的传感器、数据库、云计算、大型协同平台等，这其中关联到的就是芯片、高性能材料、算法、软件等核心关键技术，这对中国油气田的数据安全、信息安全来说存在着巨大的隐患。

目前来说，是用欧美的技术建设了中国的数字油气田，说得通俗一点，就是用欧美的碗，盛着中国的粮，若有一天欧美要实施贸易摩擦了，"卡脖子"的事情就会立即出现，我们油气田企业的信息安全令人担忧。

中国油气田数字化、智能化技术与产品研发十分薄弱，主要集中在民营企业手中，而为油气田企业数字化、智能化技术服务的民营企业十分弱小，而且非常不稳定，有利可图时一拥而上，没利可图时立即就撤，很多技术与产品不稳定，服务不到位，有的代理搞"三无"，即无技术、无产品、无保障，很多产品在维护升级中找不到服务的企业了。

这些问题都是非常严峻的事实。

3）人才匮乏

中国油气田信息化、数字化人员有多少？没有做过详细的统计分析，也很难做到，但有一个基本的统计，就是不过几万人。据大庆油田报道，大庆油田内部信息技术人员有1900~2000人，那么为大庆油田提供技术服务的企业人员，按照同比例计算也是2000人左右，可见全国总数也就在2万~3万人，这样的人员数量是很可怜的。

中国油气田企业信息化、数字化工程技术人员，大体上来自三个方面：一是学习计算机科学与应用专业的人员；二是地球物理勘探专业人员转行到这个领域的，尤其是早年的比较多；三是学习其他专业的人员。当然，学习计算机科学与应用专业的人员比较多，因为很接近信息技术。

但是，在中国所有的大学，尤其是石油类大专院校里，或者有石油类专业的大学里，根本找不到有关数字油气田、智能油气田方向的专业，自然也就没有一所大学来培养数字油气田、智能油气田专业科班出身的人。由此可见，人才匮乏到了"零"，当然主要是指数字油气田、智能油气田科班出身的人。

油气田数字化、智能化建设需要的人员，不仅仅是懂得数据库、会网络工程、能编写程序的人员，从数字油气田、智能油气田发展到现在来看，它需要的是既懂得油气田业务与油气藏，还懂得油气田数据与数据"采、传、存、管、用"的复合型人才。但是，现在很难找到这样的跨学科、交叉学科、综合能力极强的专家与科学家人才。

学校没有学科，科研院所没有编制，杂志没有窗口版面，评职称没有序列，机构没有定位，所以，在油气田这样一群人是很难生存下去的。

然而，在数字油气田、智能油气田技术研发、产品研发和完整建设过程中，需要这样一个群体。好的数字化、智能化建设团队往往是金字塔型的团队，高层做顶尖的顶层设计与高端规划，中层是一大批技术团队精英人物，底层有源源不断的人才进行提升。目前这些在中国都做不到，更没有这方面的科学家与院士。

这是一个令人十分沮丧的问题。如果我们高等院校不注重专业设置与人才培养，油气田企业不注重人才培养与团队建设，等到智慧油气田建设时，就会出现我们拥有大批能够精准使用步枪的射手和拥有先进的太空导弹武器之间的差距，后果不堪设想。

令人欣慰的是，目前有很多大学开始设置"数据科学与大数据技术""人工智能工程"等专业，希望尽快为油田数字化、智能化建设培养出更多的人才。

三

时代在发展，数字油气田也在发展。

时代，从 20 世纪的互联网时代到 2000 年走进了数字化时代，现在又走向了大数据时代。

数字油气田，从数字化油气田发展到智能化油气田，现在人们又开始迈向智慧油气田时代，未来还要走向什么目前我们还不知道，但是，数字油气田建设的脚步，在 20 年的今天一定不会停止。

那么，中国数字油田 20 年后，我们会面临什么困难、机遇和发展？这是每一个数字油气田、智能油气田建设者，包括油气田企业的从业人员都很期待的事情。

1）难题

数字油气田发展面对的最大困难是"路径依赖"问题。"路径依赖"（Path-Dependence），是由美国历史、经济学家道格拉斯·诺斯（Douglass C. North）提出，1993 年他因用"路径依赖"成功地分析、阐释了经济制度的演进，获得该年的诺贝尔经济学奖。"路径依赖"是指人类社会中的技术演进或制度变迁中均有类似于物理学中的惯性力量支配，导致受到禁锢，无法改变。

油气田数字化、智能化建设的"路径依赖"来自两个方面。

第一个方面来自数字油气田、智能油气田学界、业界自身的惯性力量的支配，认为数字化技术成熟、方法成熟，就这么干就行了，智能油气田建设就用深度学习、超深度学习，生产制造更多的机器人安装上，做好巡检，就可以了。

经济学家厉以宁说，所谓按"路径依赖"就是走老路，这是最保险、最安全的，因为前人就是这么做的，完全可以规避风险。这其实是不用创新、不用发展的问题。

数字油气田、智能油气田建设必须创新，要在前人创建的基础上，继续创新发展才能有出路，否则就没有出路与发展。

第二个方面来自油气田企业管理机制体制的惯性力量的支配，这将是未来数字油气田、智能油气田建设最大的阻碍。因为数字油气田、智能油气田建设完成后，要摧毁的第一个"碉堡"就是僵化的管理体制和组织机构，但是几十年来我国一贯制的体制和机构只能调整、合并、增设、减少，不可能完全不要，而未来的智慧油气田业态将会完全取消现在的组织建制，这可能是万万不能动的地方。

为此，这一抗拒力将会十分强大，最终将先进的智慧油气田建设消灭在摇篮中。

所以，在中国数字油田发展的后20年中，这种博弈将会持续很多年，而且十分激烈。

2）机遇

有人预测油气田数字化、智能化发展的机遇，来自大数据、人工智能发展的良好环境氛围，还有人预测来自国家对油气安全的考虑和大力投资油气勘探开发，以及国家深入挖掘油气增产和管网互联互通的潜力，包括有序推进煤制油、煤制气及国家管网公司成立上市的机遇。

我们认为这是一个良好的条件，但不是发展问题的根本。数字油气田、智能油气田建设与发展的最好机遇，来自中美贸易的摩擦与全球化和反制全球化的长期博弈斗争中。随着中国的迅速崛起，以美国为首的国家对中国崛起出现恐慌之后，对中国在高科技技术上加以限制，而长期依赖引进国外先进技术与产品的油气田企业，在数字化、智能化建设中就会迅速出现断粮无炊的状态，很多先进、高端的芯片、材料、传感器和软件产品、操作系统以及平台都要受到限制或高关税，让我们无法引进，这样大数据、人工智能和先进的人工智能机器人都无法引用。这个时候是我们中国油气田数字、智能技术的服务公司最大的机遇，必须抓住，抓紧不放，快速研发我们自己的产品与技术。

同时，由国家政府推动的"中国智能制造2025"和"一带一路"倡议，都是前所未有的难得机遇，这对油气田发挥先导作用意义十分重大，而油气田面临着人才流失严重、未来人员紧缺、油气勘探开发生产难度加大等问题，必须采用现代最先进的技术与方法，而油气田数字化、智能化是唯一的选择。

3）发展

关于中国数字油气田的发展，在书中很多专家都已提到。对于专家们的意见请大家仔细阅读领会，在后记中我们就不再将专家们提到过的再讲一遍，只是选择了另外一个重要发展来说一下。

数字油气田、智能油气田未来发展走向与成功的根本是数据，油气田数据是取得中国油气田数字化、智能化最终胜利的根本法宝。

油气田数据在《数字油田在中国——油田数据学》中有过交代，但是还不够，那里只是想将油气田数据是什么、怎么样介绍给读者，但"数据是个大学问"问题并没有交代，而中国数字油气田建设的成与败，唯一能证明的就是数据。

（1）油气田数字化是数字油气田的基本职能和根本任务，然而，油气田根据发展需要开启智能油气田建设和智慧油气田建设，就认为油气田数字化的根本任务彻底完成了。

不，不但没有完成，还要根据油气田进行扩展与拓展，要及时地补建、完建。在数字油气田发展中，由于基础研究和基础技术跟不上，如芯片、材料和嵌入式操作系统等，使数字勘探、数字油气藏其实做得很不够，所以油气田数字化永远在路上。

（2）无论是未来的数字化转型、智能化提升，还是智慧油气田建设，数据是根本，是内涵，要始终抓住不放，一抓到底。

有人说数据已经很丰富了，我用经典算法、人工智能会比以前做得更好，以后采集与不采集数据无所谓了。这些都是不对的，未来一定是"全数据、全信息、全智慧"的时代，数据质量、数据数量、数据治理等都决定着未来油气田数字化、智能化的成败。

"数据是个纲，纲举目张"，在油气田只要抓住数据，一切业务、事物都会迎刃而解。数据提纲挈领，就是业务的魂。

（3）数据治理要坚持到底，什么时候都要坚持做好数据治理。数据治理，不是因为整理过了，放在云上了就不要治理了，其实，数据治理不仅仅是因为数据乱、数据鸿沟深、信息孤岛多而进行治理，而是在未来智能油气田建设、智慧油气田建设中，因数据挖掘、数据综合应用的需要而进行治理，数据治理将会常态化。

所以，数字油气田、智能油气田建设与发展的过程，就是油气田数据化的过程，必须始终坚持抓住数据不放松。

数字油田20年后的未来，就是油气田数据的未来，就是中国油气田数字化、智能化的未来。

我相信《中国数字油田20年回顾与展望》既是中国数字油田前20年的终点，同时，又是中国数字油田后20年的起点，中国数字油田在中国油气田将会大有作为。

最后，我要欣慰地告诉大家，国家在2019年3月发布的《关于促进人工智能和实体经济深度融合的指导意见》中指出：促进人工智能和实体经济深度融合，要把握新一代人工智能发展的特点，坚持以市场需求为导向，以产业应用为目标，深化改革创新，优化制度环境，激发企业创新活力和内生动力，结合不同行业、不同区域特点，探索创新成果应用转化的路径和方法，构建数据驱动、人机协同、跨界融合、共创分享的智能经济形态。

这是后数字油田时代一个最响亮的号角，我们就要结合数字油气田领域的特殊性，要下功夫做好"数据驱动、人机结合、跨界融合、共创分享"，为油气田企业数字化转型发展、高质量发展，创建油气田的智能经济形态而努力。

高志亮

2019 年 3 月 1 日